TRAITÉ ÉLÉMENTAIRE

DU

MICROSCOPE.

LABORA ET NOLI
CONTRISTARI

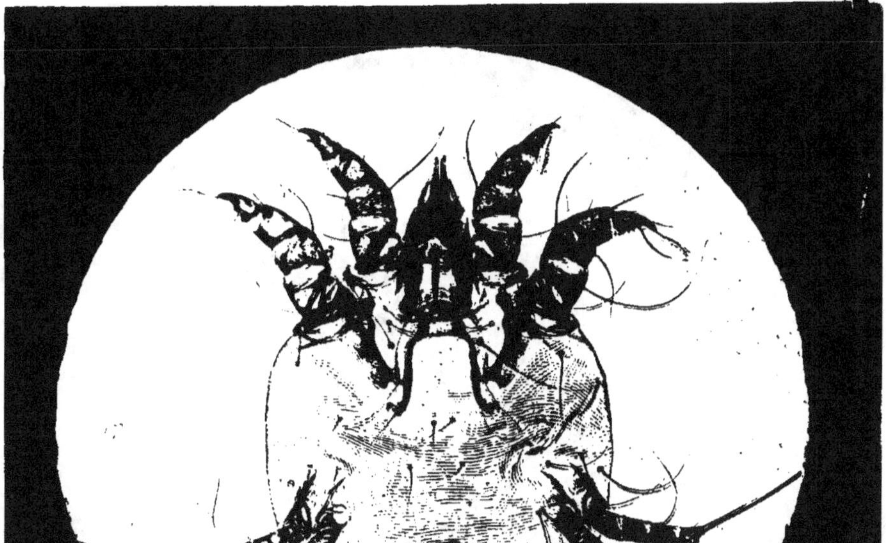

Phototypie de A. Quinsac

TRAITÉ ÉLÉMENTAIRE

DU

MICROSCOPE

PAR

Eugène TRUTAT,

CONSERVATEUR DU MUSÉE D'HISTOIRE NATURELLE DE TOULOUSE.

PREMIÈRE PARTIE.

LE MICROSCOPE ET SON EMPLOI.

PARIS,

GAUTHIER-VILLARS, IMPRIMEUR-LIBRAIRE

DU BUREAU DES LONGITUDES, DE L'ÉCOLE POLYTECHNIQUE,

SUCCESSEUR DE MALLET-BACHELIER.

Quai des Augustins. 55.

1883

PRÉFACE.

Parmi toutes les découvertes de l'esprit moderne, la plus merveilleuse est à coup sûr celle du microscope, qui est venu révéler le monde, jusqu'alors inconnu, des infiniment petits. Dès son origine, ce mode d'observation fit de rapides progrès, et les instruments primitifs, qui avaient déjà permis aux naturalistes d'accumuler découvertes sur découvertes, ne tardèrent pas à recevoir des physiciens de nombreux et importants perfectionnements. Aujourd'hui leur puissance d'investigation est telle que rien ne semble devoir leur résister; nous sommes donc fondé à dire que, de toutes les méthodes de recherches employées par la Science moderne, la plus féconde en résultats est la Micrographie.

Le microscope est aujourd'hui l'instrument d'observation le plus essentiel au naturaliste; le zoologiste ne saurait s'en passer pour étudier les animaux ou les organes qui échapperaient à la vue par leur petitesse; sans lui, l'anatomiste se trouverait arrêté à chaque pas dans ses recherches sur les éléments et la structure des différents tissus de l'économie.

En Physiologie, le microscope permet d'étudier un nombre considérable de phénomènes qui se produisent dans des organes de très petite dimension, et resteraient, sans lui, complètement inaperçus : par exemple, le cours du sang dans les capillaires, les mouvements des cils vibratiles, les contractions des fibres musculaires, etc.

C'est encore au microscope que nous sommes redevables de la connaissance des différentes phases du développement de l'être naissant, et l'Embryologie n'existe que depuis les travaux des micrographes.

En Pathologie, toute l'histoire des affections parasitaires a dû être refaite, et les découvertes qui se succèdent journellement permettent d'espérer encore des résultats de première importance. Avant l'emploi du microscope, le médecin n'avait que de vagues notions sur une foule d'altérations morbides : la leucocythémie, la dégénérescence amyloïde, les anévrismes miliaires, etc.; enfin, dans certaines maladies désignées sous le nom vague de *névroses*, et regardées comme indépendantes de toute altération matérielle, le microscope a fait découvrir des lésions pathologiques qu'aucune autre méthode de recherche n'avait pu révéler.

En Médecine légale, le microscope joue un rôle de premier ordre dans tous les cas qui nécessitent l'examen des urines, du sperme, du sang, du pus, etc.

De son côté, la Botanique ne peut faire un pas sans l'aide du microscope, et toutes les données acquises sur l'anatomie et la physiologie de la plante sont dues aux recherches micrographiques.

La Géologie demande maintenant au microscope de nombreux renseignements : c'est à son emploi qu'elle doit la connaissance d'une foule d'organismes et la spécification exacte des végétaux fossiles. Enfin l'étude microscopique des roches vient tout récemment de dissiper l'incertitude qui régnait encore sur toutes les questions de lithologie; et la détermination de roches éruptives au microscope est maintenant aussi indispensable aux géologues que la spécification des fossiles des couches sédimentaires.

Ajoutons enfin que, grâce au microscope, l'industrie possède des procédés certains d'investigation qui lui permettent de reconnaître les manipulations dont les matières alimentaires sont trop souvent l'objet, ou les altérations de tissus dont les fraudeurs se rendent coupables.

C'est encore à lui que les sériciculteurs doivent d'être préservés d'une ruine complète, en trouvant dans les renseignements précis que peut donner l'examen des papillons le moyen assuré de combattre la maladie des vers à soie.

Telles sont, présentées en quelques mots, les découvertes principales dont nous sommes redevables au microscope : cette énumération suffira, croyons-nous, à faire comprendre à nos lecteurs la place importante que ce merveilleux instrument doit occuper dans le laboratoire de tous les savants.

Ceux-ci, d'ailleurs, ne sont pas seuls à se servir du microscope : l'homme du monde, qui ne s'occupe pas de ces recherches purement spéculatives, le curieux de la nature, pour lequel les études de science pure offrent peu d'intérêt, peuvent trouver, du moins, dans les observations microscopiques un délassement agréable et instructif.

Malheureusement, il faut en convenir, le système d'éducation, en vigueur chez nous depuis si longtemps, n'accorde qu'une place bien restreinte aux études scientifiques, tandis que l'Angleterre et les pays de langue allemande ont su leur faire une large part; espérons que la France tiendra à honneur de ne pas rester plus longtemps en arrière; espérons qu'elle ne voudra pas, seule en Europe, continuer à surcharger l'esprit des écoliers de grec et de latin, à l'exclusion des connaissances scientifiques. Il est juste de reconnaître, d'ailleurs, que les nouveaux programmes semblent devoir porter remède à cet état de choses, en même temps que le goût des études scientifiques paraît se développer chez les jeunes gens.

Mais si ceux qui habitent Paris ou quelque autre grand centre universitaire trouvent facilement autour d'eux des cours et des laboratoires, ceux qui demeurent isolés, en province, loin de tout appui, rencontrent à chaque pas des obstacles presque insurmontables; pour ne parler que du sujet qui nous occupe, l'emploi du microscope présente aux commençants de telles difficultés qu'un grand nombre d'entre eux, privés de conseils et d'appui, renoncent à poursuivre une étude qui leur aurait procuré les plus vives jouissances intellectuelles.

Le livre que nous présentons au public a précisément pour but de venir en aide à cette nombreuse catégorie des *isolés*, en même temps qu'il pourra servir de guide aux commençants, que ceux-ci appartiennent à une faculté des sciences, de médecine ou de pharmacie.

Tout en rendant pleine justice au mérite de plusieurs traités spéciaux dans lesquels les questions de micrographie ont été étudiées d'une façon complète par des hommes d'un mérite reconnu, nous croyons pouvoir revendiquer pour notre Ouvrage une qualité que nos prédécesseurs n'ont pas tous possédée au même point, *la simplicité*. En effet, nous nous sommes efforcé, par-dessus tout, d'être simple, pratique, et de laisser de côté toutes les questions indécises, toutes les théories mal connues qui n'offrent d'ailleurs qu'un intérêt bien minime et ne pourraient être qu'une cause de complication.

Au reste, l'emploi du microscope présente moins de difficultés qu'on ne le croit communément, et demande seulement une sorte d'éducation de l'œil et de la main qui s'acquiert rapidement par la pratique.

De même, les préparations microscopiques sont surtout une œuvre de patience, et, faites avec soin, elles donnent assez vite des résultats satisfaisants.

Enfin, les dépenses nécessitées par ce genre d'études ne s'élèvent qu'à une somme relativement minime, à la condition de laisser de côté les complications des instruments anglais; en consultant les renseignements que nous donnons dans ce Traité, il sera facile de se procurer, chez les constructeurs français, des instruments d'un prix modique et d'une construction excellente.

Disons en terminant que ce *Traité élémentaire du Microscope*, pratique avant tout, et dans lequel nous avons volontairement laissé de côté les questions qui sont du ressort de l'érudition pure, se divise en deux Parties : la première contient la description des divers genres de microscopes et leur maniement; la seconde est consacrée aux différentes méthodes de préparation et de conservation des objets microscopiques.

TABLE DES MATIÈRES.

LIVRE SECOND.
EMPLOI DU MICROSCOPE.

APPENDICE.

Tableaux dichotomiques pour la détermination microscopique des éléments minéralogiques.

TRAITÉ ÉLÉMENTAIRE

DU

MICROSCOPE.

PREMIÈRE PARTIE.

DU MICROSCOPE ET DE SON EMPLOI.

INTRODUCTION.

D'une manière générale, on donne le nom de *microscope* à des instruments d'optique qui font paraître plus gros qu'ils ne le sont des objets trop petits pour être visibles à l'œil nu.

La loupe est la forme la plus simple du microscope; aussi, lorsqu'elle est montée sur un appareil spécial, reçoit-elle le nom de *microscope simple*. Une des propriétés caractéristiques de cet instrument est de montrer les objets dans leur sens vrai; les images ne sont pas renversées comme dans le microscope composé. Mais les grossissements que peuvent fournir les simples lentilles sont limités, car les images que donnent les loupes à court foyer, nécessaires pour les fortes amplifications, manquent de lumière et de netteté.

Le microscope composé, son nom l'indique, est formé de deux systèmes de lentilles placées aux deux extrémités d'un tube fermé :

les unes, du côté de l'objet, constituent l'*objectif*; les autres, du côté de l'œil de l'observateur, forment l'*oculaire*. Dans cet instrument, les images sont renversées, et ce qui est à droite de la préparation paraît être à gauche de l'observateur; mais le microscope composé permet d'obtenir des grossissements considérables (plus de 2000 diamètres), et la netteté des images qu'il donne dépasse de beaucoup celle du microscope simple; aussi, dans le langage usuel, c'est à cette combinaison seulement que l'on donne le nom de *microscope*.

Les grossissements et la netteté des images, que l'on est en droit de demander aux instruments que fabriquent actuellement nos habiles opticiens, n'ont point été obtenus du premier jet, et de nombreux perfectionnements ont successivement transformé les instruments primitifs; cependant il convient d'ajouter que dans ces vingt dernières années il s'est opéré un changement considérable dans la fabrication des microscopes, et les objectifs de nouvelle construction donnent des résultats tellement supérieurs aux anciennes lentilles que toute comparaison est impossible.

Avant d'aborder la description des différentes sortes de microscope, il est bon, croyons-nous, de rappeler en quelques mots l'histoire des découvertes successives qui ont amené aux instruments actuels.

Il paraît certain que les anciens connaissaient les propriétés amplifiantes des cristaux taillés en forme plus ou moins sphérique: on a trouvé des lentilles de verre dans les fouilles de Ninive et dans des tombeaux romains. Sénèque dit : « que les lettres, quelque petites et obscures qu'elles puissent être, paraissent plus grandes et plus distinctes quand on les regarde à travers une boule pleine d'eau. »

Mais il faut arriver jusqu'au xive siècle pour trouver la première application vraiment scientifique des verres grossissants, et c'est à l'Italien Salvino Armato, l'inventeur des lunettes à lire, que revient cet honneur. Dès ce moment, le microscope simple était trouvé; la plupart du temps les lentilles étaient obtenues simplement par fusion. Hoocke fondait des fils de verre en petits globules qu'il enchâssait entre des lames de plomb; Butterfield pulvérisait du verre et le fondait à l'extrémité d'une aiguille d'acier qui elle-même servait de support à la lentille ainsi produite.

L'imperfection de ces instruments primitifs n'empêcha pas d'illustres naturalistes de faire, grâce à eux, d'importantes découvertes, et Swammerdam, Leuvenhoeck n'employaient pas d'autres microscopes dans leurs recherches.

Mais il n'était question jusqu'alors que de la loupe simple; le microscope composé n'était inventé que vers la fin du xvie siècle par le Hollandais Janssen. Le nouvel instrument était bientôt transporté en Angleterre par un compatriote du véritable inventeur, Drebbel, et celui-ci ne craignit pas de s'attribuer tout le mérite de l'invention.

Le microscope de Janssen était composé de deux lentilles biconvexes, et les images qu'il donnait étaient encore trop imparfaites pour permettre des observations sérieuses.

Plus tard, Hoocke, en ajoutant une nouvelle lentille à l'oculaire (lentille de champ), perfectionna d'une manière remarquable l'instrument primitif ; Huygens enfin, en composant l'objectif de plusieurs lentilles superposées, rendit possibles les forts grossissements, en même temps que l'image gagnait beaucoup en netteté et en lumière.

Mais toutes ces combinaisons n'utilisaient que des lentilles simples : de là de nombreux défauts d'aberration des plus nuisibles aux observations, par les déformations et surtout par les franges colorées qui entouraient l'image des objets. La découverte de l'achromatisme, par Euler, permit de corriger cette grave imperfection; mais les difficultés de construction étaient telles, que pendant longtemps les savants les plus autorisés (Biot en 1821) nièrent la possibilité de construire un bon microscope achromatique.

Cependant en 1823 un habile opticien français, Chevalier, obtint des lentilles achromatiques à court foyer et sensiblement exemptes de toute aberration.

De ce moment, le microscope composé reçut de tous côtés des

perfectionnements incessants. Amici en Italie, Ross en Angleterre se signalèrent tout d'abord par leurs instruments. De nos jours, enfin, une nombreuse phalange de constructeurs se dispute le premier rang, et nous aurons bientôt à parler des principaux d'entre eux en décrivant le microscope composé.

LIVRE PREMIER.

DES DIFFÉRENTES SORTES

DE

MICROSCOPES.

CHAPITRE PREMIER.

DES MICROSCOPES SIMPLES.

Le microscope simple est essentiellement formé par une lentille convergente ou *loupe* : ainsi, ces deux expressions, *microscope simple* et *loupe*, sembleraient devoir s'appliquer à une seule et même chose; mais dans le langage usuel le nom de loupe est réservé aux lentilles convergentes de diamètre assez considérable et d'un faible pouvoir grossissant; la loupe est plus ordinairement tenue à la main, et le porte-loupe est un simple support uniquement destiné à remplacer la main de l'observateur. On réserve, au contraire, le nom de *microscope simple* aux loupes de faible diamètre, d'un pouvoir amplifiant plus considérable, et qui nécessitent l'emploi d'une monture spéciale, dans laquelle, outre le support de la loupe, se trouvent une table transparente destinée à supporter l'objet à examiner, et un miroir chargé de renvoyer la lumière sur la préparation.

I. — LOUPES ET DOUBLETS.

La loupe est d'un usage continuel. En histoire naturelle elle devient absolument indispensable, et dans certaines professions elle est constamment employée; il suffira de citer les travaux des horlogers, des graveurs, des bijoutiers, etc.

Loupes simples. — La loupe la plus simple se compose d'une lentille biconvexe enchâssée dans une monture en corne (*fig.* 1).

Fig. 1.

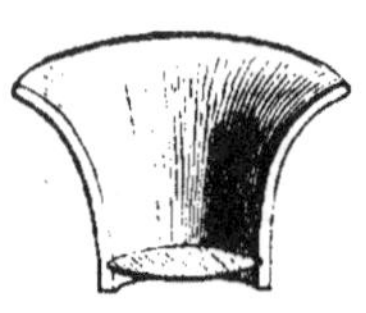

Biloupe. Triloupe. — Souvent on réunit dans une même monture plate deux ou trois loupes de foyers différents (*fig.* 2 et 3),

Fig. 2.

ce qui permet d'obtenir des grossissements variés, car non seulement chaque loupe peut s'employer seule, mais en superposant deux

Fig. 3.

et même trois verres on obtient des grossissements considérables.

Compte-fil. — La loupe compte-fil (*fig.* 4) est une des plus
employées dans le commerce; dans ces derniers temps,
elle est devenue d'un usage quasi-officiel pour la recherche du phylloxera. Elle se compose d'une lentille
biconvexe, enchâssée dans une monture de cuivre, cette
dernière étant en outre munie d'une plaque percée d'une ouverture
de grandeur déterminée.

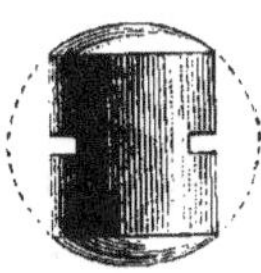

Fig. 4.

Pour se servir de cet instrument, il suffit de placer la plaque
percée sur l'étoffe à examiner et d'appliquer l'œil près de la lentille : on aperçoit les fils contenus dans l'ouverture, et il est facile
d'en connaître le nombre. On comprend facilement qu'en remplaçant l'étoffe par tout autre objet il est facile d'employer le
compte-fil à un usage différent, et d'observer, par exemple, une
racine chargée de larves de phylloxera.

Loupe de Coddington. — Elle diffère de la loupe simple par un
mode de construction tout particulier : elle se compose (*fig.* 5) d'un
cylindre de verre pris dans une sphère; le milieu du cylindre porte

Fig. 5.

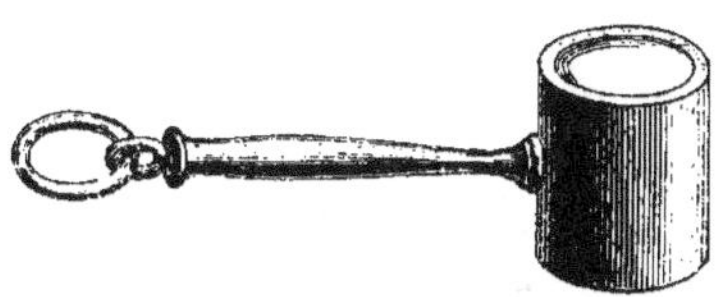

une rainure circulaire formant diaphragme. On obtient ainsi des
grossissements notables (30 et 40 diamètres), et les images sont
d'une netteté remarquable.

Déformations. Achromatisme. — La loupe simple a le grave
inconvénient de déformer les objets et de donner des franges
colorées; il suffit d'une seule observation pour s'apercevoir que
les objets ne sont perçus avec netteté que par la partie centrale
de la lentille, et qu'à mesure qu'on se rapproche des bords les
images deviennent confuses : c'est là un effet d'aberration.

« Les déformations sont de deux espèces : l'image est obscure et confuse, c'est ce qu'on nomme l'aberration sphérique ; ou bien elle est concave ou convexe, c'est l'aberration de forme.

« L'aberration sphérique tient à ce que les rayons marginaux sont plus fortement réfractés que les rayons centraux et forment leur foyer en un point plus rapproché de la lentille. L'aberration de forme, qui souvent a été confondue avec la précédente, en est absolument distincte. Elle consiste en ce que les rayons qui partent des parties de l'objet situées au bord du champ visuel vont se réunir plus loin ou moins loin que les autres ; de cette façon, l'image d'un objet plan paraîtra concave ou convexe, et sur un écran à surface plane on ne pourra réunir qu'une partie de cette image ; certaines parties seront nettes, d'autres indistinctes ; en abaissant ou en élevant la lentille, les points qui étaient nets paraîtront confus, et réciproquement ; de telle sorte qu'avec une loupe ne présentant pas d'aberration sphérique, mais une simple aberration de forme, il sera possible d'avoir une vue distincte des différentes parties rien qu'en faisant varier le foyer.

« Ainsi dans l'aberration sphérique chaque point de l'objet est vu d'une façon diffuse ; dans l'aberration de forme, lorsqu'il n'y a pas complication d'aberration sphérique, chaque point donne une image nette, mais l'ensemble des différents points ne produit pas une image sur une surface plane.

« Une troisième aberration est l'aberration chromatique, due à l'inégalité de réfrangibilité des différentes irradiations colorées de la lumière. Les rayons violets sont bien plus réfrangibles que les rayons rouges : de là vient que l'image donnée par une loupe formée par un seul verre présente toujours sur les bords des zones colorées ([1]). »

D'après tout cela, il est facile de comprendre que l'usage des loupes biconvexes fatigue beaucoup la vue : l'inégale netteté de l'image que l'œil cherche toujours à corriger par des efforts inconscients d'adaptation, les franges lumineuses viennent entraver l'observateur dans ses recherches. Il était donc important de corriger ces défauts.

([1]) RANVIER, *Traité technique d'Histologie*, p. 2.

« L'aberration chromatique se corrige par la combinaison de deux lentilles, l'une de *crown-glass*, l'autre de *flint-glass*, dont le pouvoir dispersif est différent, et qui, par leur association, peuvent donner une lentille convergente ne présentant pas d'aberration chromatique ou ne la possédant qu'à un faible degré.

« Quant à l'aberration de sphéricité, elle se corrige en associant plusieurs lentilles à faible courbure, dont l'ensemble agit comme une lentille dont la courbure serait beaucoup plus forte [1]. » Cette association de lentilles a reçu le nom de DOUBLET.

Doublet. — Cet instrument a été inventé en 1820 par Wollaston, qui le composa de deux verres plan convexes, à face plane tournée vers l'objet, et dont la monture permettait de rapprocher ou d'éloigner les deux lentilles pour obtenir la meilleure image.

« Ch. Chevalier, en 1830, modifia le doublet et lui donna la forme actuelle (*fig.* 6). Il se compose des deux lentilles plan convexes

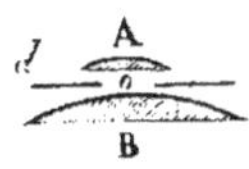

Fig. 6.

de Wollaston, A et B, à face plane tournée par en bas, la première B, près de l'objet, très large relativement à la seconde A beaucoup plus petite. Un diaphragme D les sépare, et on les visse l'une sur l'autre pour former le doublet, mais leur distance est invariable. La monture porte à sa partie supérieure une pièce conique et noircie, contre laquelle s'applique l'œil et qui le préserve de toute lumière étrangère. Le foyer est assez long pour permettre les dissections [2]. »

[1] RANVIER, *op. cit.*, p. 4.
[2] PELLETAN, *le Microscope*, p. 16.

Loupes achromatiques. — *Loupe de Chevalier*. — Chevalier construisit également une loupe double achromatique (*fig.* 7) à

Fig. 7.

ouverture plus grande que celle des doublets. « Cette loupe est formée de deux verres achromatiques plan convexes, de diamètres inégaux, le plus grand des deux verres faisant face à l'objet. Les deux verres sont maintenus dans une monture de cuivre ou de corne, et placés de manière que leur convexité se regarde; la dite monture est susceptible de se diviser, afin d'isoler les lentilles lorsqu'on veut les nettoyer. Cette disposition est, sans contredit, la plus parfaite de toutes, car elle permet d'obtenir un achromatisme parfait et de faire disparaître l'aberration de sphéricité (¹). »

Loupe d'Hofman. — Le docteur Hofman a également mis en usage une loupe achromatique excellente; celle-ci est formée de deux lentilles achromatiques de diamètres égaux, les surfaces courbes étant toutes deux face à face. Cette combinaison, parfaitement construite, donne un grossissement considérable, tout en ne limitant plus le champ autant que dans les autres systèmes de loupes.

Loupe de Prazmowski. — Dans ces derniers temps, M. Prazmowski a repris de son côté la construction des loupes achromatiques de dissection, et il est arrivé à produire un instrument de beaucoup supérieur à tous ceux qui l'ont précédé. Cette nouvelle loupe se compose de trois lentilles collées, et formant par leur réunion un cylindre terminé à ses deux extrémités par des faces

(¹) CHEVALIER, *op. cit.*. p. 48.

courbes ; en cela l'instrument de M. Prazmowski rappelle la loupe
de Coddington ; mais ici l'achromatisme est aussi parfait que possible, et le champ, très étendu, d'une netteté parfaite dans toutes
ses parties.

Loupe de Brucke. — A côté de la loupe simple et du doublet, il
convient de placer la loupe de Brucke ; bien que cet instrument
diffère absolument par sa construction de ceux dont nous venons
de parler, il remplit le même usage, et remplace dans certains cas
la loupe et le doublet.

« Cette loupe (*fig.* 8), qui rend de fréquents services par son

Fig. 8.

foyer très long, est fondée sur le principe de la construction de la
lunette de Galilée, c'est-à-dire formée d'un objectif achromatique
convexe et d'un oculaire concave ; l'objectif est composé de façon
que l'amplification est bien supérieure à ce qu'on obtient habituellement dans les lunettes de spectacle. Le foyer est d'environ 0^m,06, et le grossissement varie entre trois et huit fois. Ce
dernier est obtenu par l'allongement du tube de la lunette, ce qui
produit un plus grand écartement entre l'objectif et l'oculaire, et
augmente le grossissement sans modifier d'une manière nuisible
le foyer total ([1]). »

Les différentes montures dans lesquelles sont enchâssées les

([1]) ROBIN, *Traité du Microscope*, p. 117.

diverses loupes dont nous venons de parler ont le grave inconvénient de nécessiter, presque toujours, l'emploi des deux mains :
l'une tenant l'objet à examiner, l'autre la loupe ; de là l'impossibilité d'effectuer le moindre travail, la moindre dissection.

Porte-loupe. — Les graveurs, les horlogers font souvent usage
d'une monture cylindrique en corne (*fig.* 1) qu'ils savent enchâsser au-devant de l'œil et maintenir en place par une simple contraction musculaire ; mais cet expédient, très fatigant et qui
demande une grande pratique, devient totalement inacceptable
lorsqu'il s'agit de dissections minutieuses, et alors un *porte-loupe*
devient indispensable.

Deux conditions doivent être remplies par un bon porte-loupe :
une grande stabilité et la possibilité de faire prendre à la loupe
toutes les positions désirables.

La stabilité s'obtient facilement en donnant à la base un poids
considérable ou une large surface.

Porte-loupe de Nachet. — Le pied articulé à crémaillère de
Nachet (*fig.* 9) est un excellent instrument ; les loupes qui s'y

Fig. 9.

ajustent sont portées par une tige cylindrique entrant à frottement dans une douille, ce qui permet de leur donner toutes

les inclinaisons voulues, et permet de les changer rapidement.

Porte-loupe de Kunckel d'Herculais. — Le pied de loupe de Kunckel d'Herculais (*fig. 10*). que fabrique M. Vérick. est égale-

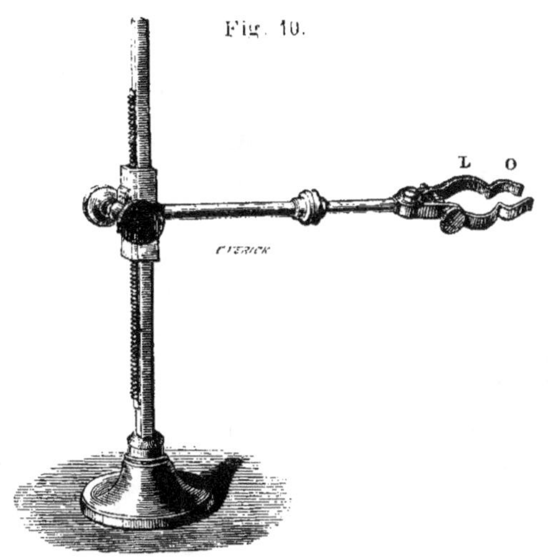

ment fort commode, et il a sur celui de Nachet l'avantage d'être disposé de façon à recevoir indifféremment toutes les loupes sans exiger de monture spéciale. Ce porte-loupe est muni de deux mouvements : l'un vertical à crémaillère, sert pour la mise au point ; l'autre horizontal, à tirage et à rotation, permet de mettre en place la loupe ; une mâchoire L ,O munie d'une vis rapide peut recevoir les différentes loupes, doublets ou loupe de Brucke.

Porte-loupe de Strauss. — Le porte-loupe de Strauss, perfectionné par M. Chevalier (*fig. 11*) permet également de donner à la loupe toutes les positions désirables. Un socle en bois A reçoit vers une de ses extrémités une colonne B, munie à sa partie supérieure d'une articulation D qui sert de point fixe au porte-loupe articulé, E, II, I. Une seconde tige articulée en N porte à son extrémité supérieure un pignon F qui vient s'engrener sur une crémaillère taillée dans la tige même du porte-loupe E. En faisant

mouvoir ce pignon, on obtient un mouvement très doux de haut
en bas de la loupe K, ce qui permet une mise au point très exacte.

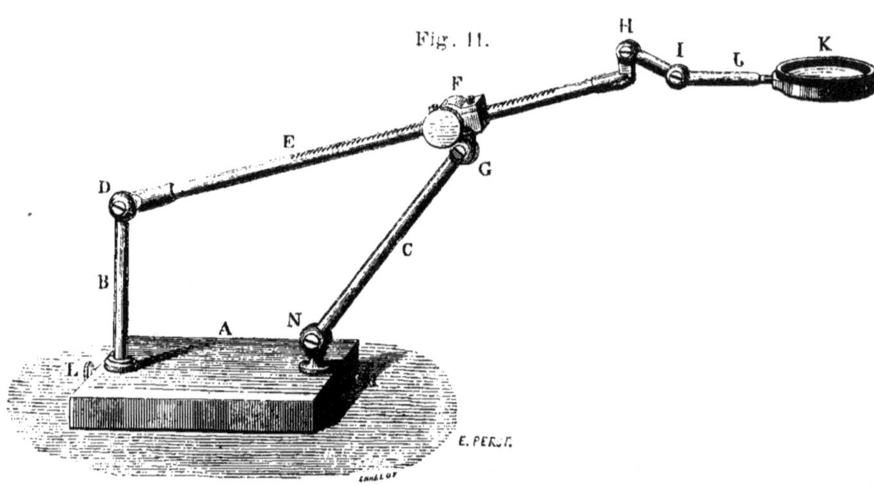

La loupe est portée par une tige entrant à frottement dans la
douille J, ce qui permet de la changer très rapidement.

Porte-loupe de Lacaze-Duthiers. — Mais, pour faire usage de
la loupe dans les dissections, nul instrument ne rend autant de
services que le modèle combiné par M. de Lacaze-Duthiers (*fig.* 12).

« Sur une planche épaisse, une tige droite se visse à volonté
dans un angle du carré formé par la planche. Sur cette tige glisse
à frottement doux (modifiable du reste par un bouton de pression)
un bras horizontal portant trois organes distincts. Le premier est
une articulation terminant le bras horizontal, à laquelle est attachée une grande lentille convergente munie d'un ajustage permettant de diriger sur la planche de bois un faisceau de lumière,
sous lequel on établit l'objet à disséquer dans un baquet ou sur
des plaques de liège. Les loupes sont alors ajustées par un petit
collier dans les deux autres organes articulés ayant trois articles
terminés par une petite charnière horizontale, le tout permettant

une série de mouvements nécessaires pour parcourir les différentes parties d'un objet délicat immergé dans un baquet.

« On voit de suite les facilités d'éclairage, de changement de
loupe, etc., qui résultent de cette combinaison. De plus, la loupe
porte dans sa monture une rainure évasée dans laquelle on introduit une feuille de carton noirci, qui, par la direction de la rai-

Fig. 12.

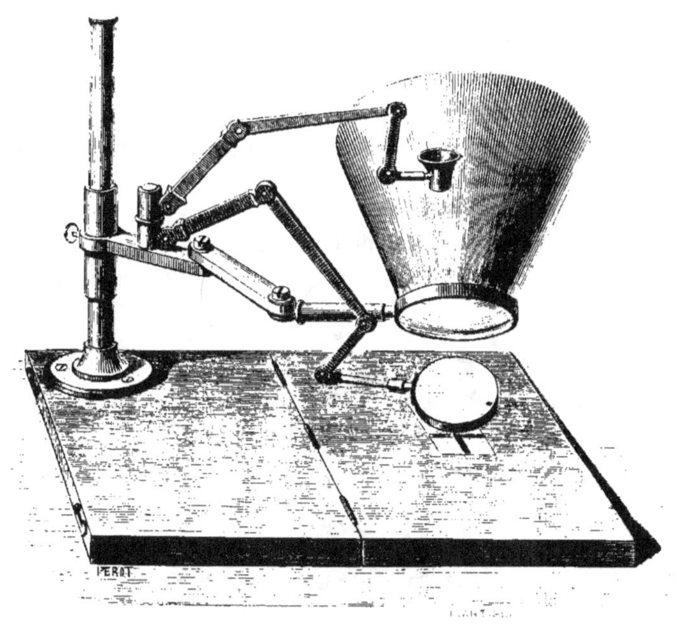

nure, produit un énorme demi-cône servant d'écran pour la tête
de l'observateur, qui se trouve ainsi dans une obscurité relative.
Ajoutons que, toutes ces pièces étant très plates, M. de Lacaze a
eu l'idée de couper en deux parties la planche servant de base à
l'instrument, lesquelles deux moitiés réunies de nouveau par des
charnières peuvent se refermer et contenir l'instrument dans des
rainures pratiquées intérieurement. De cette façon, l'appareil tout

entier se réduit à une simple planche d'environ 0^m,35 et de 0^m,07
d'épaisseur (¹). »

II. — MICROSCOPES SIMPLES.

Les différents supports que nous venons de passer en revue ne
peuvent servir que pour l'étude des objets opaques et sous de
faibles amplifications ; mais, dans les recherches un peu minutieuses, l'emploi de forts grossissements devient indispensable, et
la lumière réfléchie est absolument insuffisante. Il faut alors avoir
recours à une méthode toute différente et faire traverser l'objet à
étudier par la lumière : de là des dispositions spéciales, miroir
mobile. table transparente. etc., toutes modifications qui constituent le *microscope simple.*

Anciens modèles. — Le modèle le plus anciennement connu a
été décrit par Cuff en 1756 dans son *Histoire des Corallines ;* les

Fig. 13.

instruments en usage aujourd'hui ne sont que de très légères mo-

(¹) ROBIN, *op. cit.*, p. 120.

difications de ce premier modèle. Celui-ci se composait d'une boîte, sur laquelle se vissait une colonne creuse portant à son extrémité supérieure une sorte de table (platine) percée d'un trou; un miroir articulé était fixé au-dessous. Une seconde tige, entrant à frottement dans la colonne creuse, portait un bras horizontal, formant potence, et son extrémité libre recevait les loupes biconvexes, seules employées alors. Cet instrument, à peine modifié, est encore en usage, mais le nom du véritable inventeur a été mis de côté, nous ne savons pourquoi, et ce modèle est connu sous le nom de *microscope Raspail* (*fig.* 13).

Nouveaux modèles. — Il existe dans le commerce de nombreux modèles de microscopes simples; nous n'entreprendrons pas de les décrire tous. Nous ferons seulement observer, d'une manière générale, que les microscopes vissés sur la boîte destinée à les contenir manquent toujours de stabilité; le seul avantage de cette combinaison réside dans le peu de volume qu'occupe l'instrument lorsqu'il est démonté.

Nous décrirons seulement les modèles que construisent à Paris MM. Chevalier, Nachet, Vérick, Prazmowski et Molteni.

Microscopes simples de Chevalier. — La maison Chevalier est une des premières qui aient modifié le microscope simple de façon à lui donner toutes les qualités nécessaires pour en faire un excellent instrument de dissection. Elle fabrique actuellement deux modèles : l'un (*fig.* 14) est muni d'un large socle en fonte, sur lequel vient se fixer une sorte de console de même métal; la table, ainsi composée (platine), est percée d'une ouverture circulaire, destinée à laisser passer les rayons lumineux réfléchis par un miroir articulé placé au-dessous. Derrière la console est placé un double tube à crémaillère, chargé de supporter un bras horizontal, à l'extrémité duquel se placent les doublets. La crémaillère, commandée par un bouton molletté, permet d'élever et d'abaisser tout le système porte-lentille et d'obtenir une mise au point exacte. Mais le bras horizontal pivote librement autour d'un axe placé au-dessous du tube vertical, et, de plus, une vis de rappel permet de faire mouvoir d'avant en arrière le doublet; à cet effet, ce bras

Fig. 14.

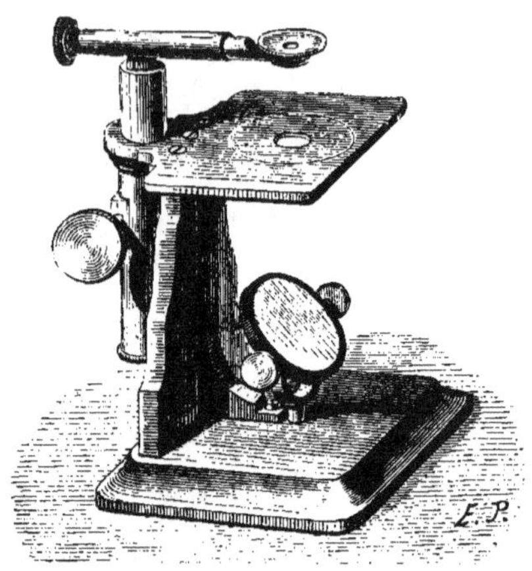

est également composé de deux tubes entrant à frottement l'un
dans l'autre.

Fig. 15.

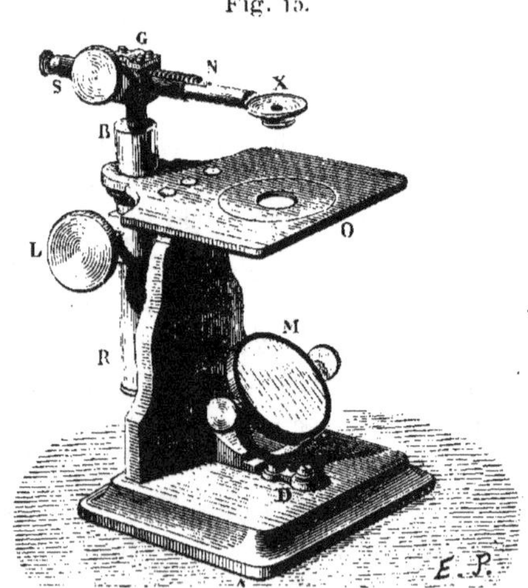

Ces différentes dispositions permettent d'amener la lentille sur
un point quelconque de la préparation déposée sur la platine.

Un second modèle (*fig.* 15) ne diffère du premier que par une construction plus soignée : le pied est en cuivre, et une crémaillère N, commandée par un bouton moletté S, donne au mouvement d'avant en arrière du doublet X une très grande précision.

Microscope de Nachet. — Un pied en cuivre (*fig.* 16). rendu

Fig. 16.

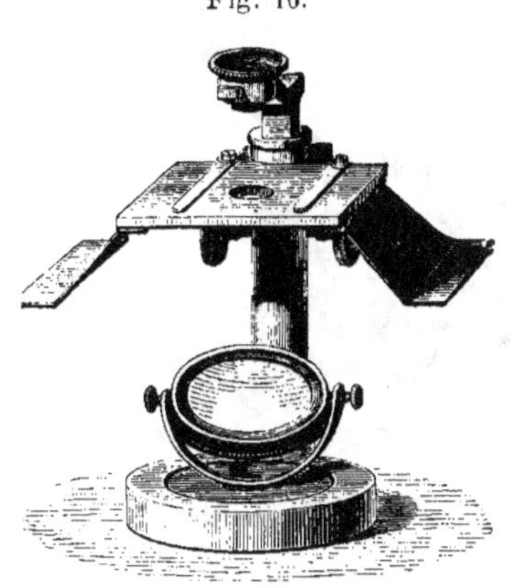

pesant par une masse de plomb, supporte une colonne creuse, terminée à sa partie supérieure par une platine en cuivre noirci. percée d'une ouverture circulaire et munie de deux valets ou pinces métalliques pour fixer la lame de verre porte-objet.

La colonne verticale donne passage dans son intérieur à une tige dentée en crémaillère, portant elle-même une branche horizontale, à l'extrémité de laquelle se placent les doublets. Un pignon à deux têtes molettées s'engrène sur la tige dentée et permet de faire monter et descendre le porte-doublet pour la mise au point. Enfin un miroir articulé est fixé sur le pied et sert à renvoyer la lumière dans l'axe de la platine et du doublet.

Mais la disposition spéciale à ce modèle réside dans deux ailes fixées de chaque côté de la platine, et servant à donner un point d'appui aux deux mains pendant les dissections opérées sur la platine.

Ce microscope peut recevoir des loupes simples, des doublets et
même la loupe de Brucke.

Microscope simple de Vérick. — Le modèle construit par M. Vérick (*fig.* 17) rappelle dans son ensemble les dispositions principales

Fig. 17.

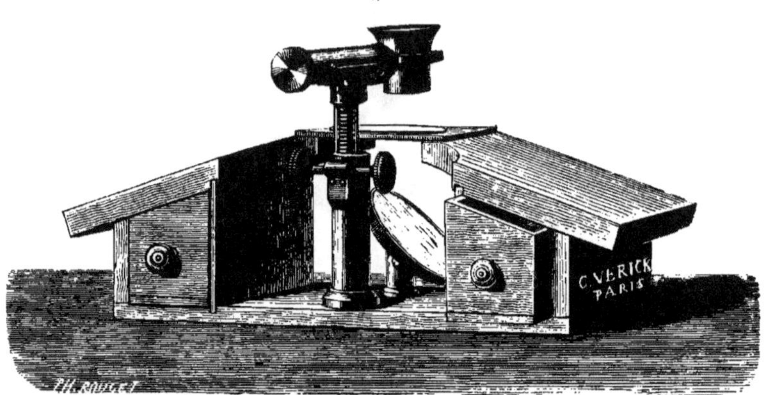

de celui de M. Nachet; mais ici les ailes de la platine sont rem-
placées par deux plans inclinés, entièrement indépendants du corps
même du microscope, et formant deux boîtes solidement fixées
aux deux extrémités de la tablette-support de l'instrument tout
entier. Le mouvement vertical du porte-loupe est également produit par une crémaillère actionnée par un pignon à deux boutons
molettés. La branche horizontale, formant potence, se compose de
deux tubes entrant à frottement l'un dans l'autre, et une vis de
rappel permet de donner au doublet un mouvement d'avant en
arrière; enfin la branche tout entière pivote librement autour
d'un axe qui termine la tige verticale. Ces dernières dispositions
permettent de faire parcourir à la loupe toute l'étendue de la platine, et l'observateur peut ainsi examiner successivement tous les
points de la préparation fixée sur la platine. Enfin une modification
excellente permet de remplacer la platine par un baquet à dissection, avantage précieux dans bien des circonstances.

Microscope simple pour dissection de M. Prazmowski. —
Le modèle combiné récemment par M. Prazmowski (*fig.* 18) res-

Fig. 18.

semble à première vue à celui de M. Vérick ; il en diffère par
quelques modifications très avantageuses et par un système de
loupe tout spécial. Le bouton de la crémaillère, au lieu d'être
parallèle à l'observateur, est placé en sens opposé ; il fait donc
saillie en arrière, ce qui permet de le saisir plus facilement. Une
des deux boîtes, glissant dans des rainures, permet de recouvrir
la partie optique. Les loupes qui accompagnent cet instrument (')
sont de nouvelle construction et remplacent avec avantage les doublets ; elles sont parfaitement achromatiques et donnent un champ
mathématiquement rectiligne.

REMARQUES. — Sans doute, ces différents modèles possèdent des
qualités réelles ; mais les uns et les autres ont des défauts incontestables, et leur maniement est assez gênant pour leur faire préférer, dans les laboratoires, le microscope composé, malgré les
difficultés qui résultent du renversement des images. Nous avons
surtout en vue, dans nos critiques, l'emploi du microscope simple
dans les dissections, et les défauts que nous allons signaler per-
dent toute importance dans le cas des simples observations.

Le premier inconvénient de tous ces modèles réside dans la

(') Voir, plus haut, page 13.

difficulté de modifier la direction de l'éclairage sans faire mouvoir
l'instrument tout entier; ce défaut est particulièrement sensible
dans les modèles Vérick et Prazmowski; il provient des deux
plans inclinés qui empêchent l'arrivée de la lumière latérale.
Dans le modèle Nachet, même inconvénient, mais moindre, par
suite de la plus petite surface des ailes latérales de la platine.

Sous ce rapport, le microscope de Cuff était préférable, et la
platine réduite à un simple anneau dans le microscope Raspail
laisse arriver la lumière de tous côtés et permet de projeter les
rayons lumineux dans tous les sens.

Un second défaut, et celui-là paraîtra singulier au premier
abord, est celui qui empêche l'observateur de trouver facilement
à placer l'œil contre la lentille grossissante. L'impossibilité de
donner un éclairage convenable, autrement qu'en prenant la lumière
par la face antérieure de l'instrument, oblige forcément à avoir
devant soi la colonne, les boutons molettés et le bord postérieur
de la platine, toutes parties plus ou moins saillantes et qui viennent
obstinément buter contre la figure de l'observateur. Ce défaut, qui
peut paraître puéril en quelque sorte, est, en réalité, celui qui fait
mettre de côté le microscope simple, et dans tous les laboratoires
que nous avons fréquentés, il n'est pas un travailleur qui ne soit
arrivé à convenir avec nous que c'était bien là un des grands
ennuis de cet instrument.

Cependant le microscope simple rend les plus grands services
dans les dissections : *il ne renverse pas les images*, aussi ce serait
un très grand tort que de l'abandonner.

Dans le modèle que nous allons décrire, nous nous sommes
efforcé de corriger ces divers défauts, et si nous ne nous faisons
illusion, nous sommes arrivé à les éliminer d'une manière à peu
près complète.

Nous avons été singulièrement aidé dans tous nos essais par
M. Molteni, à qui nous avons confié la construction de cet instrument; aussi est-ce sous le nom de cet habile opticien que nous
allons le décrire.

Microscope simple de Molteni (fig. 19). — Notre premier soin a
été de rendre possible l'éclairage de tous côtés ; nous avons donc
été obligé, tout d'abord, de supprimer les ailettes ou les plans

Fig. 19.

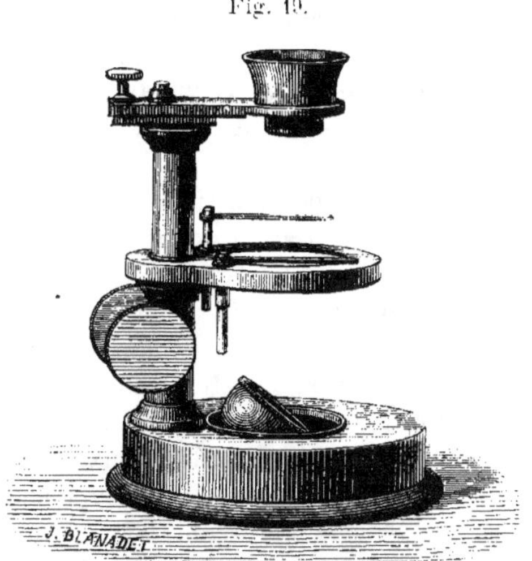

inclinés. Il fallait cependant donner un point d'appui aux mains
pour les dissections ; pour atteindre ce résultat, nous avons abaissé
la platine le plus possible, de telle sorte que la main peut prendre
un point d'appui sur la table même où se place le microscope ;
le bras posé à plat sur cette table et la main fortement relevée
permettent aux doigts d'atteindre facilement la platine et de manœuvrer les aiguilles ou les scalpels nécessaires aux dissections.

En cela nous avons simplement imité une des dispositions adoptées
dans le microscope composé de M. de Lacaze-Duthiers. Mais en
abaissant ainsi la platine, il ne restait plus assez de place pour le
miroir ; nous avons donc été conduit à évider le pied dans sa
partie centrale et à donner ainsi la forme d'un anneau à la base
de l'appareil. Cet anneau rempli de plomb donne en outre une
grande stabilité à l'instrument tout entier.

La platine est à peu de chose près celle du microscope Raspail; seulement au lieu d'être mobile, elle fait corps avec la colonne verticale; elle se compose d'un anneau en cuivre noirci portant à sa partie intérieure une feuillure dans laquelle peuvent se placer à tour de rôle des plaques de cuivre percées à leur centre d'ouvertures plus ou moins grandes, des plaques de verre planes ou des verres de montre; enfin deux valets peuvent se fixer dans des trous pratiqués à la base de la platine et permettent ainsi de fixer l'objet à examiner.

Le porte-loupe est muni de deux mouvements de haut en bas et d'arrière en avant, celui-ci étant donné par une coulisse à arrêt fixe.

Il est facile de voir que ces modifications rendent libres tous les abords de la loupe ou du doublet; la colonne et les boutons molettés qu'elle porte peuvent se mettre sur le côté, car dans toutes les positions le miroir peut réfléchir la lumière dans l'axe de l'instrument, et de cette façon ce malheureux nez, si gênant avec les autres modèles, trouvera toujours à se loger facilement.

CHAPITRE II.

Le microscope composé, réduit à sa plus simple expression, se compose de deux systèmes de lentilles enchâssées aux deux extrémités d'un tube rigide.

Les lentilles inférieures font l'office de loupe, elles regardent l'objet, d'où leur nom de *lentilles objectives*, et plus simplement *objectif;* les autres, supérieures, reprennent l'image produite par l'objectif et lui font subir une nouvelle amplification avant d'arriver à l'œil; celles-ci prennent le nom d'*oculaire*.

Ces différents systèmes de lentilles, objectif, oculaire, doivent être exactement sur une ligne droite et dans des plans parallèles entre eux, c'est ce qui constitue l'axe optique du microscope. Le tube porte-lentille doit être mobile et se déplacer par rapport à l'objet observé pour ramener l'image formée à la vue distincte, opération qui a reçu le nom de mise au point.

D'une manière générale la monture d'un microscope composé comporte les mêmes pièces que celles du microscope simple : pied, miroir, platine; le porte-objectif, au lieu de recevoir simplement des doublets, supporte le tube porte-lentilles dont nous venons de parler.

Il convient d'étudier séparément la partie optique et la partie mécanique du microscope composé; toutes deux n'ont pas une égale importance, et la partie optique est celle qui constitue essentiellement le microscope composé et lui donne ses qualités spéciales.

I. — PARTIE OPTIQUE.

Nous avons à considérer deux systèmes de lentilles, absolument différents par leur mode de construction et par leur usage : les objectifs et les oculaires.

Objectifs. — L'objectif est incontestablement la partie essentielle de tout microscope composé; aussi est-ce sur cette partie de l'instrument que se sont concentrés les efforts des opticiens.

Objectifs achromatiques. — Les premiers microscopes étaient munis d'objectifs non achromatiques, et dans ces conditions il était difficile d'obtenir des images convenables, toute observation sérieuse était encore impossible. Charles Chevalier, le premier, parvint à construire des objectifs achromatiques pour le microscope; nous ne reviendrons pas sur ce que nous avons dit plus haut à ce sujet (p. 3).

Les objectifs faibles sont le plus ordinairement formés d'une seule lentille, et les opticiens cherchent alors à obtenir un achromatisme aussi parfait que possible, en combinant convenablement les courbes des deux lentilles de crown-glass et de flint-glass dont se compose toute lentille achromatique.

Mais dans les objectifs d'un pouvoir amplifiant plus considérable, on réunit toujours deux ou trois lentilles de foyer inégal; la plus puissante étant la plus rapprochée de l'objet, et la plus faible en étant la plus éloignée. L'expérience a en effet appris que l'assemblage de plusieurs lentilles donne une aberration de sphéricité beaucoup moins considérable que ne le ferait une seule lentille ayant une longueur focale égale à celle que donne l'ensemble des lentilles combinées.

Pendant longtemps, chacune de ces lentilles prises isolément était rendue achromatique; de là de très grandes difficultés de construction lorsqu'il s'agissait de travailler des lentilles de quelques millimètres de foyer.

En 1855, Amici, le célèbre constructeur italien, abandonna complètement ce système, et démontra que les trois lentilles n'avaient pas besoin d'être achromatisées séparément. Tous les opticiens suivent actuellement cette méthode et combinent leurs objectifs de telle façon que la lentille médiane est seule achromatisée; la supérieure, trop corrigée (à flint prédominant), donne une bordure bleue à l'image; l'inférieure, trop peu corrigée (presque toujours formée de crown seul), donne une bordure rouge. L'ensemble produit un achromatisme complet, plus facile à obtenir que par l'ancienne méthode, en même temps que les images deviennent à la fois plus nettes et plus éclairées.

Enfin tout récemment M. Prazmowski a combiné un objectif à quatre lentilles, qui donne des résultats remarquables, et principalement un champ absolument plat et une netteté parfaite.

Dans tout objectif il importe d'examiner la distance focale et le grossissement, l'angle d'ouverture et la distance frontale.

Distance focale. — On distingue ordinairement les objectifs entre eux par la distance focale du système de lentilles dont ils sont composés, ou pour parler plus exactement par le foyer de la lentille unique qui donnerait un grossissement égal. Ainsi un objectif de $0^m,005$ de foyer n'a pas en réalité cette longueur focale, mais il donne le même grossissement qu'une lentille simple de $0^m,005$ de foyer.

Ce rapport n'est même pas absolument exact; et, en fait, la distance focale d'un objectif à plusieurs lentilles est plus petite que celle de la lentille simple donnant le même grossissement.

L'usage veut cependant que l'on use de cette comparaison, et les opticiens donnent toujours pour chacun de leurs objectifs leur équivalence focale; enfin, par une fâcheuse habitude, cette mesure est donnée en pouces et en lignes.

La distance focale (le foyer) est en rapport direct avec le grossissement, et plus le foyer d'un objectif est court, plus est considérable l'amplification qu'il peut produire. Mais en même temps que l'amplification augmente, la lumière diminue, et c'est là une des raisons principales qui empêchent de porter le grossissement par les objectifs au delà d'une certaine limite.

Distance frontale. — Il ne faut pas confondre la distance focale ou foyer d'un objecti, avec sa *distance frontale*, qui n'est autre que l'espace compris entre la face externe de la lentille extrême de l'objectif et le point où doit être placé l'objet à examiner.

Grossissement. — Les différents constructeurs de microscopes désignent leurs objectifs par des numéros absolument arbitraires, et qui n'ont aucun rapport avec les effets obtenus, en même temps qu'ils varient avec les différents ateliers; ces numéros n'ont ainsi en eux-mêmes aucune signification; aussi les opticiens ont-ils toujours le soin d'indiquer dans leurs catalogues les grossissements donnés par chacun de leurs objectifs : bien entendu que les grossissements ainsi indiqués s'obtiennent en combinant les objectifs avec les oculaires, et nous verrons plus tard que le foyer et la position de l'oculaire influent sur le grossissement. Voici un tableau dans lequel on trouve les indications de grossissements des principaux constructeurs de Paris.

CHEVALIER.		NACHET.		PRAZMOWSKI.		VÉRICK.	
1	23 — 50	0	30 — 60	1	15 — 25	00	16 —
2	50 — 130	1	89 — 140	2	25 — 45	0	18 — 85
3	100 — 250	2	180 — 350	3	50 — 120	1	. 35 — 170
4	250 — 550	3	260 — 500	4	60 — 140	2	100 — 250
5	350 — 650	4	300 — 590	5	100 — 240	3	160 — 350
8	380 — 800	5	350 — 680	6	150 — 350	4	230 — 520
9	550 — 1300			7	200 — 450	6	290 — 650
				8	250 — 600	7	400 — 800
Série à immersion.		**Série à immersion.**		9	350 — 860	8	500 — 1050
7	330 — 750	6	460 — 1200				
8	450 — 1100	7	580 — 1750	**Série à immersion.**		**Série à immersion.**	
9	550 — 1150	8	775 — 2000	9	410 — 950	8	440 — 950
10	630 — 1500	9	900 — 2500	10	520 — 1100	9	580 — 1200
		10	1150 — 2750	13	820 — 1700	10	600 — 1300
		11	1320 — 3150	15	1040 — 2200	11	700 — 1500
		12	1700 — 4500	18	1560 — 3300	12	800 — 1690
						13	900 — 2300

Angle d'ouverture. — On appelle *angle d'ouverture* celui formé par les deux rayons extrêmes émanant de l'objet et que peut utiliser l'objectif.

« Bien des conditions font que ces rayons sont réellement effi-
caces, ou qu'au contraire ils n'arrivent pas à concourir à la formation de l'image, et pourtant leur rôle a une importance telle.
qu'elle surpasse comme résultat définitif les avantages du grossissement seul. En d'autres termes, on peut avoir des objectifs
très puissants, montrant beaucoup moins de détails que des objectifs plus faibles, construits en vue d'obtenir un grand angle d'ouverture, c'est-à-dire d'utiliser la grande majorité des rayons
obliques émanant de l'objet (¹). »

D'une manière générale, l'augmentation de l'angle d'ouverture
augmente de beaucoup l'éclat et la vigueur des images.

« L'addition de lumière qui résulte d'un grand angle d'ouverture donne un éclat beaucoup plus considérable à l'image et.
chose plus importante, en fait bien mieux saisir les détails : en
effet, la perception des détails est due aux différences d'influence
qu'exercent sur la lumière les inégalités entre les diverses parties
d'une préparation (stries, granulations). Or il est facile de comprendre que les rayons les plus obliques. les plus excentriques,
ceux que l'objectif à grand angle d'ouverture peut utiliser, sont
précisément ceux qui sont les plus modifiés par ces inégalités,
ceux qui, par exemple. s'il s'agit d'examiner une surface, donnent
les perspectives les plus accusées des saillies qu'elle présente (²). »

L'agrandissement de l'angle d'ouverture ne peut être poussé au
delà de certaines limites sans amener de graves inconvénients :
en effet, la distance frontale d'un objectif dépend de son angle
d'ouverture : plus cet angle est ouvert. plus la distance frontale
diminue.

C'est pour avoir exagéré cet effet que les opticiens anglais
sont arrivés à construire des objectifs à si courte distance frontale que toute dissection est rendue impossible, et que dans les
forts grossissements il est indispensable d'user de couvre-objets

(¹) ROBIN. op. cit., p. 182.
(²) M. DUVAL, op. cit., p. 29.

d'une épaisseur si réduite que leur emploi devient des plus difficiles.

Mais en Angleterre le microscope est beaucoup plus que chez nous un instrument de récréation, et il trouve place dans bien des salons; sa destination se trouve ainsi toute changée : il sert principalement à examiner des préparations soigneusement travaillées par d'habiles préparateurs, et il doit par suite être construit de manière à embrasser le champ le plus étendu, et à montrer les détails les plus minutieux. En France, au contraire, le microscope n'a pas encore quitté le laboratoire du chercheur, c'est un instrument d'étude, de dissection et, pourrions-nous dire, un instrument sérieux; voilà pourquoi nos constructeurs français ont eu à établir des combinaisons différentes de celles de leurs voisins d'outre-Manche; et dans leurs objectifs l'angle d'ouverture est toujours proportionné au grossissement, de façon à conserver une distance frontale suffisante.

Enfin il convient d'ajouter encore que l'exagération de l'angle d'ouverture diminue le pouvoir pénétrant d'un objectif, question que nous étudierons bientôt.

Des qualités de l'objectif. — Un objectif parfait doit être doué du *pouvoir définissant*, du *pouvoir pénétrant* et du *pouvoir résolvant;* de plus, il doit donner un *champ de vision très plan;* enfin nous rappellerons qu'il doit posséder une distance frontale suffisante.

Pouvoir définissant. — Un bon objectif doit limiter, *définir* les contours des objets par des traits nets, fins, et non par des lignes épaisses, indécises. Cette qualité, la plus importante de toutes, dépend de la correction plus ou moins complète de l'aberration chromatique et de l'aberration sphérique.

Pouvoir pénétrant. — La pénétration réside dans la possibilité d'apercevoir, dans une préparation, non seulement les parties qui sont mathématiquement au foyer, mais aussi celles qui sont à des niveaux un peu différents. Le pouvoir pénétrant est intimement lié à la grandeur de l'angle d'ouverture de l'objectif; aussi la *profondeur focale* diminue à mesure que l'angle d'ouverture

augmente. Il convient d'avouer qu'au point de vue théorique
un objectif très pénétrant est un instrument défectueux, car
il manque de foyer mathématiquement défini. Nous avons déjà
établi, en principe, que l'angle d'ouverture ne pouvait être exagéré sans nuire sensiblement à l'utilité pratique d'un objectif :
en effet, il réduit à la fois sa pénétration et sa distance frontale,
deux qualités indispensables dans les recherches minutieuses.

Pouvoir résolvant. — Le pouvoir résolvant ou d'*analyse* est
celui qui fait nettement voir les détails les plus fins. Cette qualité dépend encore de l'angle d'ouverture, c'est-à-dire de l'obliquité des rayons lumineux que l'objectif peut recevoir. Aussi
peut-on encore augmenter cette puissance de pénétration en mul-
tipliant le nombre des rayons obliques par certaines positions
du miroir éclaireur : c'est là ce qui rend si utile l'*éclairage
oblique*.

A ces différents *pouvoirs* il convient d'ajouter une qualité importante : celle qui donne à l'image une disposition parfaitement
plane. Les loupes biconvexes donnent toujours une image plus ou
moins convexe; ce défaut est le plus souvent corrigé par la forme
plan-convexe donnée aux lentilles, mais il subsiste toujours un
peu, quoique l'observateur ne le perçoive pas; aussi, lorsqu'on
veut avoir une idée absolument exacte de la forme d'un objet,
est-il nécessaire de l'observer au centre du champ du microscope.

Objectifs à correction. — Dans tout ce qui précède, nous avons
toujours supposé que les rayons lumineux émanés de l'objet à
observer entraient directement dans l'objectif. Il en est rarement
ainsi, et les préparations microscopiques sont à peu près toutes
enfermées entre deux lames de verre : l'une sert de support,
c'est le *porte-objet*; l'autre le recouvre, c'est le *couvre-objet*.

Mais ce couvre-objet, quoique toujours extrêmement mince, produit une déviation des rayons lumineux, et cet effet, qui augmente avec l'épaisseur du couvre-objet, altère notablement l'image.

Amici, le premier, avait observé qu'à chaque objectif correspon-
dait une épaisseur de couvre-objet, avec laquelle les images attei-
gnaient le maximum de netteté ; aussi conseillait-il d'employer

pour chaque objectif des lamelles d'épaisseur déterminée. Mais ce mode de *correction* n'était guère applicable dans la pratique. Heureusement, l'Anglais Ross parvint à obtenir le même résultat par une méthode différente et très pratique, qui consiste à modifier l'écartement qui existe entre les différentes lentilles de l'objectif.

Nous n'entrerons pas dans l'explication théorique de la déviation des rayons produite par le couvre-objet, ni de l'effet obtenu par l'écartement des lentilles ; nous nous contenterons de dire que l'effet donné par un couvre-objet trop mince se corrige en écartant les lentilles entre elles, et que les couvre-objets, trop épais, demandent à rapprocher les lentilles. A cet effet, les objectifs à correction (*fig.* 20) portent un collier moletté, susceptible de tourner dans les

Fig. 20.

deux directions : de gauche à droite, les lentilles se rapprochent ; de droite à gauche, elles s'écartent.

« Ce résultat, la mobilisation des lentilles, peut être atteint de plusieurs manières. On peut éloigner ou rapprocher la lentille frontale des deux autres qui restent fixes, ce qui a l'inconvénient de changer en même temps la distance de l'objet à cette lentille frontale et de faire disparaître l'image quand on manœuvre la correction. On peut faire marcher les deux premières lentilles et laisser la dernière fixe, ce qui a le même inconvénient : c'était le système de Ross. La lentille frontale et la dernière peuvent s'éloigner ou se rapprocher de la seconde, ce qui constitue la correction double (Hartnak, Prazmowski, Vérick), et fait encore disparaître l'image qui était au point. Enfin on peut laisser la lentille frontale fixe et faire mouvoir l'une des deux autres ou toutes les deux, ce qui a l'avantage de conserver la distance de l'objet à la lentille frontale et de laisser celui-ci toujours visible : on n'a qu'à corriger, par la vis micrométrique, la mise au point légèrement altérée : c'est le système Nachet. Dans ce cas, la lentille frontale est montée à demeure à l'extrémité d'un tube métallique, dans l'intérieur duquel est un second tube. Les deux autres lentilles (ou seulement la dernière, la seconde étant fixée sur la frontale) sont serties sur ce tube, qui peut se mouvoir dans le premier à l'aide d'un collier moletté entourant celui-ci. Quand on tourne ce collier, le tube intérieur monte ou descend dans le tube extérieur et rapproche ou éloigne de la frontale les lentilles qu'il porte. Le sens dans lequel il se meut est indiqué à l'extérieur par un petit index placé sur le côté de l'appareil et vis-à-vis duquel sont tracées les deux lettres C et D (*fig.* 20), marquant la position de l'index quand l'objet est *couvert* par le couvre-objet ou *découvert*. Couvert, correspond en réalité à verre épais, et découvert, à verre mince; ces expressions, absolument défectueuses, proviennent des expériences faites avec les diatomées examinées à découvert (sans couvre-objet) ou couvertes d'un couvre-objet (¹). »

Des objectifs à immersion. — Les défauts que nous venons de signaler et que la correction parvient à faire disparaître ne sont pas les seuls qui se produisent. Effectivement, les rayons lumineux, après avoir traversé le couvre-objet, ne pénètrent pas encore directement dans l'objectif; ils ont à traverser la couche d'air plus ou moins épaisse qui sépare le couvre-objet de la lentille frontale; il se produit alors deux réfractions : l'une à l'entrée, l'autre à la sortie de cette couche d'air, et l'image se trouve altérée de ce fait dans sa netteté et dans son éclairage.

Amici parvint à corriger ce défaut en interposant entre ces deux surfaces une goutte d'eau; de là les *systèmes à immersion*. L'indice de réfraction de l'eau est à peu près le même que celui

----

(¹) Pelletan, *op. cit.*, p. 47 et 48.

du verre; aussi la déviation produite par cette couche d'eau est à peu près négligeable, et ainsi l'objectif se trouve corrigé par immersion.

Mais, en même temps que cela, l'immersion permet à un bien plus grand nombre de rayons marginaux de pénétrer efficacement dans l'objectif; l'angle d'ouverture est ainsi augmenté, et cependant la distance frontale, loin d'être diminuée, s'allonge sensiblement; enfin les réflexions qui se produisent à la surface de l'objectif sont beaucoup moindres dans l'eau que dans l'air : de là une augmentation de lumière, un plus grand nombre de rayons pouvant pénétrer dans l'objectif.

Par le fait, l'immersion seule corrige déjà une grande partie des aberrations produites par le couvre-objet, les rayons lumineux subissant dans l'eau une déviation bien moindre que dans l'air.

Il est facile de conclure de tout ce qui précède, que les objectifs les plus parfaits seront ceux dans lesquels seront réunies à la fois les corrections données par l'écartement variable des lentilles (correction proprement dite) et celles produites par l'immersion.

Ces deux perfectionnements ne s'appliquent, dans la pratique, qu'aux forts grossissements, car les déformations produites par le couvre-objet et par la couche d'air sont à peine sensibles dans les objectifs faibles.

Essai des objectifs. — Nous avons énuméré dans les pages qui précèdent les différentes qualités que devait posséder tout bon objectif, et nous avons eu le soin d'indiquer brièvement les causes d'erreurs et les remèdes à employer. Pour compléter cette étude, il nous reste encore à faire connaître une méthode qui permette de vérifier les qualités d'un objectif.

Celles-ci s'apprécient au moyen de certains objets d'épreuves qui servent d'étalons et dont la constitution est bien connue : c'est ce que les Anglais ont appelé *tests-objects*, ou plus simplement *tests*. Nous n'entrerons pas ici dans la description de tous les tests recommandés. A notre avis, on a fait un usage abusif de l'examen des tests, et les constructeurs anglais concentrent toutes les qualités de leurs microscopes vers ce but unique : *résolution des tests;* et, pour arriver aux effets qu'exigent ces observations toutes spéciales et bien futiles, ils ont altéré les qualités essentielles des objectifs en exagérant outre mesure l'angle d'ouverture, raccourcissant ainsi la distance frontale, de telle sorte que leurs objectifs ne peuvent être d'aucune utilité dans les recherches vraiment sérieuses.

Les tests sont le plus ordinairement fournis par des préparations végétales ou animales, qui présentent des particularités de structure compliquées et difficiles à voir. La netteté plus ou moins grande avec laquelle un objectif permet de découvrir ces détails permet d'apprécier sa valeur.

« On s'est beaucoup servi, à cet effet, il y a quelques années, des écailles de divers papillons ; mais on préfère généralement aujourd'hui les enveloppes siliceuses d'algues microscopiques et monocellulaires, nommées *diatomées*, et, parmi ces algues, on se sert surtout des *Pleurosigma angulatum* et *Pl. attenuatum*. En examinant ce test avec des objectifs faibles, on le trouve uni et sans stries (*fig.* 21); mais, en employant des objectifs de plus en

Fig. 21.

plus puissants, on voit bientôt que la carapace siliceuse est sillonnée de lignes transversales et obliques (*fig.* 22), aspect dont on trouve la clef avec un bon objectif à immersion. On constate alors que cet aspect de lignes, formant de petits espaces en apparence hexagonaux, est dû en réalité à la présence de points parfaitement ronds et parfaitement réguliers (¹). »

« Le *Surirella gemma* est un des tests les plus difficiles qu'il y ait. Il faut, pour le voir, employer les meilleurs objectifs à im-

(¹) DUVAL, *op. cit.*, p. 49.

mersion et, en outre, la lumière oblique. Ce *Surirella* présente,

Fig. 22.

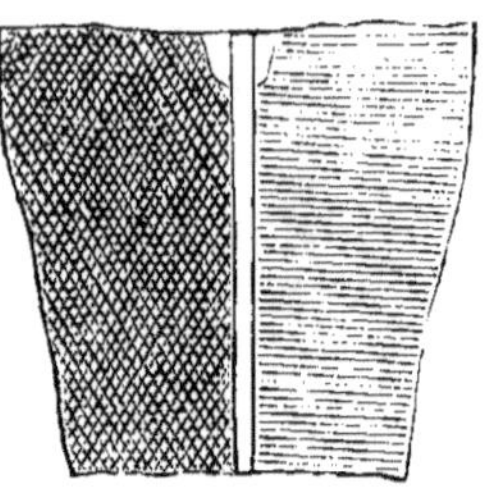

comme on le voit sur la *fig*. 23, qui en représente à peu près un quart, de grosses lignes bien marquées, entre lesquelles se montrent des lignes transversales plus fines, comme il est dessiné dans la partie A. Ce ne sont point celles-là qui donnent au *Suri-*

Fig. 23.

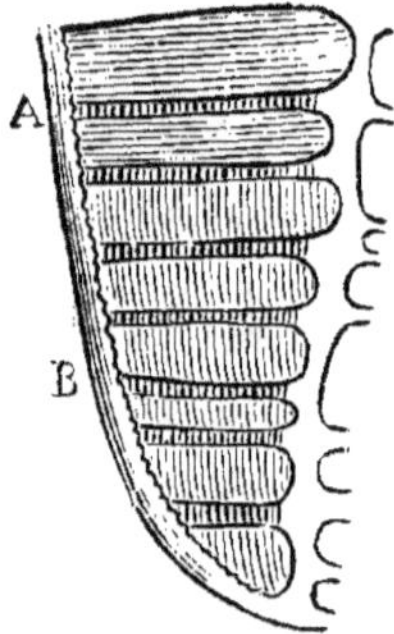

rella gemma sa haute valeur comme test; mais, en dirigeant convenablement le miroir ou en faisant tourner la platine, on apercevra des lignes longitudinales délicates, plus fortement marquées sur les grosses lignes transversales. Ce sont ces lignes fines, marquées en B dans la figure, qui forment un des tests les plus difficiles connus (¹). »

(¹) CHEVALIER. *op. cit.*, p. 128.

Mais, ainsi que le fait observer M. Ranvier, « pour les recherches histologiques, le meilleur microscope n'est pas toujours celui
qui montrera le mieux les *raies* du *Pleurosigma*. Les diatomées
sont, en effet, des corps plans, offrant seulement de légères strics ;
en anatomie générale, on a, au contraire, affaire à des objets irréguliers, rugueux, concaves, convexes, changeant de forme, et il
faut des objectifs qui montrent bien ces détails. Le seul moyen
de les choisir, lorsqu'on est habitué à l'observation microscopique.
c'est d'avoir un objet histologique que l'on ait étudié auparavant
avec des lentilles variées, et dont on se soit convaincu qu'il doit
être vu de telle ou telle façon avec un excellent objectif ; on regarde alors cet objet avec les divers objectifs que l'on veut essayer.
et l'on considère comme les meilleurs ceux qui le montrent le
mieux.

« Je me sers habituellement, comme objet d'épreuve. de fibrilles
musculaires isolées des ailes des hydrophiles (*fig.* 24) ; il faut

Fig. 24.

qu'avec un grossissement supérieur à 300 diamètres on y voie les
disques sombres alternativement épais et minces, qui les carac-
térisent (¹). »

Enfin, d'après le professeur Exner, il convient d'emprunter ces
moyens d'appréciation au tissu animal frais, et de choisir les corpuscules de salive, qui ont aussi l'avantage d'être sous la main.
Un objectif, qui montre clairement le mouvement moléculaire
dans l'intérieur des corpuscules frais de salive. suffit pour la plupart des recherches.

Des oculaires. — Les oculaires ont une importance beaucoup

(¹) RANVIER, *op. cit.*, p. 29.

moins grande que les objectifs ; aussi est-il facile pour les opticiens de leur donner toutes les qualités nécessaires pour obtenir des résultats parfaits.

Théoriquement, l'oculaire est composé d'une simple lentille, faisant fonction de loupe, et destiné à examiner, en l'amplifiant, l'image formée par l'objectif. Mais cette lentille unique ne produit un effet utile que sur les parties centrales de l'image ; aussi a-t-il été nécessaire d'ajouter une seconde lentille destinée à recueillir les rayons marginaux : c'est ce que l'on désigne sous le nom de *verre de champ;* celui-ci placé au-dessous du *verre de l'œil* rapproche les rayons lumineux, les oblige à s'entre-croiser plus tôt, et donne comme résultat une image plus lumineuse, plus étendue et plus nette.

« Un autre avantage de la lentille de champ, c'est que les opticiens combinent sa construction de manière à corriger l'aberration de forme dont nous avons parlé plus haut. Nous avons vu en effet que l'image produite par l'objectif peut être courbe; à l'aide de la lentille de champ, on arrive à redresser l'image, en faisant croiser les rayons; on peut même dépasser la correction, et il se produit alors une image courbée en sens inverse. L'oculaire peut donc servir à corriger l'aberration de forme de l'objectif (¹). »

Entre les deux verres dont se compose l'oculaire est placé un diaphragme destiné à éliminer les rayons tout à fait extrêmes et qui ne pourraient que nuire à la netteté des images.

Les oculaires n'ont pas toujours la même distance focale : on emploie ordinairement trois ou quatre oculaires de foyer différent. Le plus souvent ils sont gradués de telle sorte que le troisième donne un grossissement double du premier. Les oculaires à court foyer ont l'inconvénient de diminuer énormément la lumière ; aussi a-t-on renoncé à augmenter les grossissements par les oculaires.

La position de l'oculaire varie également; aussi le tube porte-lentilles est-il le plus ordinairement à tirage, et le grossissement

(¹) Ranvier, *op. cit.*, p. 9.

augmente avec la distance entre les deux systèmes de lentilles : objectif et oculaire.

Oculaire holostérique. — M. Prazmowski fabrique un genre particulier d'oculaires auxquels il a donné le nom d'*oculaires holostériques*. Ceux-ci sont faits d'un cylindre de crown terminé à ses deux extrémités par des surfaces convexes : ces courbes sont calculées de façon que l'image se forme à l'intérieur du cylindre à l'endroit où se place ordinairement le diaphragme ; celui-ci est remplacé par une rainure circulaire remplie de mastic noir ; c'est en quelque sorte une loupe de Coddington.

Ce système est très avantageux dans les forts grossissements, car la perte de lumière est beaucoup moins considérable que dans les oculaires à deux lentilles.

II. — PARTIE MÉCANIQUE.

La partie mécanique du microscope composé est loin d'avoir une importance égale à celle de la partie optique ; mais cependant elle demande à être traitée avec précision, car les moindres imperfections dans le centrage de l'instrument, la plus petite irrégularité dans les glissements des parties mobiles annulent en grande partie les qualités que peuvent avoir les lentilles et rendent impossible toute observation délicate.

Il est rare maintenant de rencontrer des microscopes sans précision suffisante, lorsqu'ils sortent d'un atelier sérieux ; cependant il est toujours utile d'examiner successivement les diverses parties des microscopes et de se rendre compte de leurs qualités ou de leurs défauts.

D'une manière générale, nous dirons que les meilleurs microscopes sont les plus simples et les plus solides : c'est là une double qualité que possèdent les instruments français, contrairement à ceux d'outre-Manche, dans lesquels se trouvent accumulées à plaisir des complications souvent inutiles.

Nous allons passer successivement en revue les différentes

partics mécaniques du microscope : pied, platine et diaphragmes, miroir éclaireur, tube porte-lentilles, appareil de mise au point.

Du pied. — Dans les premiers microscopes, le pied avait la forme d'une colonne creuse ou *tambour* (*fig.* 25) fixée sur un disque en métal et dans laquelle une large ouverture laissait arriver la lumière sur un miroir éclaireur fixé à l'intérieur de cette sorte de niche. Mais cette disposition rendait impossible

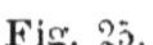

Fig. 25.

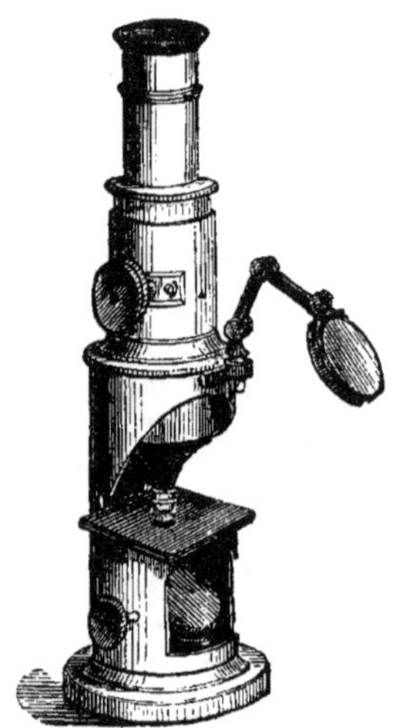

l'éclairage; latéral aussi est-elle complètement abandonnée et n'en parlons-nous que pour mémoire.

La forme du pied varie avec les constructeurs et avec leurs divers modèles; il est constitué par une base carrée, ronde, annulaire ou en fer à cheval, sur laquelle est solidement fixée une colonne verticale, simple ou double. La base du pied doit être d'un poids suffisant pour donner à tout l'instrument une grande stabilité; elle est tantôt en fonte, tantôt en laiton; mais lorsqu'on veut augmenter suffisamment son poids sans exagérer son volume, cette base est alourdie par une masse de plomb coulée à l'intérieur.

Dans le microscope de M. de Lacaze-Duthiers (*fig.* 26), la stabi-

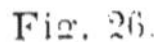

Fig. 26.

lité du pied est obtenue par un tout autre moyen; celui-ci est
formé par un anneau en cuivre, autour duquel viennent s'articuler
à charnière trois appendices, qui peuvent à volonté se replier
contre l'anneau ou au contraire s'ouvrir et former une sorte de
trépied à grand diamètre.

Enfin cet anneau est double et permet de faire tourner l'instrument sur son axe, disposition qui remplace la platine à tour-

billon, dont nous parlerons plus loin ; nous dirons alors quelles sont les considérations qui ont amené le savant anatomiste à cette modification.

D'une manière générale, la forme en fer à cheval est la meilleure (*fig.* 27), car elle permet d'abaisser la platine, en laissant un

Fig. 27.

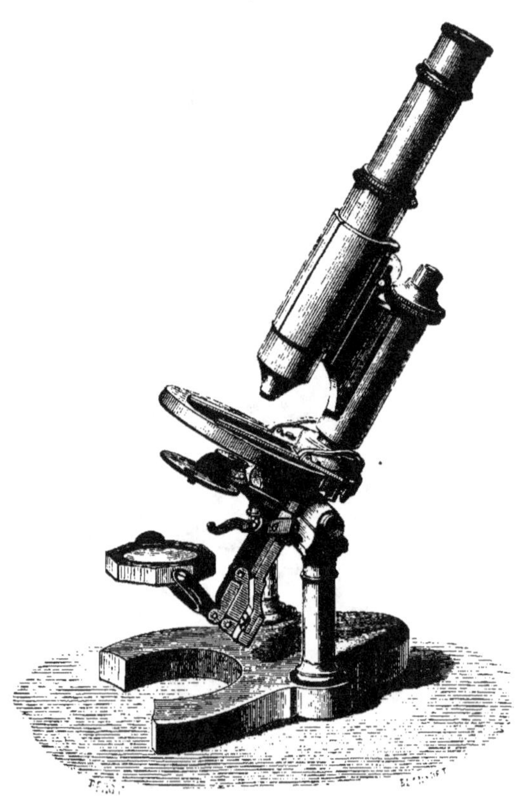

espace suffisant pour loger le miroir ; et cet abaissement de la platine est extrêmement utile dans les dissections.

La colonne placée sur la base peut être d'une seule pièce, et c'est ce qui constitue les microscopes *droits;* ou elle est brisée par une articulation à charnière, ce qui permet d'incliner le corps du microscope tout entier : on dit alors les microscopes *inclinants.* Dans les modèles à deux colonnes (*fig.* 27), la rotation se fait autour d'un axe transversal. Ces deux méthodes donnent l'une et l'autre de bons résultats; cependant la suspension sur axe est peut-être plus précise et moins sujette aux dérangements.

L'inclinaison n'est pas une qualité indispensable, et dans les travaux de recherches elle est rarement employée; elle présente en effet de sérieux inconvénients dans les observations de corps baignés dans un liquide, surtout lorsque ceux-ci ne sont pas maintenus par un couvre-objet. Mais l'inclinaison est fort commode dans certaines circonstances; elle diminue beaucoup la fatigue qui résulte de la position forcée que nécessite le microscope droit.

Le pied du microscope doit être garni sur sa face inférieure d'une épaisseur de cuir; cette précaution augmente la stabilité en empêchant l'instrument de glisser sur la table, surtout lorsque celle-ci est garnie d'une glace, comme nous l'indiquerons plus tard.

De la platine. — La colonne fixée à la base du pied porte à sa partie supérieure une tablette ou *platine* destinée à soutenir les objets soumis à l'observation.

La platine des premiers microscopes était mobile, et la mise au point s'obtenait en faisant monter et descendre la préparation et son support. Cette disposition, défectueuse en tous points, manquait à la fois de précision et de solidité. La plus légère pression exercée sur la platine changeait la mise au point; il était donc impossible d'effectuer la moindre dissection. Aujourd'hui la platine est fixe, et on lui donne toujours une épaisseur suffisante pour rendre toute flexion impossible; enfin elle est abaissée de telle sorte que la base de la main, appuyée sur la table, peut encore permettre aux doigts d'opérer une dissection avec des aiguilles emmanchées ou des scalpels. La meilleure disposition imaginée à cet effet est celle que nous avons signalée dans le microscope de

M. de Lacaze-Duthiers (*fig.* 26) ; en diminuant l'épaisseur de la
base, tout l'instrument a été abaissé, et la platine se trouve ainsi
à la hauteur convenable pour les dissections.

La platine est faite, en général, de laiton noirci ; mais dans les
instruments plus soignés, elle porte un verre rodé ; et ce perfectionnement permet l'emploi des réactifs sans crainte d'attaquer la
platine métallique. Dans ces dernières années, certains opticiens
allemands recouvrent la platine de leurs microscopes d'une plaque
d'ébonite, et cette substance paraît remplacer avec avantage la
plaque de verre.

La plupart du temps, les observations microscopiques se font
sur des objets transparents ; aussi la platine est-elle percée d'un
trou pour donner passage au faisceau lumineux que le miroir
éclaireur doit projeter dans l'axe de l'appareil.

Diaphragmes. — Cette ouverture ne doit pas être toujours de
même diamètre ; et d'une manière générale sa grandeur est liée
au pouvoir grossissant des objectifs ; les plus forts demandant les
ouvertures les plus réduites. Pour obtenir ce résultat, on fait
usage de plaques métalliques percées de trous, ce qui constitue
les *diaphragmes*. La forme la plus simple consiste en un disque
de laiton noirci mobile autour d'un axe, et portant une série
d'ouvertures de diamètres différents et qui peuvent se présenter
à tour de rôle devant l'ouverture de la platine et se centrer dans
l'axe du microscope.

Cette disposition très suffisante pour les grossissements moyens
ne peut plus être employée avec les objectifs puissants. En effet la
plaque tournante est forcément placée au-dessous de la platine,
et quoique entaillée dans son épaisseur elle n'en reste pas moins
placée à une certaine distance de la préparation : de là une assez
grande déperdition de lumière, surtout lorsque l'ouverture est très
petite ; il importe alors de ramener le diaphragme le plus près
possible du porte-objet : les diaphragmes à tube permettent de
réaliser cet effet.

Ceux-ci sont formés d'un tube de laiton ouvert à une extrémité et fermé à l'autre par une plaque percée au centre : ce tube peut entrer à frottement dans l'ouverture centrale de la platine, et ils peuvent alors arriver à toucher le porte-objet. Cette méthode, la plus simple, est rarement employée, car elle oblige à conserver aux parois de l'ouverture toute l'épaisseur de la platine, ce qui empêche l'emploi complet de la lumière oblique. Il a donc été nécessaire de faire porter le tube diaphragme par une pièce spéciale mobile et facile à enlever.

Les microscopes de Prazmowski, ceux de Vérick sont munis d'un porte-diaphragme à coulisse : au-dessous de la platine deux coulisses à biseau donnent passage à une plaque métallique, percée à son milieu d'une ouverture de diamètre égal à celle de la platine, et munie d'un tube dans lequel peuvent glisser à frottement les tubes diaphragmes. Il est facile de comprendre la manœuvre de cette combinaison : lorsque le tube porte-diaphragme est arrivé en face de l'ouverture de la platine, on fait monter le diaphragme au niveau voulu, et il est facile de l'amener au contact du porte-objet; de plus, un arrêt soigneusement ajusté maintient toujours dans l'axe du microscope l'ouverture du diaphragme; enfin un bouton sert à mettre en place la coulisse, et chaque tube-diaphragme est muni d'une couronne molettée qui facilite beaucoup la manœuvre de cette pièce.

Ce système est susceptible d'une grande précision, il se dérange rarement, et il a le précieux avantage de conserver un centrage rigoureux ; mais sa mise en place est un peu longue; aussi certains constructeurs ont cherché à le modifier dans ce but : tel est le modèle de Nachet.

« M. Nachet fixe sous la platine (*fig. 28*) un levier qui tourne autour de l'une de ses extrémités, de manière à pouvoir venir placer son autre extrémité sous l'ouverture de cette platine ou se développer en avant ou sur le côté, comme l'indique la figure. Ce levier porte un collier ou coulant dans lequel on peut glisser à frottement, de bas en haut, un tube couronné à son bord inférieur par un cordon moletté. Ce tube est ouvert à ses deux extrémités. C'est lui que les rayons lumineux vont traverser, lorsqu'il sera en place, pour aller éclairer l'objet. Pour réduire son diamètre et remplacer les trous de l'ancien diaphragme, on peut le coiffer d'une série de petites capsules mobiles percées de différentes grandeurs. Ainsi, quand on a fait choix de la capsule diaphragme qu'on veut employer, on la place dans le tube, on ramène

Fig. 28.

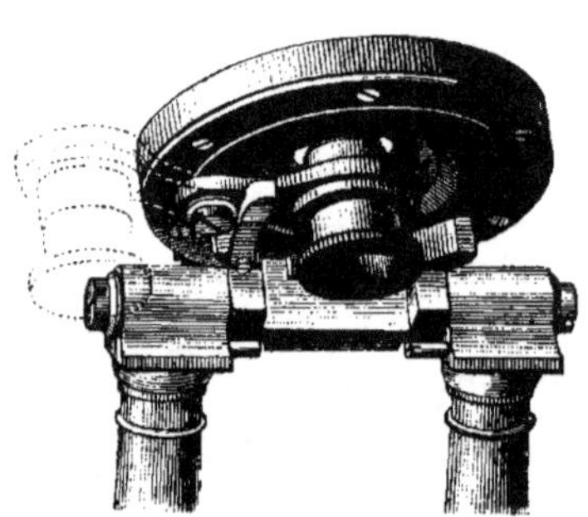

le levier sous la platine où un arrêt vient le fixer, de telle sorte que le centre du diaphragme se trouve exactement dans l'axe de l'ouverture de la platine, et il ne reste plus qu'à amener le plan du disque troué au niveau de la surface supérieure de la platine. Pour cela, on n'a qu'à enfoncer de bas en haut la capsule percée dans le tube; il le dépasse bientôt et s'élève peu à peu dans le trou de la platine à la hauteur voulue et jusqu'à ce que le disque percé apparaisse au niveau de la surface. Il ne peut s'élever plus haut, parce que le tube se trouve à ce moment arrêté par le rebord moletté dont il est garni par en bas.

« On peut ainsi employer des disques percés de trous plus ou moins petits, ou garnis d'une glace dépolie suivant l'éclairage que l'on veut produire (¹). »

Dans certains modèles, les diaphragmes sont montés d'une manière différente, et leur manœuvre est alors plus rapide. A cet effet (*fig.* 29), une pièce verticale est fixée au-dessous de la platine,

(¹) PELLETAN, *op. cit.*, p. 27.

elle porte une coulisse dans laquelle vient s'engager une platine mobile dans laquelle se fixent les diaphragmes : un levier ou une crémaillère commande cette sorte de glissière et permet d'approcher ou d'éloigner les diaphragmes de l'ouverture de la platine.

Fig. 29.

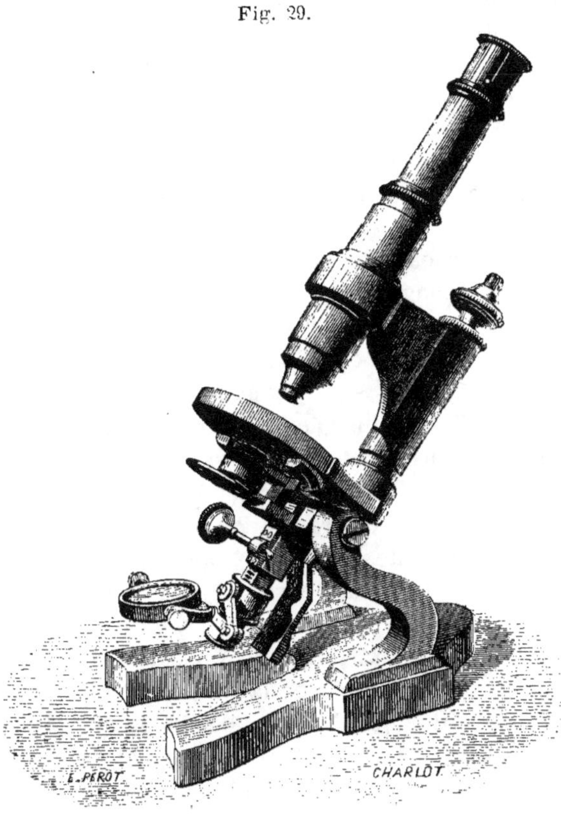

Cette disposition est surtout commode lorsqu'on remplace les diaphragmes par un condensateur ou par un appareil de polarisation; leur mise au point est alors des plus faciles.

Valets. — Les préparations sont maintenues sur la platine au moyen de deux pièces mobiles, les *valets;* ceux-ci rappellent complètement et ont le même usage que l'outil qui sert aux menuisiers à maintenir sur l'établi les pièces qu'ils travaillent. Dans les grands instruments de M. Nachet (*fig.* 27), de M. Vérick, la platine porte des valets articulés à ressort dont l'emploi est de beaucoup préférable.

Platine à tourbillon. — Jusqu'à présent nous avons supposé que la platine était fixe, et c'est ce qui existe dans les microscopes usuels ; mais dans les instruments plus soignés, la platine peut tourner dans un plan horizontal : c'est ce qu'on a appelé *platine à tourbillon*. Dans ce cas, celle-ci est formée de deux plaques métalliques : l'une, inférieure et fixe, représente en quelque sorte la platine ordinaire, et tient par une extrémité à la colonne du pied ; l'autre, supérieure et mobile, peut tourner autour d'une portée annulaire ménagée sur la plaque inférieure. Cette partie mobile porte elle-même tout l'appareil optique, de telle sorte que, dans son mouvement circulaire, cette pièce entraîne la préparation et les objectifs sans changer la position relative de ces deux parties. Il est ainsi facile de placer un objet que l'on veut dessiner, dans un sens déterminé, sans être obligé de toucher au porte-objet, ce qui le plus souvent décentre la préparation. Enfin, dans ce mouvement de translation, l'objet vient se présenter successivement sur toutes ses faces aux rayons lumineux et permet de choisir la meilleure position pour donner à l'éclairage toute sa valeur.

Platine mobile ou à chariot. — Ces platines sont construites de façon à permettre de déplacer la préparation de très petites quantités à la fois ; lorsqu'elles sont destinées aux observations ordinaires, elles sont d'une utilité très contestable, car elles manquent souvent de stabilité. Cependant les microscopes anglais, sont toujours munis de platines mobiles ; mais, comme nous l'avons dit plus haut, les microscopes servent chez les Anglais moins aux travaux de laboratoire, aux recherches anatomiques qu'à l'examen de préparations toutes faites, auxquelles l'observateur n'a point à toucher.

Dans les études où une très grande précision est nécessaire

(examen des cristaux microscopiques), il convient de faire usage des chariots à coulisses et à vis de rappel. Le chariot se compose alors de deux plaques mobiles dans deux directions perpendiculaires l'une à l'autre, et deux boutons à tête molettée actionnent des vis de rappel qui donnent aux mouvements une très grande précision.

Quelques constructeurs rendent cette platine indépendante du microscope : c'est le cas de la *platine mobile* de M. Vérick que nous représentons (*fig.* 30); dans celle-ci deux boutons molettés per-

Fig. 30.

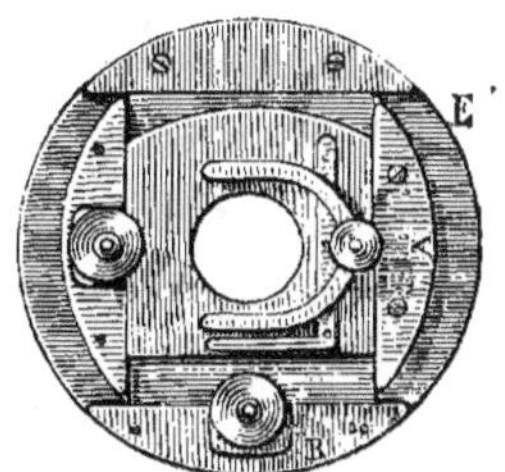

mettent de donner à la préparation deux mouvements à angle droit. La barrette en verre à frottements de M. Nachet (*fig.* 31) est fort

Fig. 31.

commode lorsqu'il s'agit de donner au porte-objet de très petits mouvements de déplacement ; avec un peu de pratique, on parvient, grâce à cet instrument, à mettre exactement au centre du microscope l'objet à étudier.

Dans tous les cas, la platine fixe est terminée en arrière par un appendice sur lequel vient se fixer une colonne chargée de porter l'appareil optique, objectifs et oculaire; et c'est dans l'intérieur de cette pièce que se loge l'appareil destiné à produire le mouvement de haut en bas nécessaire à la mise au point.

Du miroir réflecteur. — Au-dessous de la platine est fixé le miroir destiné à réfléchir un faisceau de lumière sur la préparation.

Dans les microscopes *droits* le miroir est attaché à la base du pied (*fig.* 32), tandis que dans les microscopes inclinants (*fig.* 27) il est relié à la platine par une pièce spéciale; le miroir, en effet, doit suivre les mouvements de la platine et rester toujours dans l'axe du microscope.

Le miroir doit être plan d'un côté et concave de l'autre, et la courbure de ce dernier doit être telle que son foyer puisse tomber exactement sur le porte-objet.

Le miroir plan donne des rayons parallèles; il convient surtout aux faibles grossissements; le miroir concave concentre la lumière, en donnant un faisceau de rayons convergents, avantage précieux dans l'emploi des objectifs forts.

Ces miroirs sont en verre étamé au mercure ou à l'argent; on a essayé l'emploi des verres argentés à la surface, miroirs Foucault, mais il est tellement difficile d'entretenir le poli de ces miroirs que force a été de renoncer à leur usage. Cependant ces derniers avaient l'avantage de ne produire qu'une seule réflexion, tandis que les miroirs de verre en donnent deux, l'une sur la surface extérieure du verre, l'autre sur celle de l'étamage, condition défavorable à la netteté des images. On arrive à porter remède à cet inconvénient en employant des verres extrêmement minces; les deux faisceaux lumineux coïncident alors sensiblement.

Le miroir est monté sur un système d'articulations (*fig.* 27, 29).

qui permet de le placer dans toutes les positions possibles, condition indispensable pour obtenir les effets de la lumière oblique.

Fig. 32.

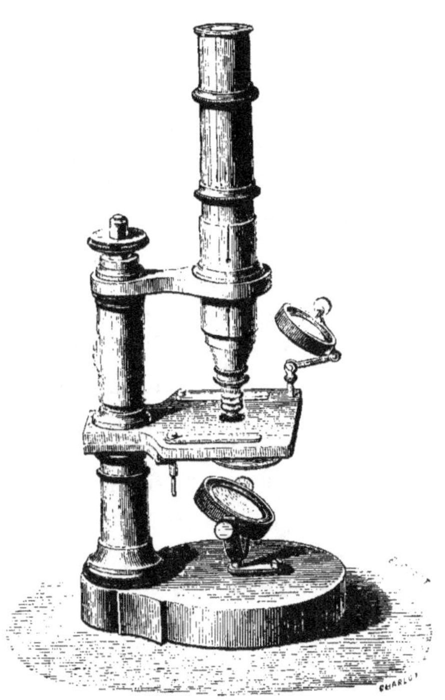

Un système de coulisses permet de faire monter et descendre
le miroir sans l'écarter du centre du microscope.

Le miroir éclaireur peut être remplacé par un prisme, et dans ce
cas le faisceau réfléchi est simple et non doublé.

Tube porte-lentilles. — Ce tube n'est pas toujours de même
longueur, et dans les microscopes anglais il prend un très grand
développement; en France, cette longueur varie peu, elle est de
$0^m,20$ à $0^m,23$. Un tube trop long rend le microscope incommode,

et nécessite l'emploi de tables d'une hauteur déterminée; enfin il en résulte une déperdition de lumière notable et que ne rachète nullement l'augmentation de grossissement que donne un éloignement plus considérable de l'oculaire.

Le tube est en général composé de deux parties glissant à frottement l'une dans l'autre. « L'avantage de cette combinaison est que non seulement elle permet d'augmenter ou de diminuer le grossissement en allongeant ou en raccourcissant le tube à volonté, mais qu'en outre on parvient de cette façon à mieux corriger ce qui reste d'aberration de sphéricité des objectifs. On peut aussi, comme l'a proposé M. Harting, faire graver sur le tube intérieur une échelle divisée en millimètres, et noter quelle est la hauteur ou la longueur la plus convenable pour chaque combinaison d'oculaire et d'objectif (¹). »

Dans les tableaux des grossissements donnés par la combinaison des oculaires et des objectifs, les opticiens ont le soin d'indiquer deux séries de grossissements selon la longueur du tube : l'une plus faible le tube étant *fermé*, l'autre plus forte le tube étant *ouvert*.

L'extrémité inférieure du tube porte-lentilles se termine par une pièce conique, le *nez*, sur laquelle viennent se fixer les objectifs.

Le pas de vis employé par les divers constructeurs n'est pas le même, et c'est là un usage regrettable. Pour remédier à cet état de choses et permettre d'adapter à une monture des objectifs de pas différents, M. Vérick fabrique des pièces intermédiaires à pas calculé, de façon à permettre toutes les transpositions possibles.

Dans ces derniers temps, les micrographes anglais ont cherché une méthode rapide pour le montage des objectifs, qui dispense de tout vissage; nous décrirons en détail le modèle que vient de construire M. Nachet (*fig.* 33), lorsque nous parlerons de la manœuvre du microscope.

Au-dessus du cône est ordinairement placé un diaphragme destiné à éliminer les rayons qui divergent trop à leur sortie de l'objectif.

____

(¹) Van Heurck, *le Microscope*, p. 30.

L'intérieur du tube est enduit de couleur noire mate, destinée à
empêcher toute réflexion.

Fig. 33.

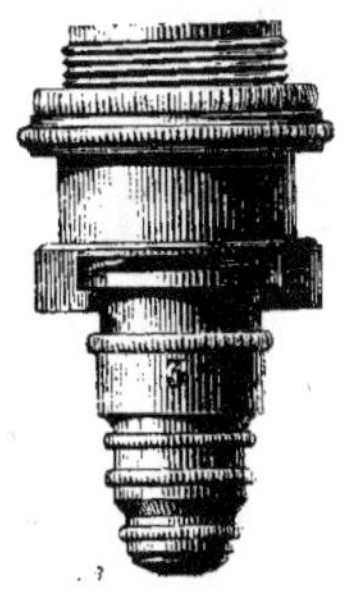

La partie supérieure reçoit les oculaires; ceux-ci entrent dans
le tube à frottement libre, autrement dit *à chute*, afin de rendre
leur mise en place et leur changement plus rapides.

Le tube du microscope est reçu dans un collier que porte une
pièce horizontale fixée elle-même à l'extrémité libre de la colonne,
et celle-ci renferme l'appareil de mise au point.

De l'appareil de mise au point. — La mise au point peut se
faire par le simple glissement du tube dans le collier ou *coulant*,
ou par la colonne, crémaillère et vis micrométrique. Enfin il
convient d'ajouter, comme méthodes complémentaires, celles qui
sont obtenues par la mobilité de l'oculaire ou par celle du nez.

Mise au point par le coulant. — Le tube porte-lentilles est
reçu dans un collier ou coulant constitué par un tube fendu formant
ressort. Il est facile de faire monter et descendre le tube dans le
coulant et d'amener ainsi l'objectif à la distance voulue pour la
mise au point. Cette manœuvre par le coulant est souvent
utilisée dans les microscopes munis de vis micrométriques; elle
constitue alors ce que les opticiens appellent le *mouvement
prompt*. Celui-ci peut être remplacé par une crémaillère adaptée
au coulant (*fig.* 34); il est important que cette crémaillère joue

dans une glissière carrée, pour éviter tout déplacement latéral. Enfin cette crémaillère doit être à glissement libre, c'est-à-dire qu'elle puisse, à un moment donné, sortir de sa rainure par le haut et permettre l'enlèvement complet du tube : opération nécessaire quelquefois pour la mise en place des objectifs.

Fig. 34.

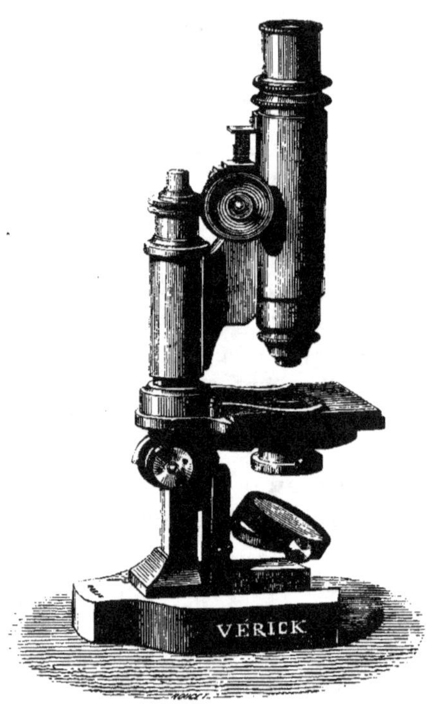

Mise au point par la colonne. — Mais pour obtenir une mise au point complète dans les forts grossissements, ces deux moyens manquent de sensibilité; ils doivent être remplacés, ou mieux, complétés par l'emploi d'une vis micrométrique logée dans la colonne fixée sur la platine. Celle-ci se compose de deux tubes glissant l'un dans l'autre : le tube extérieur est percé d'une rainure dans laquelle glisse un coulisseau solidement fixé au tube intérieur, et maintenant en position le tube extérieur en empêchant tout mouvement sur son axe.

Un ressort d'acier à boudin emprisonné dans le tube central pousse vers le haut le tube extérieur mobile, qui lui-même porte tout l'appareil optique à l'extrémité d'un bras horizontal solidement fixé à son extrémité supérieure (*fig.* 32). Dans l'espace laissé libre au centre du ressort à boudin passe un axe en acier; celui-ci est maintenu à demeure dans sa partie inférieure, tandis qu'en haut il traverse librement la base du bras porte-tube. Cette extrémité est munie d'un pas de vis très fin, *une vis micrométrique ;* un écrou moletté se meut sur cet axe et fait ainsi monter ou descendre le tube extérieur en refoulant plus ou moins le ressort à boudin chargé de buter en haut le tube mobile, ou au contraire en le laissant agir; dans le premier cas, le bouton se manœuvre de droite à gauche et alors le porte-tube est abaissé; dans le second, le bouton marche de gauche à droite et le porte-tube est porté en haut.

Mais par l'usage ce système se dérange, et il se produit un ballottage des plus nuisibles; il est avantageusement remplacé par un sytème de tubes à trois faces : un fort ressort plat emprisonné entre eux empêche tout ballottement, et la forme triangulaire rend impossible tout déplacement autour de l'axe.

Dans tous les cas, la vis micrométrique doit être établie avec le plus grand soin.

« Pour qu'une vis micrométrique fonctionne bien, il faut qu'il n'y ait pas d'irrégularités de frottement et qu'il existe une tension constante. Ces conditions sont plus importantes qu'elles ne le paraissent à première vue; en effet, ce n'est pas seulement avec ses yeux que le micrographe examine, il s'aide pour ainsi dire de ses mains, car il a besoin continuellement de faire varier le lieu de son observation, de voir plus ou moins profondément, et la perfection du mouvement de l'appareil lui est absolument nécessaire (¹). »

Mise au point par le tube porte-lentilles. — Quelquefois le

____
(¹) RANVIER, *op. cit.*, p. 9.

mouvement lent par la colonne est remplacé par un système
différent logé dans le tube porte-lentilles (*fig.* 35).

Fig. 35.

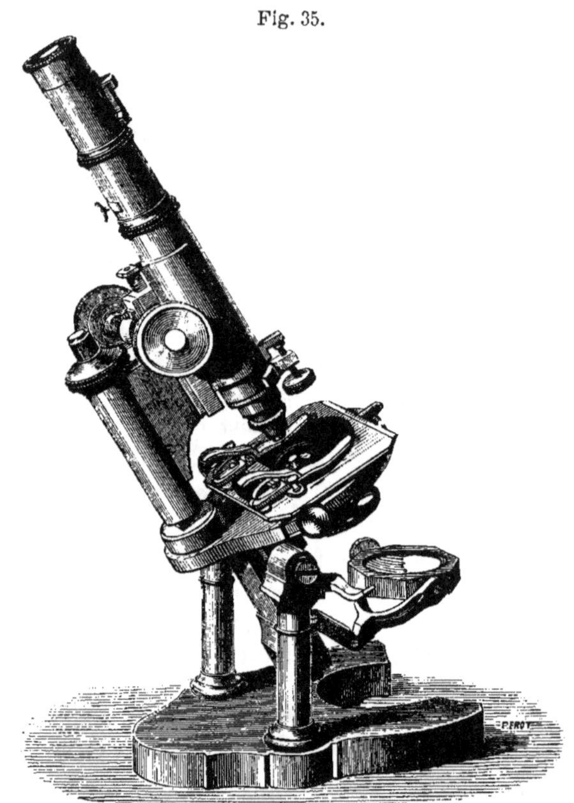

« Le mécanisme de ce mouvement lent consiste en un double
tube intérieur sur lequel les objectifs se vissent de telle sorte que
s'ils viennent à toucher l'objet, ils remontent sous l'effort de la
résistance ; c'est ce même tube qui, monté à ressort, obéit à l'im-
pulsion de la vis de rappel agissant sur un petit levier placé dans
une boîte circulaire placée au milieu du corps. Le corps tout
entier pouvant s'élever et tourner dans le canon central, permet

de donner à la vis de rappel la position qu'il devient nécessaire d'obtenir (¹). »

Mise au point par l'oculaire. — « Lorsqu'on fait usage des objectifs forts, la mise au point est une opération beaucoup plus délicate qu'avec de faibles grossissements.

« En effet, dans ces cas, le plus léger déplacement de l'objectif, celui, par exemple, qui correspond au vingtième, au cinquantième de tour de la vis, change totalement l'aspect des objets très petits que l'on examine; il faut donc apporter une très grande précaution au mouvement de la vis, et cela d'autant plus que l'objectif ayant un très court foyer touche presque la préparation, et qu'un mouvement un peu trop considérable de la vis fait porter l'objectif sur le verre qui écrase la préparation ou qui se brise.

« Nous (M. Ranvier) avons imaginé, pour obvier à cet inconvénient, d'arriver à la mise au point par le déplacement, non pas de l'objectif ou du corps du microscope tout entier, mais simplement par le déplacement de l'oculaire. Nous nous servons pour cela d'un appareil très simple (*fig.* 36) : il consiste en deux anneaux en laiton, reliés entre eux par une crémaillère au moyen de laquelle on peut augmenter ou diminuer la distance qui les sépare.

Le premier de ces anneaux a s'ajuste au haut du tube du microscope; dans le second d, on fixe l'oculaire, que l'on peut de cette façon faire plonger plus ou moins dans le tube du microscope en manœuvrant le bouton de la crémaillère. En nous servant de ce petit instrument avec les objectifs forts, comme par exemple avec le nᵒ 10 à immersion de Prazmowski, nous avons constaté que l'on dispose, pour effectuer la mise au point, d'une étendue beaucoup plus considérable que lorsqu'on déplace l'objectif; c'est-à-dire qu'un changement dans l'image, obtenu avec un vingtième ou un cinquantième de tour de la vis ordinaire, n'est obtenu avec le déplacement de l'oculaire que par un tour tout entier du bouton de la crémaillère. C'est là un avantage très grand. La difficulté de l'observation avec les forts grossissements et la fatigue qui en

(¹) Robin, *op. cit.*, p. 130.

résulte sont en effet dues en grande partie à la difficulté de mettre
exactement au point. L'œil de l'observateur essaye dans ce cas de
compléter ce qui manque à l'instrument et de s'accommoder le
mieux possible ; c'est cet effort d'accommodation fatiguant qui est
évité par le déplacement de l'oculaire. Un autre côté avantageux
de ce système, c'est qu'avec la mise au point très exacte que l'on

Fig. 36.

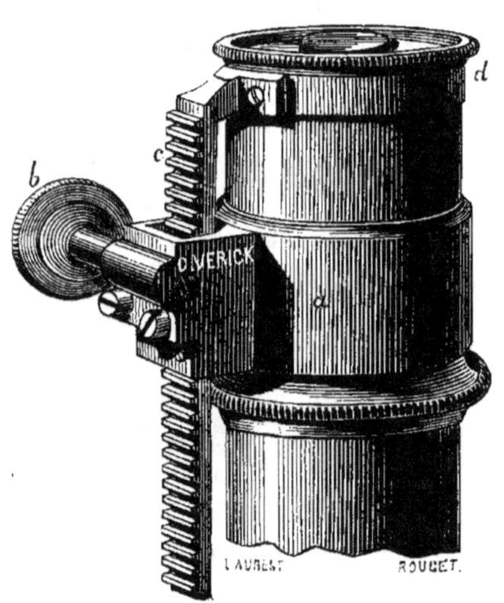

obtient avec ce procédé, il est beaucoup plus facile de se rendre
compte de la superposition des plans pour des objets très petits ;
de savoir, par exemple, si une fibrille proche d'une cellule passe
au-dessous ou s'anastomose avec elle. Comme l'oculaire doit être
déplacé d'une façon très appréciable pour changer d'une très petite
quantité le point de la vue distincte, on arrive, grâce à ce petit
instrument, à résoudre plus facilement une foule de problèmes
encore discutés (¹). »

Des accessoires du microscope. — Jusqu'à présent nous ne
nous sommes occupé que des parties essentielles du microscope ;

(¹) RANVIER, *op. cit.*, p. 11

nous avons bien décrit, il est vrai, de nombreuses modifications,
mais aucune de ces parties ne peut être supprimée, et tout microscope composé doit posséder un appareil optique (objectif et oculaire), un miroir éclaireur, un bâti (pied, colonne), une platine et
un appareil de mise au point.

Cependant un pareil instrument ne pourrait être suffisant pour
toutes les recherches que peuvent demander les études micrographiques. Souvent il devient indispensable d'employer certaines
pièces accessoires qui, tantôt servent à modifier la lumière (éclairage des corps opaques, lumière polarisée), tantôt redressent les
images pour rendre plus faciles les dissections, ou bien permettent
de dessiner ou de voir en relief les objets soumis à l'observation.

Nous allons successivement décrire les appareils chargés de
remplir ces divers usages.

Éclairage des corps opaques. — Les objets soumis à l'observa-

Fig. 37.

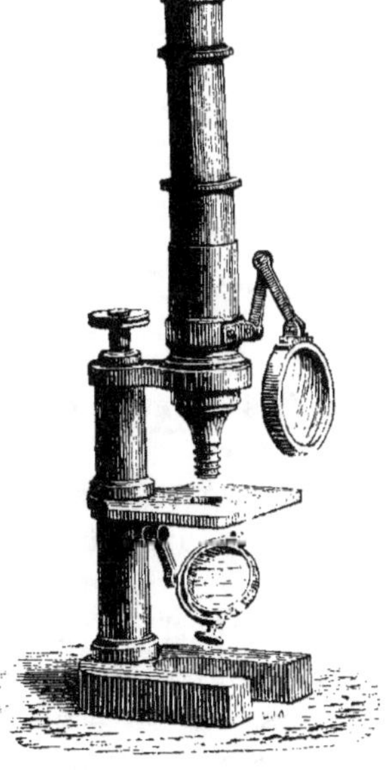

tion n'ont pas toujours la translucidité nécessaire pour permettre de les étudier par transparence ; certains sont opaques, et dès lors leur éclairage demande à être fait dans une direction tout opposée ; une *loupe* ou un *miroir* est alors chargé de renvoyer un faisceau lumineux sur la face supérieure.

Loupe d'éclairage. — Certains microscopes sont munis d'une loupe à éclairage, tantôt attachée au collier de l'instrument (*fig.* 37), tantôt à la platine (*fig.* 32) ; dans un cas comme dans l'autre, une tige articulée permet de donner à cette loupe l'écartement et l'inclinaison voulus. Mais cette loupe est quelquefois gênante ; aussi, dans les microscopes plus soignés, elle ne fait plus corps avec

Fig. 38.

l'instrument ; elle est montée sur un pied lourd (*fig.* 38), et un système d'articulations mobiles permet de lui donner la position nécessaire.

Miroir de Lieberkühn. — La courte distance frontale des objectifs forts ne permet pas d'employer avec eux les loupes éclairantes ; il faut alors avoir recours au miroir de Lieberkühn. Celui-ci (*fig.* 39) consiste en un miroir concave, à courbure parabolique *o*, s'adaptant au-dessus de l'objectif, qu'il recouvre comme une cloche. L'extrémité du porte-objectif *b* traverse une ouverture ménagée au centre du miroir. Si l'on fait arriver sur cet appareil un faisceau de lumière au moyen du miroir éclaireur, les rayons se réunissent

au foyer du réflecteur *d*, et c'est en ce point qu'est placé l'objet à
éclairer.

Fig. 39.

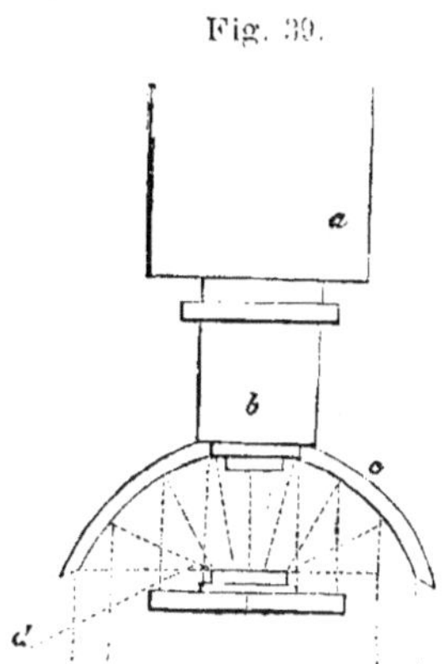

Éclairage à fond noir. — Cet ingénieux appareil, que construit
M. Nachet, ne s'applique pas seulement aux corps opaques, il est
surtout utile dans l'examen des objets semi-transparents. « Il consiste en un cône de verre, dont la base présente une surface
courbe ; au centre de celle-ci se trouve une petite cupule, rendue
opaque par un vernis noir. Ce cône s'ajuste dans le microscope à
la place des diaphragmes, le sommet tourné vers le miroir. En
dirigeant, selon son axe, un faisceau parallèle, on obtient une
lumière très oblique dans toutes les directions, qui éclaire très
vivement l'objet ; celui-ci se projette sur un fond noir, grâce à
l'opacité de la cupule, qui ne laisse arriver aucun rayon dans l'axe
de l'instrument. Quand on observe une préparation convenable à
l'aide de cet appareil, on croirait voir l'objet éclairé par-dessus,
avec cette différence que la lumière possède une très remarquable
intensité (¹). »

Des condensateurs. — L'emploi des forts grossissements a le
grave inconvénient de diminuer la lumière dans des proportions

______

(¹) Moitessier, *la Photographie appliquée aux recherches micrographiques.*
p. 87.

considérables; il était donc important de remédier à cet état de choses : de là les condensateurs. Le miroir concave est déjà un condensateur; c'est le plus employé dans les grossissements modérés, et cependant, à moins d'un réglage extrêmement précis, son emploi produit sur les bords des objets des franges colorées qui détruisent toute netteté. Dujardin, le premier, a combiné un appareil qui porte son nom; plus scientifiquement, il constitue un condensateur direct.

Condensateur direct. — « Ce condensateur consiste en un tube qu'on introduit dans le porte-diaphragme, sous la platine. Il contient trois lentilles achromatiques destinées à concentrer les rayons réfléchis par le miroir en un foyer situé à 2^{mm} au-dessus de la platine, cette distance étant considérée comme l'épaisseur ordinaire de la lame de verre porte-objet, sur laquelle est déposée la préparation à examiner, laquelle se trouve ainsi exactement au foyer du système condensateur. Le faisceau de lumière réfléchi par le miroir éclaireur traverse, en se concentrant, les trois lentilles dont la nature et la disposition détruisent les aberrations; un diaphragme, placé dans l'intérieur du condensateur, ne laisse passer que les rayons centraux. L'objet apparaît ainsi fortement éclairé et avec une grande netteté sur les bords. Avec cet appareil, dont la distance focale est de 2^{mm}, on ne peut naturellement employer des lames porte-objet d'une épaisseur plus considérable, mais on peut les employer plus minces en enfonçant un peu plus, de haut en bas, le condensateur dans le tube du diaphragme (¹). »

Condensateur oblique. — Nous verrons plus tard, en traitant de l'éclairage par la lumière oblique, comment ces effets peuvent s'obtenir au moyen du simple miroir réflecteur; mais, lorsqu'il est nécessaire de réunir ces effets à ceux que l'on demande aux concentrateurs, il convient d'employer un appareil spécial, le condensateur oblique.

« Cet instrument, tel que le construit M. Nachet, se compose d'un prisme oblique logé dans un tube qu'on introduit dans le

______
(¹) PELLETAN, *op. cit.*, p. 111.

porte-diaphragme. Ce prisme est taillé de telle sorte que sa face inférieure, sur laquelle est collée une lentille plan-convexe, reçoit normalement les rayons réfléchis par le miroir. Ceux-ci se concentrent dans le prisme par l'effet de la lentille d'entrée et vont se réfléchir sur une des faces obliques du prisme. Tout en se concentrant encore, ils subissent une seconde réflexion sur la face opposée du prisme, et sortent enfin de celui-ci par une troncature recouverte aussi d'une lentille plan-convexe. Celle-ci réunit les rayons qui émergent et viennent frapper le porte-objet, où se forme leur foyer, en faisant un angle de 30° (¹). »

Ces différents appareils sont suffisants dans la pratique; aussi laissons-nous de côté les nombreuses formes que les Anglais ont données à leurs condensateurs.

Des appareils de polarisation. — L'emploi de la lumière polarisée est souvent nécessaire en microscopie, et elle est absolument indispensable dans les recherches minéralogiques. Nous ne pouvons retracer ici les lois de la polarisation de la lumière, et nous renverrons ceux de nos lecteurs peu familiarisés avec cette question aux traités de physique; nous n'aurons à traiter que du mode de construction des appareils employés en microscopie.

Le plus souvent, les effets de polarisation sont obtenus par deux prismes de Nicol : l'un, le polariseur, placé au-dessous de la platine; l'autre, l'analyseur, placé tantôt au-dessus de l'objectif, tantôt au-dessus de l'oculaire ; cette dernière méthode est la plus employée et la plus commode dans la pratique ordinaire.

Dans les fortes amplifications, il est nécessaire que le polariseur soit surmonté d'un condensateur; celui-ci est le plus souvent une lentille plan-convexe à très court foyer, pouvant s'enlever à volonté.

L'analyseur doit être formé par un prisme à grande section, afin de perdre le moins de lumière possible, et souvent cette condition est loin d'être convenablement remplie.

M. Prazmowski construit des appareils de polarisation qui diffèrent de ceux ordinairement employés par une forme particulière

____

(¹) PELLETAN. *op. cit.*, p. 111.

donnée aux prismes, qui augmente le champ de vision et permet d'éviter toute réflexion ou réfraction irrégulière. Nous reviendrons plus au long sur cette question en traitant des applications du microscope à la minéralogie.

Oculaire redresseur. — Le microscope composé donne des images renversées, et c'est là un grave inconvénient dans les dissections; les combinaisons suivantes permettent de redresser les images.

Oculaire redresseur d'Hartnack. — Celui-ci est formé de deux oculaires ordinaires placés aux deux extrémités d'un tube; en augmentant plus ou moins l'écartement entre ces deux oculaires, on augmente à volonté le pouvoir grossissant.

Prisme redresseur de Chevalier (fig. 40). — Celui-ci se place au-dessus de l'oculaire ordinaire; il est simplement formé par un prisme

Fig. 40.

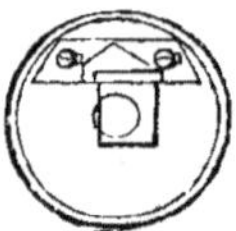

rectangle P. Il a l'inconvénient de diminuer un peu le champ; mais son usage est très avantageux, car il ne demande aucune modification dans les combinaisons optiques du microscope.

Oculaire à dissection de Nachet (fig. 41). — Cet instrument

Fig. 41.

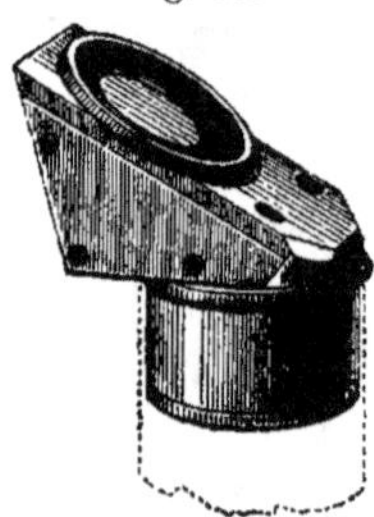

donne d'excellents résultats; il remplace l'oculaire. « Une sorte

de boîte de cuivre contient un prisme formé de quatre surfaces
disposées de telle façon que, l'image étant réfléchie trois fois avant
d'arriver à l'œil, produit un renversement total de l'objet; mais,
comme le microscope donne lui-même des images renversées, il
s'ensuit que l'image se trouve replacée dans sa situation normale.
La direction terminale des rayons est oblique par rapport à l'axe
du microscope, de sorte qu'en employant cet appareil, on voit
l'objet un peu en avant du microscope (¹). » Ce prisme est combiné avec les lentilles qui composent ordinairement l'oculaire.

De la chambre claire. — On donne le nom de *chambre claire*
à un petit appareil qui permet de projeter sur une feuille de
papier l'image donnée par le microscope, de telle façon que
l'observateur puisse apercevoir à la fois l'image donnée par
l'oculaire et celle qui est réfléchie par le papier; il est alors facile
de suivre au crayon les contours de l'objet, et de faire ainsi un
dessin d'une exactitude complète.

Il existe plusieurs modèles de chambre claire, mais presque
tous sont établis d'après ce principe : faire pénétrer dans l'œil
par une partie de la pupille les rayons qui émanent directement
de l'objet, et par une autre partie de la pupille les rayons qui proviennent du papier; par un effet d'accommodation de l'œil, les deux
images se superposent et se confondent l'une l'autre.

Quel que soit le mode de construction employé, la chambre claire
se place au-dessus de l'oculaire, et elle est reliée au tube du microscope par un collier mobile.

Chambre claire d'Oberhauser (fig. 42). — « Cette chambre claire
se compose d'un tube coudé à angle droit, dont une des branches
est disposée verticalement et peut s'adapter sur le microscope à la
place de l'oculaire. L'autre branche est horizontale et a environ
0ᵐ,15 de longueur.

« Au coude même de l'instrument, exactement au-dessus de l'axe
optique du microscope, se trouve un premier prisme à réflexion
totale qui envoie les rayons dans une direction horizontale, à tra-

(¹) Robin, *op. cit.*, p. 165.

vers le tube muni d'un oculaire, sur un second prisme à réflexion totale placé à l'autre extrémité ; les rayons lumineux sont ramenés dans la direction verticale et de bas en haut, de manière à arriver à l'œil de l'observateur, qui les reporte sur un plan horizontal situé à une hauteur variable et à une distance suffisante du microscope pour permettre de dessiner facilement l'image que l'on voit.

Fig. 42.

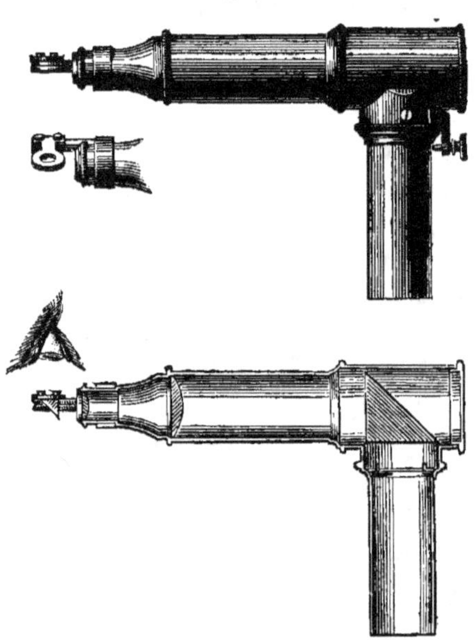

« Il faut que les prismes soient d'excellente qualité pour ne pas altérer l'image. Il est vrai que, dans cette double réflexion, un certain nombre de rayons lumineux sont absorbés nécessairement, et que tous ceux qui passent à travers le microscope n'arrivent pas à l'œil de l'observateur. Mais ce n'est pas toujours un inconvénient ([1]). » Nous verrons effectivement, en traitant de l'usage de la chambre claire, qu'il faut toujours chercher à diminuer l'intensité de l'éclairage ; faute de quoi l'œil ne voit plus le crayon.

([1]) RANVIER, *op. cit.*, p. 34.

Chambre claire de Chevalier (fig. 43). — Cette chambre claire est formée d'un petit miroir en acier percé au centre d'une ouverture qui correspond à celle de l'oculaire, au-dessus duquel il se

Fig. 43.

place; la surface polie de ce miroir forme un angle de 45° avec l'horizontale; enfin un prisme rectangulaire, placé à côté, réfléchit dans ce miroir l'image de la feuille de papier.

On comprend aisément le jeu de cet instrument; l'œil placé au-dessus du miroir perçoit à la fois l'image donnée par l'objectif et qui arrive directement par l'ouverture du miroir, en même temps que celle du papier que le prisme réfléchit sur le miroir annulaire, et les deux images se superposent.

Chambre claire de Nachet (fig. 44). — M. Nachet emploie un

Fig. 44.

prisme à peu près rhomboïdal, dont l'une des faces inclinée est placée au-dessus de l'oculaire; sur cette face, on a collé un petit prisme, de telle sorte que les rayons émanés de l'objet tombent normalement sur le prisme. Ils traversent donc, sans dévier, et le petit prisme et le grand prisme, tout en subissant une légère perte de lumière par suite de la réflexion sur la surface de ce contact. La lumière qui vient du crayon et pénètre dans le prisme rhomboïdal est réfléchie dans le grand prisme, de manière à être ramenée en coïncidence avec le rayon qui vient directement de l'objet ('). »

M. Nachet ajoute encore à cette combinaison une série de verres colorés en bleu, de teintes plus ou moins foncées, et qui sont disposés de façon à pouvoir s'interposer entre l'œil de l'observateur et la chambre claire; on arrive ainsi à graduer convenablement la lumière et à lui donner le degré d'intensité voulu pour voir à la fois l'objet et le rayon.

M. Nachet vient de modifier le mode de construction de ses

Fig. 45.

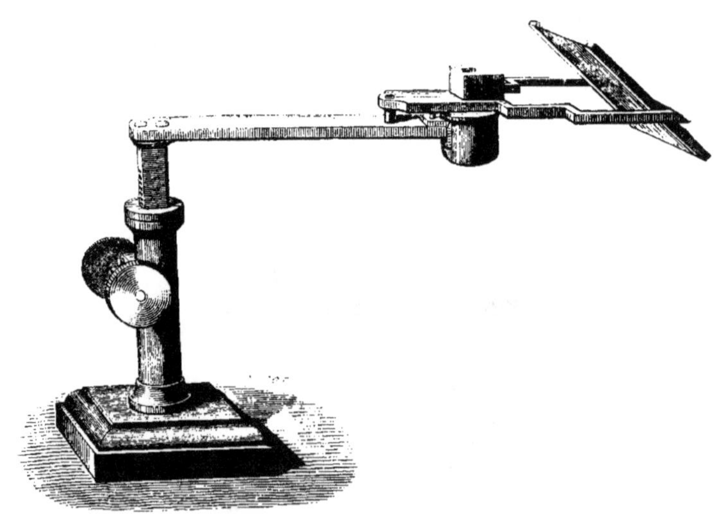

chambres claires, en adoptant le système de dorure sur verre de

('') ROBIN, *op. cit.*, p. 499.

M. le professeur G. Govi; le petit prisme central de l'ancien modèle
est remplacé par une mince couche d'or, dont le pouvoir réfléchissant est assez considérable pour donner une image nette du crayon.
en même temps que sa translucidité parfaite permet de voir l'objet
Enfin, cette nouvelle chambre peut se rabattre verticalement sur
le côté et dégager ainsi plus complètement l'oculaire; cette disposition a été indiquée par M. Malassez.

En général, les chambres claires ne s'emploient qu'avec le
microscope composé, et non avec le microscope simple; M. Nachet
a comblé cette lacune, et il a construit l'instrument que représente
la *fig.* 45 et qu'il désigne sous le nom de *chambre claire loupe.*

Chambre claire de Milne Edwards. — Ce système de chambre
claire, très simple, consiste en deux prismes rectangulaires; l'un
latéral, chargé, comme dans la chambre de Chevalier, de réfléchir
la feuille de papier; l'autre, très petit, se place au centre de l'oculaire et produit absolument le même effet que le miroir percé. Le
seul inconvénient à reprocher à cette chambre était sa grande fragilité; le petit prisme de 0^m,002 de côté seulement est collé à
l'extrémité d'une tige déliée, et, n'étant pas protégé, est continuellement exposé à des chocs; pour porter remède à ce défaut,
M. Vérick enferme le tout dans une sorte de boîte en cuivre qui
met à l'abri de tout accident le petit prisme central.

Chambre claire d'Hofman. — « Il y a fort peu de temps que

Fig. 46.

le docteur Hofman, dont les remarquables spectroscopes sont bien

connus de tous les astronomes, a combiné une chambre claire,
basée sur un système entièrement différent de celui de tous les
autres instruments du même genre.

La *fig.* 46 représente l'instrument tel qu'on peut l'employer avec
un microscope amené dans l'horizontale, la pièce F étant engagée dans le tube du microscope.

Si le microscope est vertical, on emploie une pièce de raccord
représentée dans la *fig.* 47. La pièce H est engagée dans le tube

Fig. 47.

du microscope et la chambre claire est montée à l'extrémité G. On
comprend que les rayons arrivant de l'objet par le tube H sont
réfléchis en N et dirigés vers la chambre claire.

Quant à l'instrument lui-même, rien n'est plus simple que sa
construction, représentée en coupe verticale dans la *fig.* 48, et une

Fig. 48.

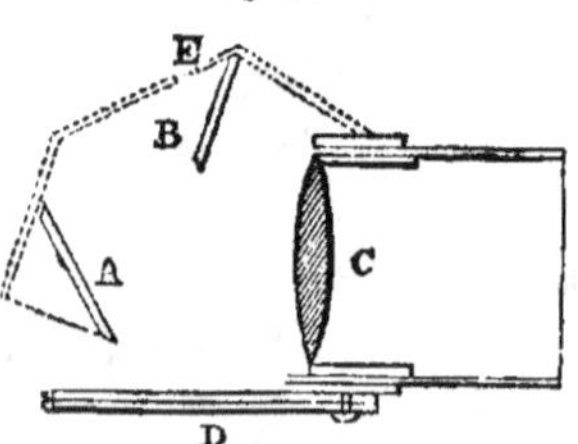

simple inspection du dessin suffit pour faire comprendre la disposition adoptée par l'opticien.

Les rayons lumineux arrivent de l'objet à travers la lentille C
et tombent sur le petit miroir argenté A, à la surface duquel ils
se réfléchissent sur la glace B à faces parallèles, et de là, à l'ouverture E, parviennent à l'œil de l'observateur.

L'image se trouve alors projetée au pied de l'instrument, sur le
papier que l'œil voit directement dans la verticale par l'ouverture E.

En D sont deux petites lentilles à long foyer que l'on peut interposer, ensemble ou séparément, entre l'œil et le papier, suivant
les circonstances.

Pour les forts grossissements, au-dessus de 500 diamètres, on
remplace la glace transparente B par une glace teintée, aussi à
faces parallèles.

On voit que cette chambre claire s'emploie sans oculaire ; mais,
en général, le grossissement obtenu est trop considérable, et l'image
ne serait qu'en partie comprise dans le champ de l'instrument si le
docteur Hofman n'avait donné le moyen de lui faire subir plusieurs
diminutions, grâce à la pièce additionnelle représentée dans la
fig. 49. Cette pièce porte deux lentilles plan-convexe de longueur

Fig. 49.

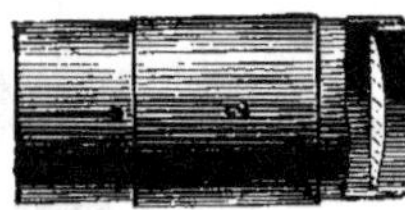

focale différente nᵒˢ 2 et 3, et peut être engagée dans le tube H
(*fig.* 47). Elle pénètre, par conséquent, dans le tube du microscope.
En adaptant la lentille nᵒ 3 toute seule, on obtient une première
diminution de l'image. Si celle-ci sort encore du champ de la
chambre claire, on peut employer la lentille nᵒ 2 isolément, et
si celle-ci ne suffit pas, combiner les deux lentilles pour obtenir
une diminution suffisante de l'image (¹). »

Nous avons essayé cet instrument avec la plus minutieuse at-

(¹) Pelletan, *Journal de Micrographie*, 1880.

tention, et nous n'hésitons pas à dire qu'il est de beaucoup supérieur à tous les autres. Cette chambre claire a surtout le grand avantage de montrer la pointe du crayon avec la plus grande netteté, en même temps que les plus fins détails de la préparation. Le dessin se fait ainsi sans fatigue, et avec une extrême facilité; et tous ceux qui ont employé les chambres claires à prismes ou à miroir percé savent quelle difficulté il y a pour percevoir à la fois les deux images du crayon et de la préparation.

Enfin la combinaison du docteur Hofman permet de porter remède à un grave inconvénient des chambres claires en général : je veux parler de la grandeur exagérée de l'image projetée sur le papier et de la diminution du champ qui en résulte. Grâce aux lentilles additionnelles, le micrographe est absolument maître de l'image, il l'agrandit ou la réduit à volonté. En somme, cet appareil approche beaucoup de la perfection, et nous ne doutons pas de le voir bientôt adopté par tous les micrographes.

Des spectroscopes. — Les spectroscopes dits *à vision directe* sont les seuls employés en micrographie; on sait que ces instruments sont formés par plusieurs prismes de substances différentes

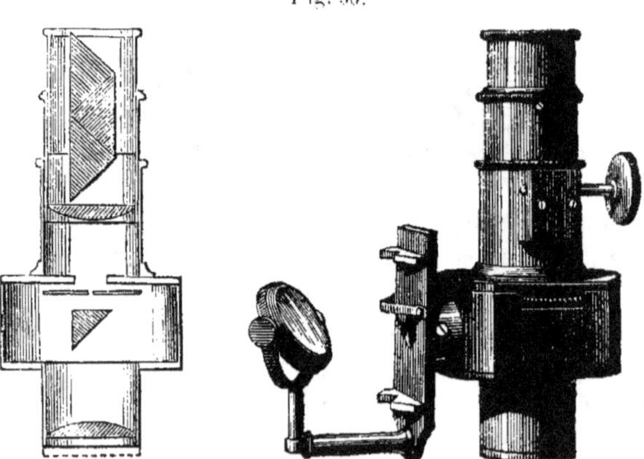

Fig. 50.

accolés les uns aux autres. Chaque prisme ayant un pouvoir réfringent différent permet de compenser par leur association la déviation que chacun d'eux ferait subir au rayon lumineux, tout en laissant la dispersion se produire.

La combinaison la plus employée est celle qui porte le nom de Sorby ; nous représentons l'instrument tel que le construit M. Prazmowski (*fig.* 50). Cet instrument s'adapte sur le microscope en guise d'oculaire.

Une fente variable peut à volonté être augmentée ou réduite par le bouton placé sur le côté. Au-dessus de la fente sont logés le prisme et une lentille achromatique ; au-dessous de la fente variable se trouve un petit prisme à réflexion totale, disposé de façon à masquer la moitié de la fente du spectroscope et permettant de faire parvenir dans cette fente les rayons lumineux réfléchis par le miroir mobile extérieur.

Nous reviendrons plus loin sur la manière d'employer cet instrument.

Des micromètres. — Les micromètres servent à mesurer soit le grossissement donné par les objectifs, soit les dimensions réelles des objets microscopiques.

Les seuls micromètres employés maintenant consistent en des plaques de verre sur lesquelles sont tracés, à l'aide de la machine à diviser, des traits parallèles d'un écartement connu ; $0^{m},001$ peut ainsi être exactement divisé en 100, 200, 500 et même 1000 parties égales.

Cette plaque micrométrique s'emploie tantôt sur la platine du microscope, au lieu et place de la préparation : c'est alors le *micromètre objectif ;* ou bien elle se met dans l'oculaire : c'est le *micromètre oculaire.*

Micromètre objectif. — La plaque de verre divisée s'enchâsse le plus ordinairement dans une lame de laiton ; elle peut aussi s'appliquer sur une lamelle porte-objet ; nous parlerons plus tard de son usage.

Micromètre oculaire. — Dans celui-ci, la plaque divisée se place entre les deux lentilles de l'oculaire, de telle façon que l'œil puisse percevoir nettement les divisions de la plaque. Mais, comme ce point varie avec la vue de chaque observateur, il convient de rendre cette plaque mobile de bas en haut. Pour obtenir ce résultat, la lentille supérieure de l'oculaire est rendue mobile et peut être maintenue à la place voulue par une douille à vis.

Compte-globules. — Les médecins font souvent usage maintenant d'appareils qui permettent de compter les globules sanguins que contient une quantité déterminée de sang.

M. Vérick a eu l'idée de réunir dans une petite trousse (*fig.* 51) les objets nécessaires à cette opération.

Fig. 51.

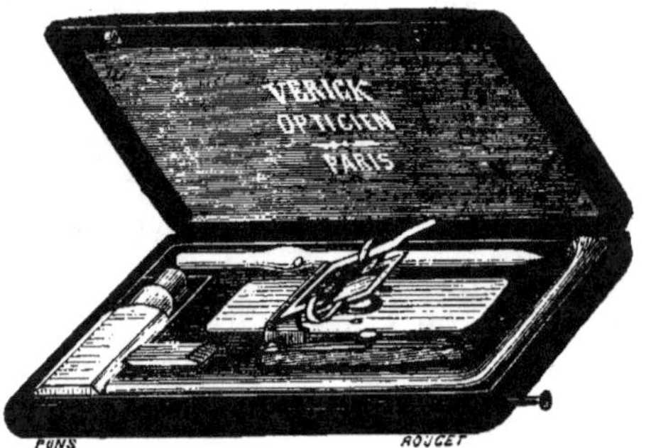

Les deux instruments principaux contenus dans cette trousse sont le mélangeur Potain et la chambre humide de Malassez.

Mélangeur Potain (fig. 52). — Cet instrument se compose d'un fin tube capillaire en verre présentant sur son trajet, au voisinage de l'une de ses extrémités, une dilatation ampullaire, dans l'intérieur de laquelle se trouve une petite boule en verre, parfaitement mobile. A l'une des extrémités du tube, on adapte un petit tuyau de caoutchouc;

Fig. 52.

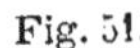

l'autre extrémité du tube est effilée en pointe. Cet appareil représente donc en somme une pipette graduée très exactement, de telle sorte que la capacité de la partie dilatée soit 100 fois plus grande que la capacité de toute l'étendue du tube capillaire, depuis l'ampoule jusqu'à l'extrémité terminée en pointe. Un trait placé de chaque côté du renflement indique d'une façon précise le niveau auquel les proportions se trouvent exactes.

Les graduations sont faites de telle sorte que l'on peut obtenir des dilutions sanguines au $\frac{1}{50}$, au $\frac{1}{100}$ et jusqu'au $\frac{5}{100}$, ce qui est très suffisant.

Nous verrons plus tard quel est le mode d'emploi de cet appareil.

Chambre humide graduée de Malassez (fig. 53). — Celle-ci a

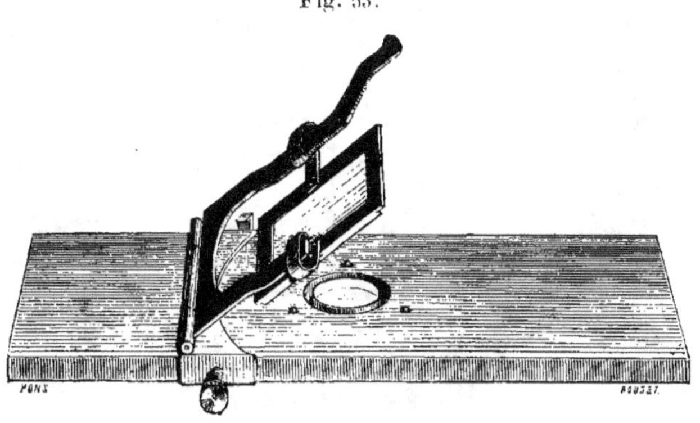

Fig. 53.

été combinée de façon que, le couvre-objet reposant sur des vis que l'on peut faire saillir plus ou moins au-dessus du porte-objet, on peut obtenir une lame de mélange sanguin d'une épaisseur déterminée. D'un autre côté, le porte-objet portant à sa surface un réseau micrométrique (*fig.* 54), il est facile de limiter avec précision des étendues déterminées de la préparation et de compter facilement les globules sanguins. En général, les chambres humides sont réglées pour donner des préparations de $\frac{1}{5}$ ou de $\frac{1}{10}$ de millimètre d'épaisseur. Le réseau micrométrique est formé de rectangles ayant $\frac{1}{5}$ de millimètre de haut sur $\frac{1}{4}$ de millimètre de large : ils sont

au nombre de 100, disposés en dix rangées de 10. Quelquefois
ceux-ci sont subdivisés en vingt petits carrés (cinq rangées verticales
de quatre carrés), et pour plus de facilité, ces grands carrés sont
séparés par une ligne double.

Fig. 54.

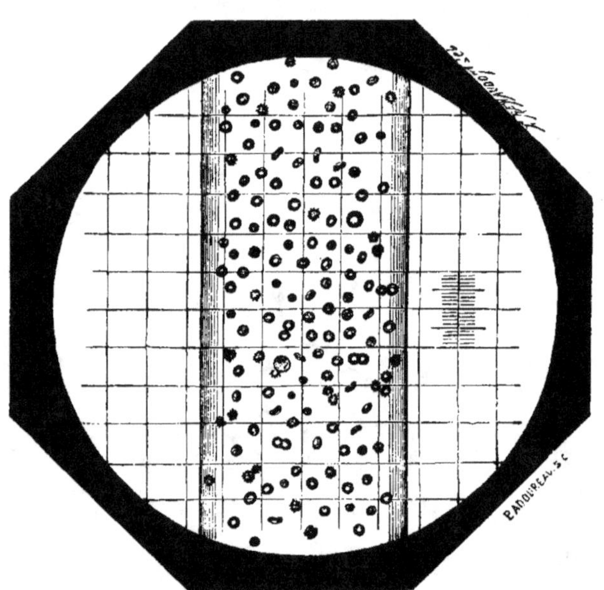

La chambre humide est en outre munie d'un compresseur porte-
lamelle, sorte de couvercle articulé à charnière, et qui a pour but
de faciliter le placement du couvre-objet sur les vis et de le
maintenir appliqué sur elle. Il est fixé sur la lame porte-objet à
l'aide d'une vis de pression, et l'on colle le couvre-objet avec un
peu d'eau ou de salive.

Capillaire artificiel. — On peut encore effectuer la numération
des globules au moyen du capillaire artificiel de Malassez.

Celui-ci (*fig.* 55) remplace la chambre humide graduée, et reçoit

le sang dilué dans le mélangeur Potain. Une lame de verre de
0ᵐ,03 de longueur sur 0ᵐ,004 d'épaisseur environ, est fixée sur une
glace porte-objet ; elle porte dans son intérieur, très près de sa face
supérieure, un canal aplati de haut en bas ; l'une des extrémités
de ce tube capillaire est libre, l'autre relevée, de façon à recevoir
un tube de caoutchouc.

Ce tube capillaire est calibré et cubé, et des chiffres gravés sur
le porte-objet indiquent quelle est sa capacité pour un nombre
déterminé de divisions. Dans la première colonne sont inscrites
les longueurs en millièmes de millimètre ; dans la seconde, les
capacités correspondantes en fractions de millimètre cube.

Fig. 55.

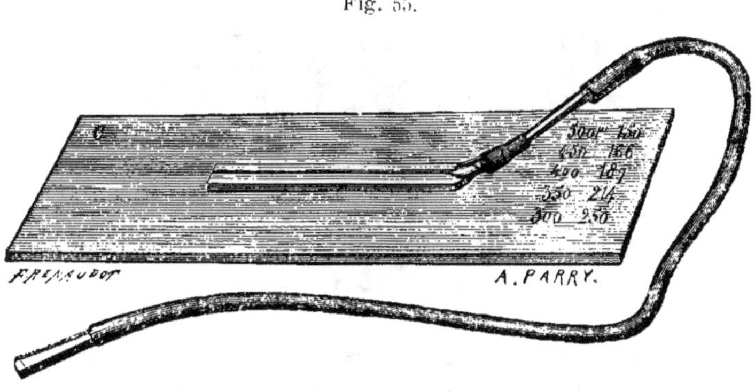

Le capillaire rempli de sang dilué est placé sur le microscope,
et la préparation est observée avec un oculaire muni d'un micromètre quadrillé (*fig.* 54).

Ces deux appareils fournissent des indications exactes : le compte-
globules à chambre humide gradué est sinon plus exact que celui
à capillaire artificiel, du moins plus facile à manier ; il a de plus
l'avantage de pouvoir être vérifié facilement et rectifié à volonté.

Hématimètre du docteur Hayem et de Nachet (*fig.* 56). — La
numération des globules sanguins peut encore se faire au moyen
de cet appareil tout nouvellement combiné. Il se compose d'une

cellule de verre calibrée de profondeur et à fond plat, dans laquelle on dépose une goutte de sang dilué et que recouvre une lamelle mince d'une planimétrie exacte; on obtient ainsi une lame de liquide à surface parallèle. MM. Hayem et Nachet ont cherché à supprimer le quadrillé tracé sur la cellule même (*méthode Malassez*), car ses divisions étaient peu visibles une fois mouillées, en même temps que les traits s'éraillaient facilement par l'usage. Un système de lentilles placé au-dessous de la préparation projette sur la face supérieure de la lame porte-objet l'image d'une photographie transparente représentant le quadrillé permettant de

Fig. 56.

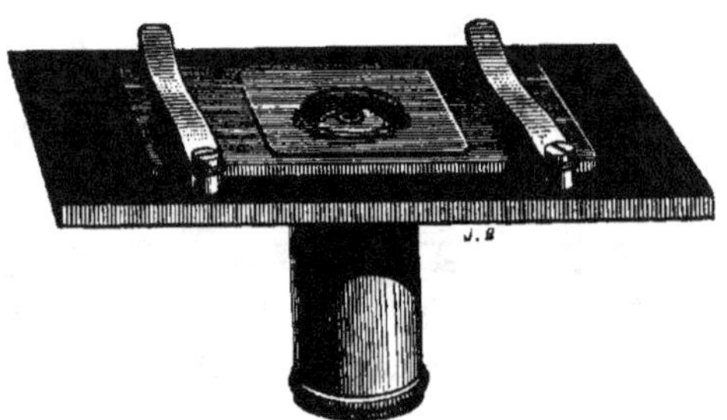

compter les globules sanguins; celle-ci est beaucoup plus vigoureuse que dans les autres méthodes, et les lignes sont toutes également visibles.

Compresseurs. — Il est quelquefois nécessaire d'exercer une pression sur le couvre-objet, afin d'écraser certains éléments, de réduire à une faible épaisseur une nappe liquide, ou bien encore pour empêcher les mouvements de certains animaux. Les anciens observateurs usaient beaucoup de cet instrument; aujourd'hui il est beaucoup moins employé. Nous signalerons seulement le nouveau système du docteur Viguier, construit par Nachet (*fig.* 57). Deux lames de cuivre percées l'une et l'autre d'une ouverture peuvent être rapprochées très près l'une de l'autre au moyen d'une

vis micrométrique logée dans le tube latéral, appareil en tout
semblable à celui de la mise au point du microscope.

Fig. 57.

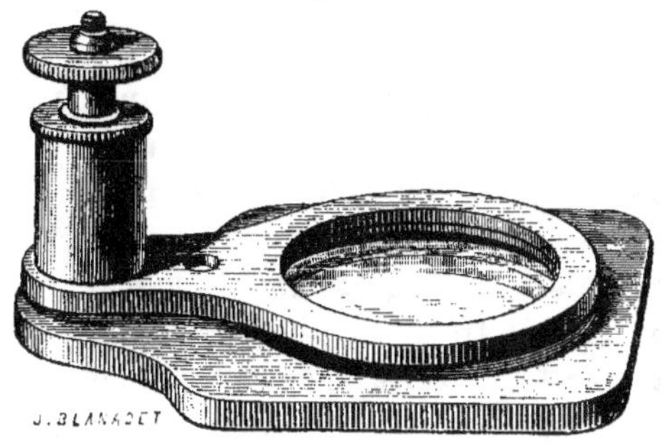

Du revolver porte-objectif. — Il est souvent nécessaire de
changer les objectifs pendant les observations, et cette opération
exécutée trop rapidement peut fausser les pas de vis, et enlever
ainsi au centrage des lentilles toute sa précision ; enfin, quelle que
soit la dextérité de l'opérateur, cette manœuvre constitue toujours
une perte de temps. Sous le nom de *revolver porte-objectif*, on a
construit une pièce qui permet de changer rapidement les objectifs
sans exposer aux accidents que nous venons de signaler.

« Le revolver porte-objectif (*fig.* 58) consiste en un bras vissé

Fig. 58.

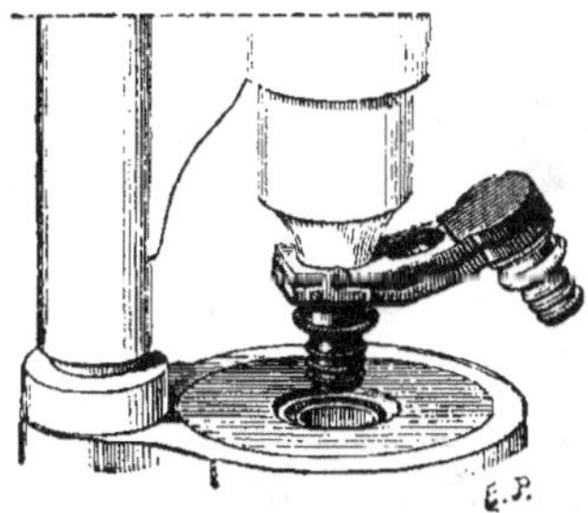

au bout du tube et qui se relève obliquement sur le côté ; le bras
oblique porte une pièce qui tourne à pivot autour de son centre et

à chaque extrémité de laquelle on place un objectif. En faisant tourner cette pièce autour du pivot, elle vient successivement présenter devant l'ouverture du tube les deux objectifs dont elle est armée. La substitution est ainsi instantanée et la position oblique du centre de rotation, en éloignant du porte-objet l'objectif qui ne fonctionne pas, fait que le petit instrument ne gêne nullement les mouvements et le travail sur la platine (¹). »

Extracteurs. — Dans ce moment une véritable transformation s'opère dans le mode d'attache des objectifs au tube ; au lieu d'avoir à faire marcher un pas de vis, un simple mouvement de coulisse permet d'enlever l'objectif de sa place, et un système analogue à celui de la baïonnette le maintient en place et règle en même temps le centrage.

Nous décrirons, en même temps que le microscope pétrologique de M. Vérick, l'extracteur que cet habile constructeur a combiné. M. Nachet, sous le nom d'*adaptateur*, a produit une excellente combinaison, qui n'est cependant qu'une modification heureuse de

Fig. 59.   Fig. 60.

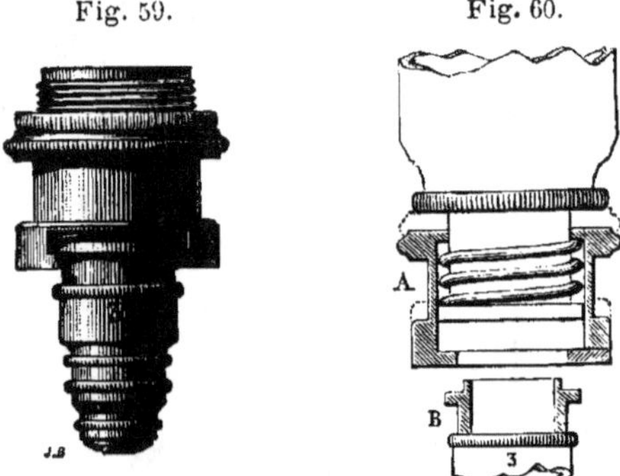

l'instrument inventé par le professeur Thury ; la *fig.* 59 représente l'appareil mis en place ; la *fig.* 60 en donne la coupe ; et il est facile de se rendre compte de sa manœuvre. A représente l'adaptateur proprement dit, sorte de gaîne mobile autour d'un tube

(¹) Pelletan, *op. cit.*, p. 123

qui vient se visser sur le nez du microscope : un ressort à boudin pousse en haut cette partie mobile. Une fente latérale permet de faire glisser la bague porte-objectif B au centre de l'appareil, et une portée circulaire oblige l'objectif à se loger exactement dans le centre de la boîte; le ressort à boudin amenant en haut la face inférieure de la boîte mobile maintient exactement en place la bague porte-objectif. Pour dégager l'objectif mis en place, il suffit d'amener en bas la boîte mobile.

Chercheurs. — Lors de l'emploi des forts grossissements, il est quelquefois difficile de trouver certains détails aperçus une première fois, et cette recherche demande toujours beaucoup de temps. Aussi les micrographes ont-ils cherché un moyen de trouver rapidement dans une préparation le point important: de là les chercheurs.

Lorsque le microscope est muni d'une platine à chariot, le chercheur de *Maltewood* est le plus simple. Il consiste en une série

Fig. 61.

1 1	2 1	3 1	4 1	5 1	6 1
1 2	2 2	3 2	4 2	5 2	6 2
1 3	2 3	3 3	4 3	5 3	6 3
1 4	2 4	3 4	4 4	5 4	6 4
1 5	2 5	3 5	4 5	5 5	6 5
1 6	2 6	3 6	4 6	5 6	6 6

de petits carrés photographiés sur un porte-objet (*fig.* 61), chaque carré contenant deux chiffres. La préparation, étant butée contre les deux arrêts qui portent la platine, est fixée exactement en place par les valets, et l'on cherche le point à examiner en faisant marcher le chariot dans les deux directions jusqu'au moment où il se trouve au centre du champ.

Cela fait, on enlève la préparation et l'on met exactement à sa place la plaque du chercheur; il suffit alors de noter le carré qui occupe le centre du champ et de l'inscrire sur la préparation.

Lorsque l'on veut de nouveau examiner ce point important de la préparation, on suit une marche inverse : on place d'abord le chercheur, et lorsque la division notée est bien exactement au centre, il suffit de le remplacer par la préparation; l'objet cherché doit se trouver au centre de l'instrument.

Lorsqu'au contraire le microscope n'est pas muni de platine à chariot, on peut employer un chercheur plus simple, mais un peu moins précis. Celui-ci consiste en un bras métallique pouvant pivoter autour d'un point fixe, absolument comme un valet; la partie libre de ce bras est courbe et terminée par une pointe effilée. Quand il est nécessaire de noter la position exacte d'un détail, on enduit la pointe d'encre ordinaire, afin de marquer avec elle un point sur l'étiquette de la préparation préalablement mise en place. Plus tard, il suffira, pour retrouver la position de ce détail, de mettre exactement au-dessous de la pointe du chercheur le point marqué à l'encre.

Des appareils binoculaires. — Bien souvent, dans les observations microscopiques, il est difficile de se rendre compte de la forme exacte des détails d'organisation que présentent certaines préparations. Est-ce un creux ou un relief que l'on aperçoit? Tel détail d'ornementation appartient-il à la face supérieure ou à la face inférieure? On sait, en effet, que la sensation du relief ne peut se produire en faisant usage d'un œil seul, et c'est ce qui arrive dans le microscope. Nous ne pouvons entrer ici dans les explications que demanderait ce phénomène; nous nous contenterons de rappeler les effets du relief produit par le stéréoscope. Dans cet instrument, les deux yeux regardent chacun une image du même objet, et leur réunion produit la sensation du relief. Les microscopes binoculaires sont destinés à produire des effets semblables en séparant en deux l'image produite par l'objectif.

Tantôt le prisme diviseur n'occupe que la moitié de la lentille (*fig.* 62, 2); tantôt, au contraire, le prisme couvre en entier l'ob-

Fig. 62.

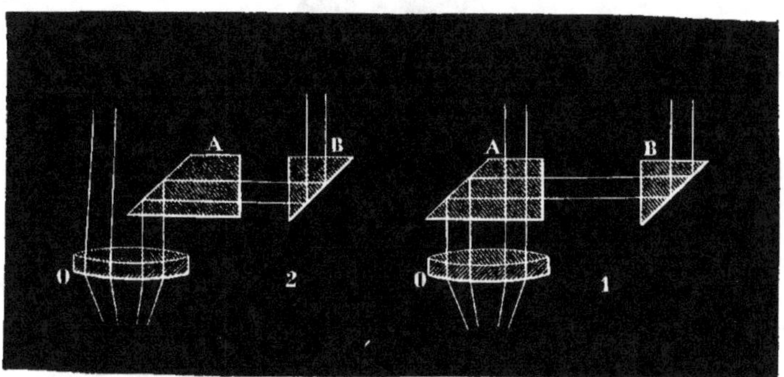

jectif, mais il se prolonge en une partie à faces parallèles (*fig.* 62, 1), dans laquelle les rayons lumineux ne subissent pas de déviation, ainsi que le montre la figure. Un second prisme à réflexion totale ramène les rayons dans la direction voulue. Chacun des faisceaux lumineux ainsi séparés est reçu dans un tube distinct, terminé à son extrémité supérieure par un oculaire. Mais l'écartement des yeux n'étant pas toujours le même, il est encore nécessaire de modifier à volonté cet écartement. M. Nachet a combiné différents mécanismes pour obtenir cet effet; tantôt un seul tube est mobile (*fig.* 63), et une vis de rappel V produit un écartement variable; tantôt au contraire les deux tubes peuvent s'écarter, et chacun d'eux est commandé par une vis de rappel. Cette combinaison est plus spécialement adaptée aux microscopes destinés seulement aux observations stéréoscopiques : c'est elle que représente la *fig.* 64.

Dans les modèles précédents, le dédoublement de l'image se fait immédiatement au-dessus de l'objectif; mais on peut également

Fig. 63.

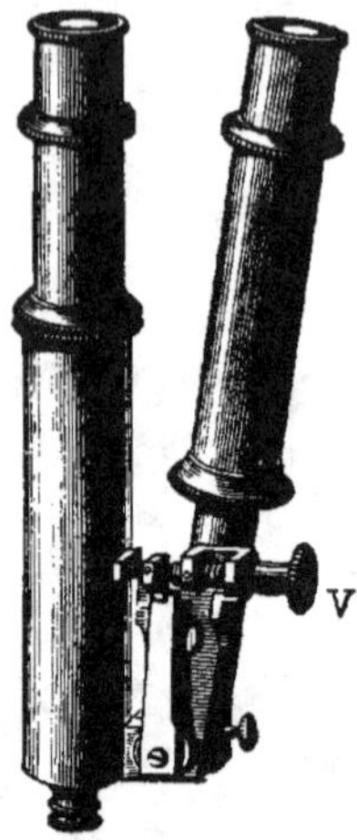

reporter plus haut les appareils séparateurs; dans ce cas, le tube

Fig. 64.

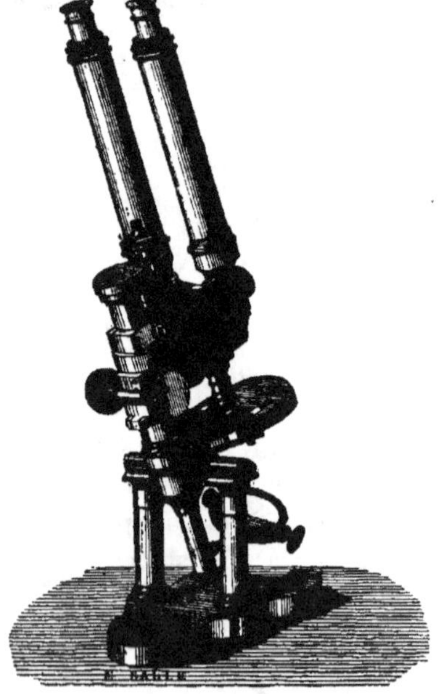

du microscope ne reçoit aucune modification, et c'est l'oculaire seul qui contient les prismes nécessaires. Telle est la disposition

Fig. 65.

adoptée par M. Vérick, et qui est représentée par la *fig.* 65.

Microscopes à plusieurs corps. — Par un artifice analogue à

Fig. 66.

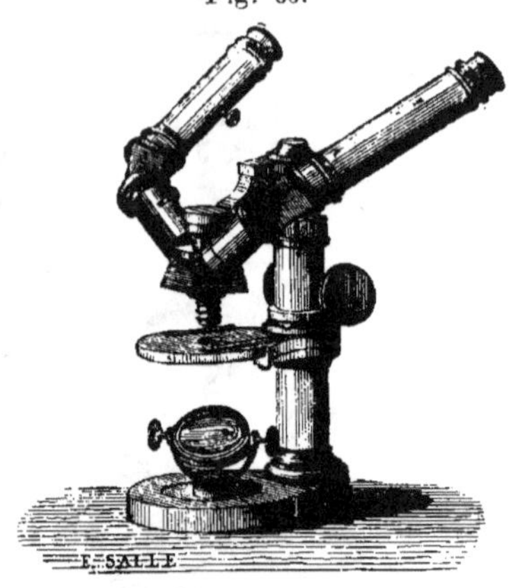

celui que nous venons de décrire, M. Nachet est arrivé à construire

Fig. 67.

des microscopes à plusieurs corps, dans lesquels les oculaires sont assez écartés les uns des autres pour donner place à deux et même à trois observateurs. L'instrument à deux corps (*fig.* 66) est muni de deux séries de prismes qui amènent les deux images dans les directions qu'indiquent suffisamment la figure : cet instrument est spécialement affecté à cet usage et ne peut se modifier.

Au contraire, dans le modèle représenté *fig.* 67, le corps latéral peut à volonté s'enlever, ce qui est un avantage fort appréciable. Un prisme à angle calculé dans ce but s'empare de la moitié de l'image donnée par l'objectif (*fig.* 68) et amène un dédoublement

Fig. 68.

de l'image analogue à celui des microscopes stéréoscopiques.

Le grand inconvénient de toutes ces combinaisons est leur manque de lumière, et il ne pouvait en être autrement, grâce aux nombreuses déviations et absorptions que subissent les rayons lumineux.

Des microscopes à démonstration. — Le microscope ordinaire ne peut servir qu'à un seul observateur, et c'est là un inconvénient majeur pour l'enseignement, car l'examen successif d'une même préparation par tous les auditeurs d'un cours occasionne une perte de temps considérable, et le plus ordinairement peu de personnes savent voir dans le microscope ce que le professeur décrit; d'un autre côté, la mise au point varie pour chaque vue; enfin les difficultés s'accumulent de telle sorte, que bien rarement ce système est mis en usage.

Cependant, dans le cas d'une préparation qui ne demande qu'un faible grossissement, on peut utiliser le microscope de démonstration de M. Nachet (*fig.* 69). Cet instrument se tient à la main

Fig. 69.

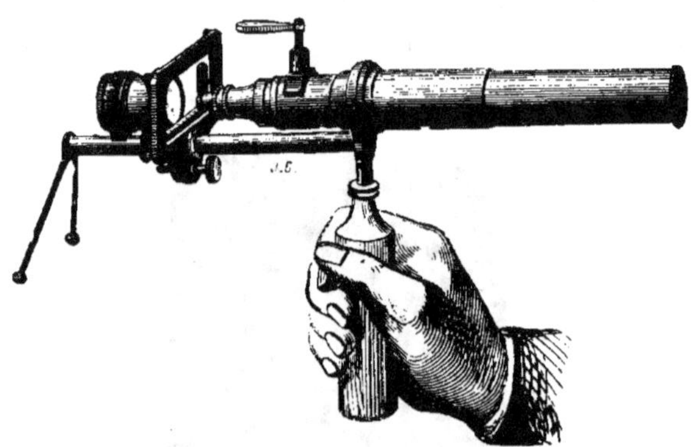

comme une lorgnette; le miroir éclaireur est supprimé, et la mise au point des objectifs faibles étant assez étendue, il n'est pas besoin de la modifier.

Cet appareil peut également servir pour les observations en le plaçant sur un pied spécial (*fig.*70) muni d'un miroir éclaireur.

Le même constructeur a essayé de résoudre le problème en divisant l'image donnée par l'objectif au moyen de deux et même trois prismes, comme nous l'avons dit plus haut. Mais l'emploi de cet instrument est entouré de véritables difficultés : il est d'une délicatesse extrême ; enfin les images sont fort peu éclairées, les prismes absorbant une grande quantité de lumière ; aussi sont-ils peu employés.

Des microscopes à projection. — Mais il existe une méthode très simple, essentiellement pratique, qui permet d'éliminer toutes ces difficultés et de montrer à un auditoire tout entier des images amplifiées d'objets microscopiques, images dans lesquelles l'éclairage et la netteté ne laissent rien à désirer.

L'origine des appareils à projection est déjà fort ancienne, et le point de départ de tous ces appareils est la simple lanterne magique

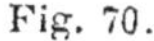

Fig. 70.

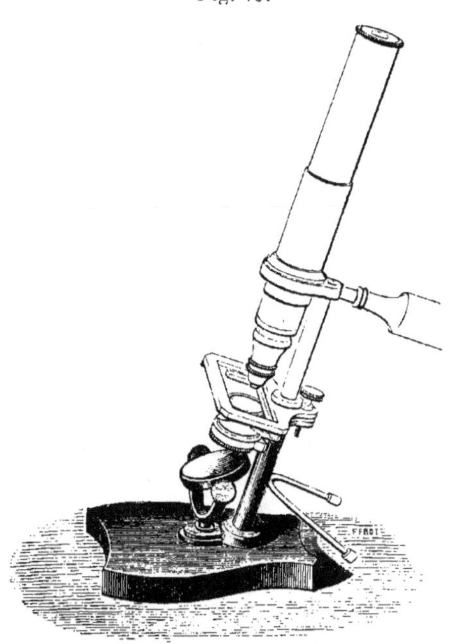

du P. Kircher. A son tour, Lieberkühn s'empara de cette idée pour l'appliquer au microscope ; mais c'est au soleil qu'il eut recours pour éclairer son appareil : le microscope solaire.

Plus tard, ce même instrument revint en quelque sorte à son point de départ, en utilisant une source de lumière artificielle ; mais alors c'était soit la lumière oxydrique, soit la lumière électrique, autrement puissantes, l'une et l'autre, que la lampe fumeuse du P. Kircher.

Toutes ces combinaisons reposent sur le principe de la lanterne magique ; les rayons lumineux, qu'ils proviennent du soleil ou d'une lampe électrique, sont reçus par une lentille convergente chargée de les concentrer sur l'objet à amplifier ; de là les rayons parviennent à un objectif placé un peu au delà de la distance focale de la première lentille ; l'image amplifiée que fournit ce système optique est reçue sur un écran que l'on éloigne à volonté, suivant la grandeur que l'on veut donner à l'image.

Les différentes sources lumineuses employées dans ces appareils amènent quelques modifications dans leur construction. Nous aurons donc à décrire successivement le microscope solaire, le microscope à gaz oxydrique, enfin la lanterne à projection.

Microscope solaire. — Le microscope solaire actuellement en usage se compose des pièces suivantes (*fig.* 71) :

AB plaque de bois ou panneau d'un volet de fenêtre, exposée au soleil, percée d'une ouverture circulaire, qui doit être située exactement en face du tube I de l'instrument ;

a,b plaque de cuivre fixée sur la précédente au moyen de boutons à vis ;

M miroir plan réflecteur, qui peut se mouvoir circulairement à l'aide d'un bouton C qui fait tourner le disque D au moyen d'un engrenage ;

C second bouton qui imprime au réflecteur un mouvement vertical au moyen d'une roue dentée et d'une vis sans fin.

T tube conique qui porte à son extrémité évasée une grande lentille condensatrice ; le sommet du cône est terminé par un tube plus petit E qui reçoit un autre tube dont l'extrémité est garnie, près du porte-objet, d'un second condensateur, le *focus*.

Cette lentille est rendue mobile, et l'on peut ainsi placer l'objet plus ou moins près de son foyer : condition importante, car certaines préparations exigent peu de lumière, et d'ailleurs il en est qui seraient brûlées ou tout au moins altérées si elles étaient placées exactement aux foyers des condensateurs.

La platine porte-objet N est formée de deux plaques, qui s'écartent et se rapprochent à volonté au moyen de petits ressorts hélicoïdes.

H est une tige carrée, que le bouton d'engrenage F fait glisser dans
une boîte G, à l'extrémité de laquelle se trouve fixée à angle droit
une pièce rigide K qui reçoit les lentilles, et dans certaines circonstances une lentille concave. Une vis de rappel L permet de mettre
exactement au foyer. La lentille concave est employée lorsque, par

Fig. 71.

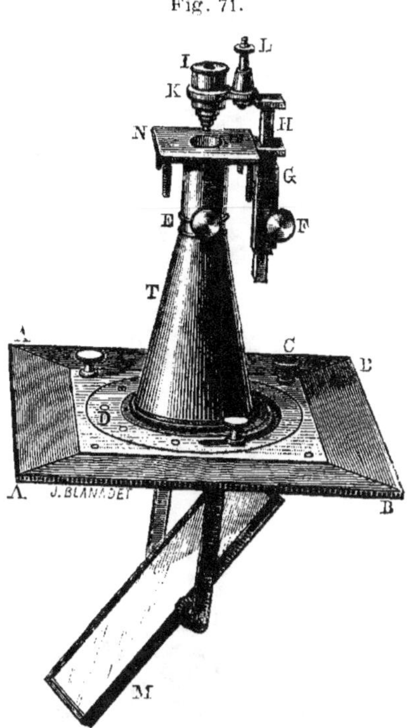

suite d'un défaut de recul, les images ne sont pas agrandies suffisamment.

Le microscope solaire, très fort à la mode pendant un certain
temps, est assez rarement employé maintenant; on lui préfère, avec
quelques raisons, les combinaisons suivantes :

Microscope à gaz oxydrique. — La lumière oxydrique, ou de

Drummond, est produite par l'incandescence d'un cylindre de chaux, obtenue par un jet de gaz hydrogène mélangé à de l'oxygène et projetée sur la chaux par un chalumeau.

Dans les premiers appareils, le mélange des deux gaz était renfermé dans des cloches en métal et brûlé dans des chalumeaux dont l'extrémité était garnie de nombreuses rondelles de toile mé-

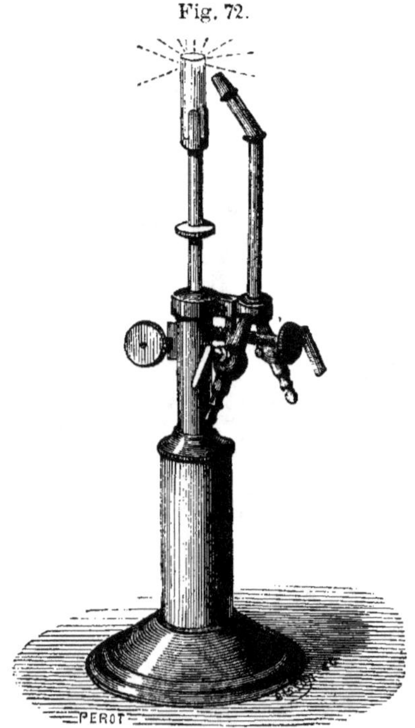

Fig. 72.

tallique afin d'obliger le mélange gazeux à brûler seulement à l'orifice de sortie du chalumeau ; mais parfois l'inflammation se communiquait à la masse du mélange, et il en résultait de dangereuses explosions : nous savons trop par expérience ce que produit dans un laboratoire un accident de ce genre.

Aujourd'hui, grâce à un artifice bien simple, cet accident n'est plus à redouter : les deux gaz sont emmagasinés dans des réservoirs séparés ; ils arrivent séparément sur le cylindre de chaux et ne se mélangent que dans la flamme elle-même.

Cet effet est obtenu par un chalumeau à deux branches (*fig.* 72); celles-ci se réunissent à leur extrémité, et dans les modèles les plus perfectionnés, les deux tubes sont engaînés l'un dans l'autre : le tube central à ouverture très rétrécie amène l'oxygène, tandis que l'hydrogène forme une véritable couronne de feu, qui brûle entièrement l'oxygène et donne alors une flamme assez chaude pour rendre incandescent le cylindre de chaux.

Ce chalumeau est placé sur un support mobile, qui permet de mettre exactement au foyer de l'appareil le cylindre incandescent.

L'appareil se compose (*fig.* 73) d'une lanterne dans laquelle

Fig 73.

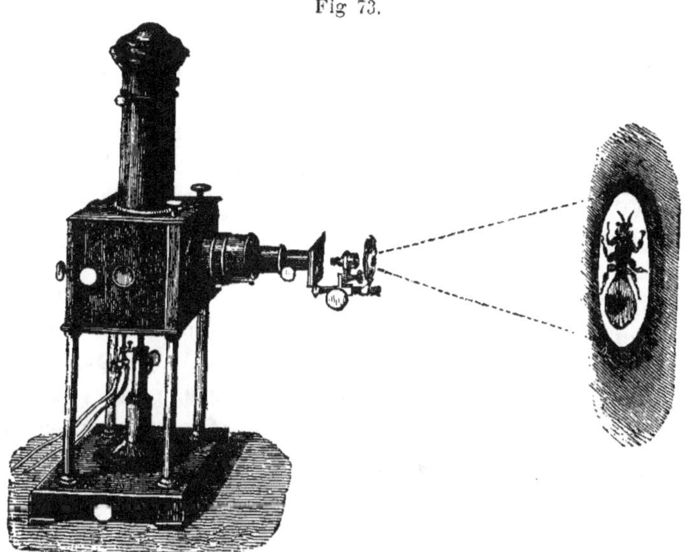

trouve place le chalumeau, et d'un appareil optique fixé à l'une de ses faces. Celui-ci est formé d'un système de lentilles convergentes chargées de projeter sur la préparation enfermée dans un porte-objet à ressorts semblable à celui du microscope solaire ; au delà

viennent enfin les lentilles objectives, mues par une vis micrométrique.

En décrivant la manœuvre de l'appareil, nous indiquerons la
manière la plus simple de produire et d'emmagasiner le gaz
nécessaire à la lumière Drummond.

Le microscope à gaz donne des images suffisamment éclairées
dans la plupart des cas, et sa lumière a l'immense avantage
d'être douce, égale, d'une grande régularité; enfin elle ne scintille
pas et ne produit aucune fatigue pour le spectateur.

Cependant, lorsqu'il est nécessaire de produire des amplifications
considérables, que la surface de l'écran et son éloignement dépassent certaines limites, la lumière Drummond n'est plus suffisante, et il faut de toute nécessité recourir à la lumière électrique.

Microscope photo-électrique. — Les dispositions générales du
microscope photo-électrique sont les mêmes que celles du microscope à gaz; la lanterne est seulement modifiée dans sa forme,
afin de donner place au régulateur : il est en effet indispensable
d'obtenir un point lumineux fixe, et il est de toute impossibilité de
faire usage des bougies Jablockoff, malgré leur simplicité.

La maison Dubosc s'est acquis une réputation toute particulière
par ses appareils photo-électriques, et c'est de ce modèle que nous
parlerons tout d'abord.

La lanterne de M. Dubosc (*fig.* 74) se compose d'une boîte
cylindrique de cuivre, qui enveloppe la partie supérieure d'un régulateur électrique. Pour prendre moins d'espace, la colonne de ce dernier appareil est enfermée dans une espèce de cheminée qui termine
la boîte, et le pied se trouve au-dessous entre les quatre colonnes
qui supportent la lanterne. Pour que cette boîte ferme hermétiquement, de petits volets mus par des crémaillères viennent fermer
le dessous de la boîte, de sorte que les coupures faites à l'instrument, pour qu'on puisse y introduire le régulateur, se trouvent bouchées. L'intérieur de cette lanterne est muni d'un miroir
réflecteur et de deux tiges plongeantes sur lesquelles peuvent
s'adapter d'autres miroirs pour renvoyer la lumière dans les
lentilles d'un appareil particulier que l'on adapte à la lanterne

pour certaines expériences que l'on appelle *polyorama*; enfin sur
le côté de la lanterne se trouve un petit œil-de-bœuf muni d'un
verre violet par lequel on examine la marche de la lumière élec-

Fig. 74.

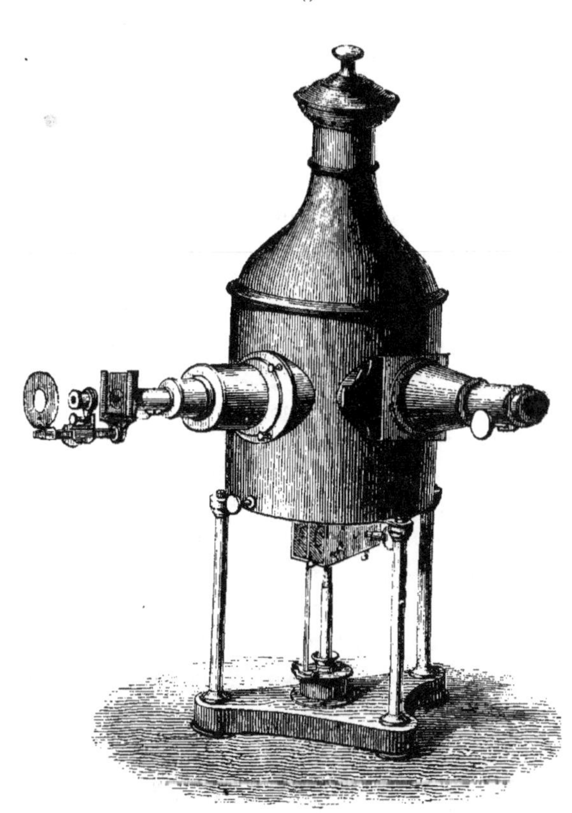

trique. Afin de régler facilement la position du point lumineux
qui, dans certaines expériences délicates, a besoin d'être déterminée
d'une manière tout à fait rigoureuse, le régulateur se trouve posé
sur un socle qui, au moyen de deux vis de rappel, peut être

déplacé dans deux directions rectangulaires (de bas en haut et de côté), comme le miroir des porte-lumière.

A la partie antérieure de la lanterne se place un système optique semblable à celui du microscope à gaz ; à côté est également fixé un système à projection (*voir* pages suivantes).

Nous n'avons pas à nous occuper ici du générateur d'électricité : ce sera tantôt une pile de Bunsen, une machine magnéto-électrique, ou bien encore un appareil thermo-électrique.

Lanternes à projection. — Les différents microscopes de projection que nous venons de décrire ne peuvent dépasser certaines amplifications : 250 diamètres tout au plus. D'un autre côté, ils ne peuvent donner des images convenables de toutes les préparations microscopiques ; celles qui contiennent des objets placés sur divers plans donneront toujours des images confuses, et cependant c'est le cas le plus ordinaire. Il convient alors de remplacer les préparations par des photographies de ces mêmes préparations. Celles-ci, transformées en positives transparentes, sont placées dans l'appareil au lieu et place des préparations ; on obtient ainsi des images agrandies d'une grande netteté.

Mais, pour arriver à ce résultat, il convient de modifier la partie optique de l'appareil en restreignant beaucoup la puissance des lentilles amplifiantes ; ce qui en définitive ramène à l'ancienne lanterne magique.

Les appareils, lanternes à projections de M. Molteni, ont acquis dans ces dernières années une légitime réputation ; ils sont employés maintenant dans la plupart de nos grands amphithéâtres.

M. Molteni construit différents modèles de lanternes ; chacun d'eux peut recevoir à volonté un régulateur photo-électrique, un chalumeau à lumière oxydrique, voire même une lampe au pétrole.

Mais, de tous ces éclairages, M. Molteni préfère la lumière Drummond, et c'est toujours à elle qu'il a recours dans ses séances de projections ; dans un amphithéâtre trop grand, la lumière électrique peut devenir nécessaire, tandis que la modeste lampe au pétrole suffit quelquefois dans un salon.

La lanterne la plus simple, connue sous le nom d'*appareil de classe*, donne cependant d'excellents résultats. Dans la description qui va suivre, nous supposerons l'appareil éclairé par une lampe au pétrole; mais il est bien évident que les effets seront les mêmes, seulement avec une intensité lumineuse plus grande, lorsque l'on utilisera la lumière Drummond ou la lumière électrique.

Fig. 75.

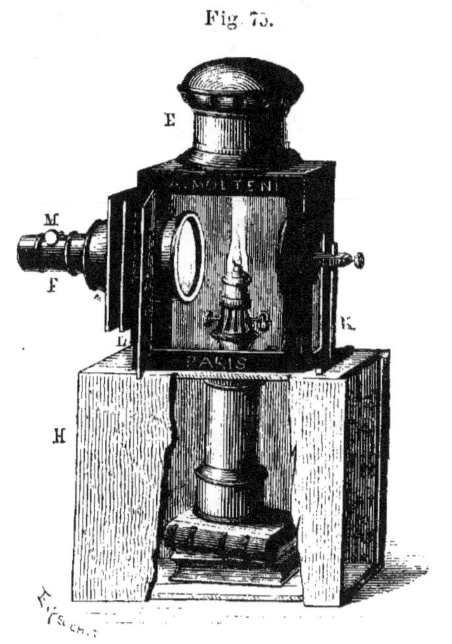

L'appareil (*fig.* 75 et 76) se compose de quatre pièces : C le corps de la lanterne, E la cheminée, F l'objectif, G le réflecteur; toutes ces pièces peuvent se démonter et trouvent alors à se loger dans une boîte en bois, celle-ci servant de support à l'appareil lorsqu'il est monté.

La lampe est d'abord introduite dans la caisse-support H par une ouverture pratiquée à sa face supérieure. Elle se place entre les lentilles condensatrices et le réflecteur mobile G, qui permet de centrer exactement le point lumineux. Il en serait de même

Fig. 76.

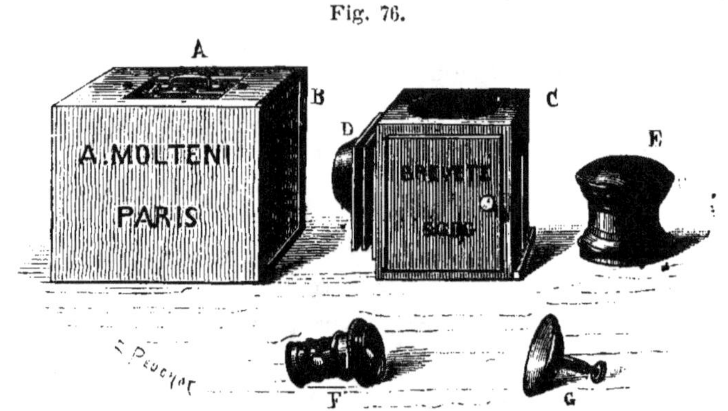

pour un régulateur photo-électrique. Dans le cas où ce serait, au contraire, la lumière Drummond qui serait préférée, le chalumeau se fixe sur la tringle K en place du réflecteur, qui devient inutile. Au-dessus de la lanterne se pose la cheminée E, destinée à donner passage aux produits de la combustion, tout en empêchant toute lumière de sortir de l'appareil.

En avant des lentilles éclairantes, une coulisse L permet de glisser une planchette, dans laquelle viennent se placer les photographies à projeter.

L'objectif F se visse sur un cône placé en avant de la coulisse, et la mise au point se fait au moyen de la crémaillère M.

Dans un modèle plus soigné (*fig.* 77), la lanterne est supportée par quatre colonnes en cuivre, fixées sur un socle en bois : cette disposition rend plus facile la mise en place d'un régulateur de lumière électrique et permet l'emploi d'un chalumeau perfectionné, monté sur une double plaque munie de crémaillères, et de vis de rappel permettant de centrer très exactement le point lumineux.

Nous devons encore signaler un appareil tout nouveau et que l'on a décoré du nom de *lanterne américaine* (*fig.* 78). Cet instrument très simplement construit donne cependant de bons résultats, grâce à la lampe puissante dont il est muni ; celle-ci est essentiellement

Fig. 77.

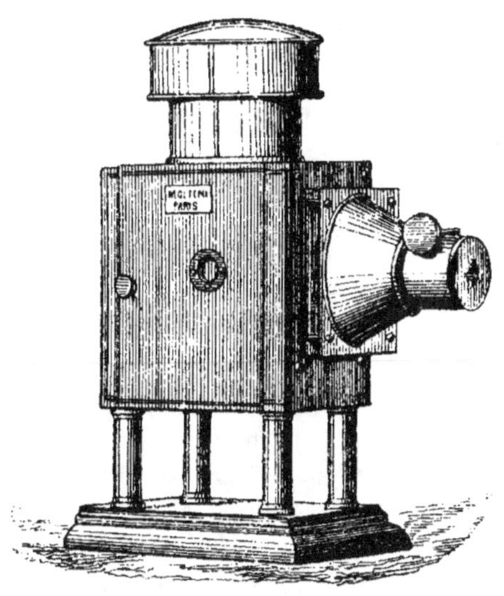

composée de deux larges mèches plates alimentées par un réservoir de pétrole ; le verre cylindrique de la cheminée est remplacé par

Fig. 78.

une sorte de boîte métallique, terminée en arrière par un réflec-

teur argenté ; en avant par un verre plat. La partie optique ne
diffère en rien ; le tout peut se renfermer dans une boîte en tôle, ·
qui sert en même temps de support à tout l'appareil. En résumé,
cette lanterne peu volumineuse, légère, d'un prix modéré, est un
excellent appareil de salon, et c'est peut-être celui qui donne la
lumière la plus forte de tous ceux qui sont alimentés par des
lampes au pétrole.

A côté de ces instruments, très suffisants pour les démonstrations scientifiques, nous signalerons les lanternes *polyoramiques*,
très usitées dans les conférences.

Avec les appareils ordinaires, les changements de tableaux
s'opèrent en faisant passer successivement devant l'objectif chaque
épreuve photographique. Il y a de toute nécessité un certain intervalle pendant lequel l'écran est inoccupé. Les appareils polyoramiques ou à *vues fondantes* permettent de faire succéder les projections sans interruption, en se fondant, pour ainsi dire, l'une dans
l'autre, la première s'éteignant pendant que la seconde acquiert
déjà plus de vigueur.

On obtient ces effets au moyen de deux lanternes placées côte

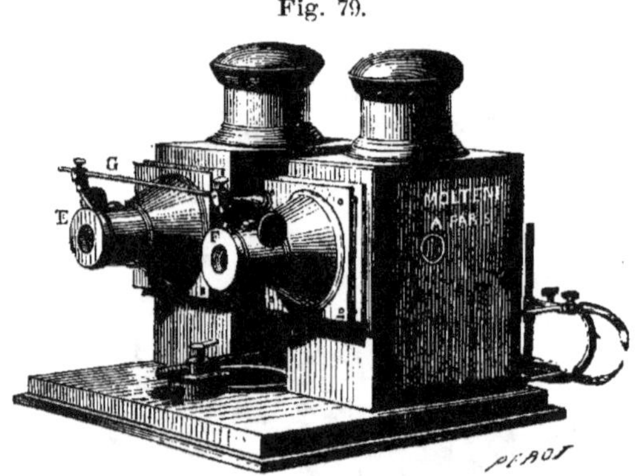

Fig. 79.

à côte, ou au-dessus l'une de l'autre. Dans un cas comme dans
l'autre, les deux lanternes sont rendues mobiles, de façon à faire
converger les axes des deux appareils sur un même point de l'écran.

La première de ces dispositions [horizontale (*fig.* 79)] oblige l'opérateur à passer continuellement derrière l'appareil pour aller d'une lanterne à l'autre, afin d'y introduire de nouveaux tableaux, et souvent il est nécessaire d'avoir recours à deux opérateurs au lieu d'un.

La disposition adoptée dans l'appareil double vertical (*fig.* 80)

Fig. 80.

vaut infiniment mieux ; celui-ci est d'un transport plus facile, il forme un ensemble compact moins sujet à se déranger, et il a surtout l'immense avantage de permettre à l'opérateur, qui reste en place, de pouvoir manœuvrer les tableaux des deux appareils.

L'appareil appelé par les Anglais *dissolving* (*fig.* 79) est tantôt composé de deux obturateurs à œil de chat E, reliés entre eux par une tringle G et installés de façon qu'en poussant cette tringle, l'un des appareils s'ouvre tandis que l'autre se ferme. Cette méthode a l'inconvénient de nécessiter l'allumage continu des deux lanternes; aussi M. Molteni l'a-t-il remplacée par un système tout différent. Grâce à un robinet distributeur, l'oxygène est lancé tantôt dans un chalumeau, tantôt dans autre (*fig.* 80); la chaux ne devient incandescente que dans la lanterne alimentée par l'oxygène, tandis qu'elle perd tout son éclat dans celle où l'hydrogène brûle seul. La différence d'intensité de ces deux foyers lumineux est telle, que le second passe complètement inaperçu.

M. Dubosc construit également des appareils à projection : tantôt l'éclairage est produit par la lumière Drummond et le chalumeau à colonne (*fig.* 72, p. 94), tantôt par le régulateur de lumière électrique, combiné par cet habile constructeur.

Fig. 81.

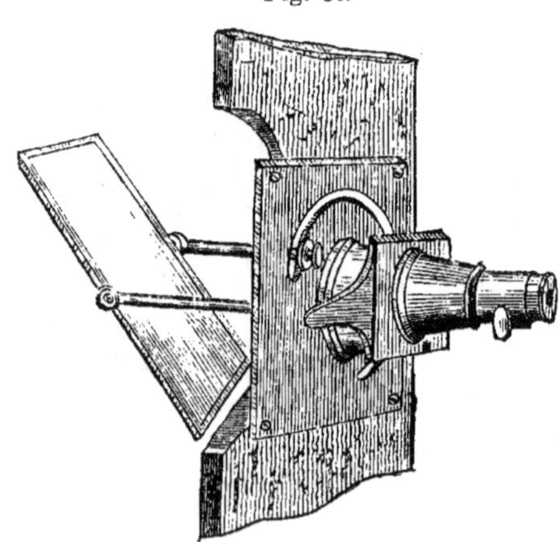

Nous avons représenté (*fig.* 74, p. 97) le dernier modèle de la lanterne adopté par M. Dubosc; cet appareil reçoit à volonté un corps de microscope ou un système de lentilles pour la projection des images transparentes.

Quelquefois la lumière solaire peut être utilisée avec succès : dans ce cas, on fait usage d'une sorte de microscope solaire, modifié dans sa partie optique. M. Molteni construit un appareil de ce genre, et celui-ci permet d'utiliser la *tête* (appareil optique) d'une de ses lanternes.

M. Dubosc a également combiné un appareil du même genre : l'inspection seule de la *fig.* 81 en fera comprendre la construction.

Choix du microscope. — Deux questions que ne manque jamais de faire toute personne au moment de l'acquisition d'un microscope sont celles-ci : Quel est le meilleur instrument ? A quel fabricant faut-il s'adresser ? Questions assez délicates à résoudre, surtout maintenant, car les opticiens de talent sont plus nombreux qu'autrefois.

Nous essayerons cependant de donner toutes les indications nécessaires, et nous parlerons de chaque constructeur avec la plus stricte impartialité.

Mais, d'abord, où convient-il de s'adresser ? Faut-il donner toute préférence aux instruments anglais, aux instruments allemands, aux instruments américains, ou bien doit-on simplement choisir un instrument français ?

Ici les questions de personnes nous laissent toute liberté, et nous n'éprouvons aucune hésitation à trancher nettement la question. Sans doute, les microscopes anglais, et surtout ceux de Ross, de Powell et Laland, de Swift, sont des instruments admirablement construits ; la précision de leur mécanisme est poussée aussi loin que possible, leurs objectifs corrigés avec le plus grand soin : mais nous ne pouvons en conseiller l'acquisition autrement que comme objets de luxe. Nous avons eu déjà l'occasion de le dire, les instruments anglais sont principalement destinés à l'observation de préparations toutes faites ; aussi l'angle d'ouverture des objectifs est-il exagéré outre mesure, afin d'obtenir des effets tout spéciaux pour l'étude des tets ; leur distance frontale est tellement réduite, que les recherches histologiques deviennent à peu près impossibles; pour augmenter l'amplification, le tube porte-oculaire est allongé démesurément; les complications du mécanisme sont telles, qu'il faut une longue étude pour se familiariser avec les vis de rappel, les écrous de serrage, etc. La forme en potence du pied enlève à l'instrument la stabilité nécessaire; la platine, très élevée pour donner place aux concentrateurs à revolver, aux écrans colorés, etc., etc., ne permet pas les dissections; enfin la hauteur trop grande de l'instrument tout entier rend les observations fatigantes. Si nous ajoutons à tout cela des prix excessivement élevés, il sera facile de comprendre que nous ne pouvons recommander les instruments anglais.

Nous en dirons autant de ceux qui sont fabriqués en Amérique; cependant les constructeurs de ce pays reviennent un peu des pièces de luxe de leurs confrères d'Angleterre; leurs objectifs sont souvent construits avec un très grand soin; mais ici encore les prix sont fort élevés.

Les opticiens allemands se ressentent du milieu plus sérieux auquel sont destinés leurs microscopes : leurs instruments sont déjà mieux appropriés aux recherches de laboratoire : ils sont plus simples, plus solides, les prix assez modérés; mais, en somme, rien n'autorise à les faire préférer aux instruments français, dont il nous reste à parler.

Le microscope achromatique est d'origine essentiellement française, et c'est Chevalier, le premier, qui a rendu possible la construction d'objectifs microscopiques achromatiques. Sans doute, Ross en Angleterre, Amici en Italie, ont tour à tour réalisé des perfectionnements importants; mais toujours l'application réellement pratique de leurs découvertes a été faite en France, et il est certain que les constructeurs de Paris tiennent le premier rang. Leurs instruments, de construction simple, d'un ajustage parfait, possèdent tous des objectifs tout aussi bien travaillés que les plus chères lentilles d'outre-Manche. Enfin il est bien permis de faire entrer en ligne de compte une très grande modicité dans les prix et la plus grande facilité d'acheter à Paris un microscope, que de le faire venir de Londres ou de Berlin.

En résumé, tout nous semble concourir pour donner une entière préférence aux instruments français.

Nous ne parlerons donc pas des constructeurs étrangers, renvoyant pour cela aux traités de MM. Pelletan et Van Heurck, dans lesquels le lecteur trouvera tous les renseignements désirables sur les microscopes anglais, américains et allemands.

A Paris, plusieurs maisons importantes s'occupent tout spécialement de la construction des microscopes, et nous ne pouvons nous arroger le droit de donner à chacune d'elles un rang de mérite. Il est certain que, chez les unes comme chez les autres, il sera toujours facile de trouver un instrument excellent et en harmonie avec le genre d'études auquel on le destine; dans certains cas cependant, pour les instruments à projection, par exemple, il est tout simple d'avoir recours à un constructeur plus particulièrement adonné à cette spécialité.

Nous aurons donc à examiner les instruments de chaque constructeur parisien. Il est bien entendu que nous n'avons à parler que des fabricants dont la réputation est établie depuis longtemps, et que nous laisserons de côté les fabricants de lunettes, qui peuvent, à la rigueur, monter une paire de bésicles, mais sont incapables de produire un microscope véritable. Il existe bien, à Paris, certains *ouvriers en chambre* qui travaillent pour les grands fabricants, et nous pourrions citer tel et tel ouvrier de premier mérite pour la construction de certaines pièces : objectifs, prismes de Nicol, etc., etc.; mais, par la nature même de leurs travaux et de leurs relations commerciales, aucun d'eux ne se permettrait de fournir un microscope complet; aussi, à notre grand regret, sommes-nous obligé de les passer sous silence.

L'énumération que nous allons faire ne comprendra pas certains noms d'une réputation réelle dans la fabrication des instruments d'optique, et nous tenons à dire que bien certainement tel ou tel de ces constructeurs serait fort capable de faire un excellent microscope; mais ce ne serait pour aucun d'eux *une spécialité*, et nous ne pouvons nous occuper précisément que des opticiens spécialement adonnés à la construction des microscopes; car chez eux une fabrication importante a permis d'établir des modèles toujours identiques, et qui n'offrent presque jamais de différences appréciables; de là la certitude pour nous de donner des renseignements, des appréciations toujours exacts.

Nous citerons sept constructeurs :

MM. Chevalier, Dubosc, Ducretet, Molteni, Nachet, Prazmowski et Vérick; mais parmi ceux-ci quatre seulement s'occupent spécialement des microscopes d'études.

Avant de passer en revue les différents modèles de chacun de ces constructeurs, il convient d'étudier la question du choix d'un microscope relativement à l'usage auquel on le destine.

Celui qui ne veut faire que des observations passagères, et qui désire limiter sa dépense, peut se contenter d'un modèle droit, muni d'un ou de deux objectifs. Mais si la question de dépense ne doit pas entrer en ligne de compte, il n'y a plus de règle, plus de conseil à donner à l'amateur qui cherche dans le microscope une agréable distraction. Malheureusement ce cas, très fréquent en Angleterre, se présente encore rarement chez nous; et c'est probablement là ce qui explique les complications nombreuses et les prix fabuleux des grands instruments anglais : ainsi le grand microscope de Ross coûte 1100^{fr} *sans objectifs*, et ces derniers valent jusqu'à 700^{fr} pièce.

Lorsque le microscope est destiné à des études scientifiques, il convient d'approprier la composition de l'instrument à la nature des recherches à faire.

Les études de botanique n'exigent presque jamais de forts grossissements, et il suffit le plus souvent d'atteindre 300 diamètres; trois objectifs sont alors nécessaires, on pourra les échelonner ainsi :

Chevalier	1	3	5
Nachet	0	2	4
Prazmowski	2	6	8
Vérick	1	3	5

Ces combinaisons seront donc plus particulièrement utiles aux étudiants en pharmacie.

Mais lorsqu'il s'agira de recherches histologiques animales, il faudra de toute nécessité user de grossissements plus forts ; ainsi les étudiants en médecine auront souvent à employer des grossissements de 500 et de 600 diamètres. C'est là un point sur lequel il convient d'insister, afin de mettre en garde les jeunes gens contre les microscopes dits *d'étudiant*, qui sont munis d'objectifs absolument insuffisants.

Il convient donc, dans le cas qui nous occupe, de compléter la série que nous avons indiquée pour la botanique par un objectif de deux numéros supérieurs au dernier indiqué précédemment.

On comprendra qu'il n'est pas possible de tracer de limites pour la composition optique des microscopes destinés aux grandes recherches de laboratoire ; ce soin serait même superflu, car celui qui est en état de les entreprendre a toujours une grande pratique des observations microscopiques, et il peut combiner lui-même les séries nécessaires à ses travaux.

Dans ces dernières années, le microscope est devenu un instrument indispensable aux sériciculteurs, et il est nécessaire de bien établir à ce sujet que la recherche des corpuscules, par la méthode de M. Pasteur, demande des grossissements assez forts et que les instruments vendus pour ces recherches ont en général des objectifs trop faibles ; il faut, pour opérer avec certitude, un grossissement de 500 diamètres.

Enfin nous devons ajouter que les recherches de minéralogie microscopique exigent des instruments d'une construction toute spéciale, et que nous décrirons en traitant de ces études.

Série Chevalier (¹).

La maison Chevalier est une des plus anciennes de France, et déjà nous avons eu l'occasion de dire que c'est Charles Chevalier qui le premier, en 1823, a rendu possible l'exécution des objectifs microscopiques achromatiques.

Les microscopes de Chevalier ont toujours été construits avec

---

(¹) CHEVALIER, Palais-Royal, galerie de Valois, 158, à Paris.

soin, aussi ont-ils obtenu à la dernière Exposition (1879) un **rappel
de médaille d'argent**.

Les microscopes simples ont été tout particulièrement l'objet
des soins de la maison Chevalier, et malgré quelques imperfections
que nous avons eu déjà l'occasion de signaler, ils n'en constituent
pas moins de bons instruments.

N° 29. **Microscope simple** (*fig.* 14, p. 20).— Ce modèle a pour support un
pied de fonte de fer vernie, à surface assez large pour assurer la stabilité; la mise au point se fait par une crémaillère; un pivot et une vis
de rappel permettent de diriger le doublet en tous sens : un miroir plan
articulé permet de diriger le faisceau de lumière éclairant dans l'ouverture de la platine. Ce modèle est muni d'un doublet de trois lignes
donnant un grossissement de 20 à 40 diamètres, suivant qu'on utilise
séparément chaque lentille ou bien qu'on les réunit. Prix : 60^{fr}.

N° 30. **Microscope simple** (*fig.* 15, p. 21).— L'appareil est porté par un
pied en cuivre, rendu pesant par une masse de plomb, et il diffère du
précédent en ce que le mouvement horizontal du doublet est donné par
une crémaillère, au lieu de l'être par une vis de rappel. Cette combinaison est plus précise et se dérange moins que la première : deux doublets n° 3 et 5, donnant de 12 à 60 diamètres, accompagnent ce modèle.
Prix : 125^{fr}.

Nous devons faire remarquer que les doublets peuvent aussi
s'employer comme de simples loupes; les montures de Chevalier
sont faites de façon à permettre l'emploi de chaque lentille séparée ;
à cet effet, un pas de vis réunit les deux moitiés de chaque combinaison, et il suffit de les dévisser pour employer séparément
chaque lentille.

Les microscopes composés que construit la maison Chevalier
sont tantôt droits, tantôt inclinants, à platine fixe ou à rotation et
à chariot.

N° 1. **Microscope d'étudiant** (*fig.* 32, p. 59). — Instrument extrêmement simple avec pied en fonte de fer vernie, colonne en cuivre, vis de
rappel pour la mise au point, tube porte-lentilles à frottement doux,
diaphragme à rotation, miroir plan et concave, articulé : loupe pour
l'éclairage se fixant à volonté sur l'angle antérieur de la platine. La
partie optique se compose d'un oculaire n° 2 et d'un objectif n° 3, grossissant de 50 à 200 fois. Prix : 90^{fr}.

Il convient d'expliquer cette différence dans le grossissement du même objectif. Le nº 3 est composé de deux lentilles qui peuvent s'employer réunies et donnent alors une amplification de 200 diamètres, ou bien elles s'utilisent séparément, l'une donnant alors un grossissement de 50 diamètres, l'autre de 100 diamètres.

Ce système peut être économique, mais nous ne le conseillons guère, car au bout de peu de temps les pas de vis se déforment et le centrage n'est plus suffisant; il vaut infiniment mieux faire la dépense de deux objectifs distincts.

Nº 2. **Microscope d'étudiant.** — Il est construit à peu près de même, mais il possède en plus un second objectif, nº 5, et il donne alors un grossissement de 500 diamètres. Prix : 100ᶠ.

Nº 3. **Microscope d'étudiant.** — Il est muni de trois objectifs, nº 3, 5 et 8, le grossissement maximum est alors de 650 diamètres. Prix : 130ᶠ.

Ces trois modèles sont les meilleurs marché de toute la série Chevalier; ceux qui vont suivre atteignent rapidement des prix élevés, mais aussi leur construction est plus soignée et leur composition optique plus complète.

Cependant il convient de dire que l'ajustage des différentes pièces de ces instruments à bon marché est assez précis pour rendre possible l'emploi d'objectifs puissants; mais ils ont le défaut de ne pouvoir recevoir certaines combinaisons accessoires, fort utiles dans les recherches minutieuses : tels sont les concentrateurs, les appareils de polarisation, etc., etc. Aussi est-il sage de conseiller l'achat d'un instrument plus complet toutes les fois que les recherches à effectuer doivent nécessiter de fortes amplifications. Il serait encore préférable d'avoir alors deux instruments : l'un très simple pour les études courantes, l'autre réservé, au contraire, aux travaux délicats. Enfin il est très utile de faire usage simultanément de deux microscopes lorsqu'il s'agit d'étudier rapidement une série de préparations, sans perdre trop de temps à des changements d'objectifs. Dans ce cas, un instrument portera un objectif faible, et l'autre au contraire un objectif plus puissant.

Le premier permettra de prendre une idée d'ensemble de la préparation, le second donnera les détails de structure.

N° 4. **Microscope droit** (*fig.* 82). — Tube porte-lentilles à frottement et à tirage ; vis de rappel pour la mise au point, miroir avec

Fig. 82.

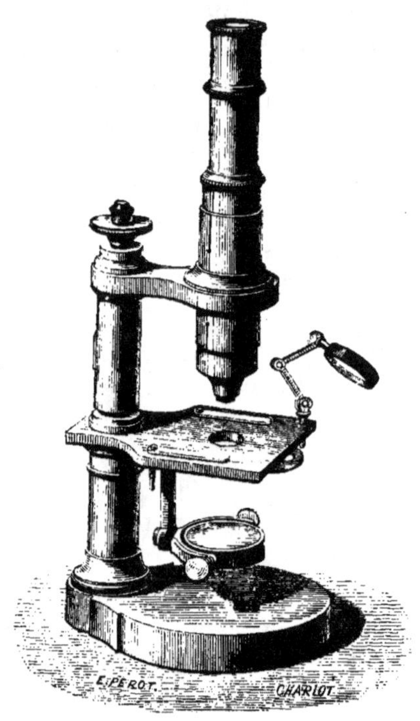

suspension articulée pour la lumière oblique ; loupe articulée pour l'éclairage des corps opaques, fixée à la platine, diaphragme à rotation.

Composition optique : Trois oculaires, n°⁵ 1, 2 et 3 ; trois objectifs, n°⁵ 3, 5 et 8, grossissement de 50 à 1000 diamètres. Prix : 190ᶠʳ.
Instrument d'étude, très suffisant dans la plupart des cas.

N° 5. **Microscope à inclinaison.** — Pied en cuivre, tube à frottement et à tirage, miroir articulé pour les effets de lumière oblique, diaphragme à pivot ; loupe pour l'éclairage des corps opaques, fixée à la platine. Même composition optique que pour le n° 3.

Le seul avantage de ce modèle sur le précédent est son articulation de la colonne, qui permet de l'incliner sous tous les angles. Prix : 225^{fr}.

N° 6. **Microscope droit** (*fig.* 83). — Platine tournante, tube à frottement et à tirage, vis de rappel pour la mise au point, miroir plan

Fig. 83.

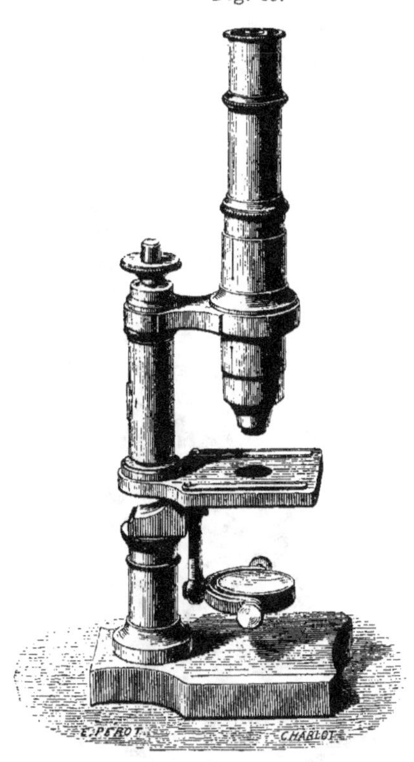

et concave, à suspension articulée pour les effets de lumière oblique, platine recouverte en glace noire; loupe indépendante sur pied pour l'éclairage des corps opaques; diaphragme à pivot.

Composition optique : Trois oculaires, n°⁵ 1, 2, 3; quatre objectifs, n°⁵ 2, 3, 5, 8, donnant de 50 à 1000 diamètres. Prix : 350^{fr}.

Le principal avantage de ce modèle, est de posséder une platine tournante.

Dans les forts grossissements, cette disposition rend les plus grands

TRUTAT. — *Microscope.* 8

services, car la moindre rotation imprimée à l'objet suffit pour faire apercevoir une foule de détails qui resteraient inaperçus sans l'emploi de ce système.

N° 7. **Microscope droit**. — Semblable au précédent, ayant en plus : les séries d'objectifs n° 9 à sec et n° 8 à immersion, une chambre claire, un micromètre objectif et un micromètre oculaire. Prix : 450^{fr}.

N° 8. **Microscope à platine tournante et à inclinaison** (*fig.* 84). — Tube à tirage et à frottement, double miroir à suspension articulée,

Fig. 84.

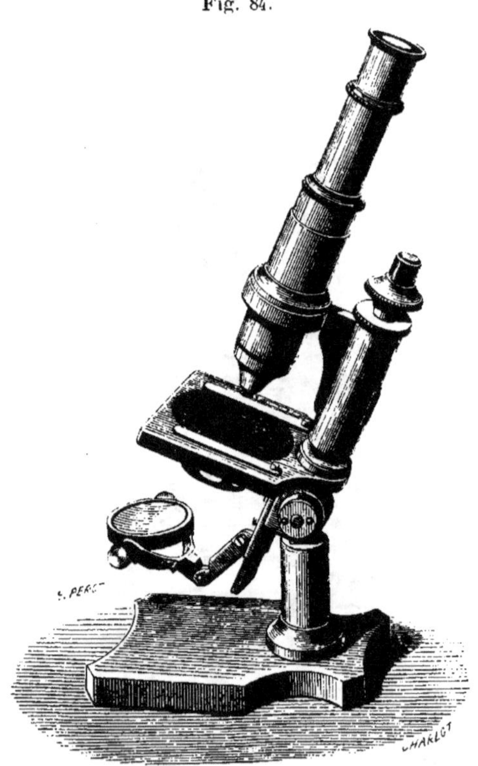

diaphragme à pivot et à tube permettant d'élever ou d'abaisser le diaphragme pour régler l'éclairage ; platine tournante en glace noire, loupe indépendante, sur pied pour les corps opaques, chambre claire, micromètre objectif, micromètre oculaire.

Composition optique : Trois oculaires, nᵒˢ 1, 2, 3; cinq objectifs, nᵒˢ 2, 3, 5, 8, 9, et 8 à immersion; grossissement de 50 à 1300 diamètres. Prix : 480ᶠʳ.

Nᵒ 9. Microscope d'Arthur Chevalier (*fig.* 29, p. 49).— *Moyen modèle*, à inclinaison et à platine tournante. Tube à tirage et à frottement, vis de rappel très précise, platine en glace noire, valets, diaphragme variable et à tube pouvant se mouvoir verticalement à l'aide d'une crémaillère, tube pour placer les prismes et condensateurs, miroir plan et concave monté à double articulation et à rotation, de façon à permettre l'éclairage oblique suivant toutes les inclinaisons, en avant ou sur les côtés de la platine; la pièce tenant le miroir peut s'élever ou s'abaisser de façon à régler l'éclairage, micromètre oculaire se plaçant dans les différents oculaires, micromètre objectif, chambre claire, loupe sur pied pour les corps opaques.

Composition optique : Trois oculaires, nᵒˢ 1, 2, 3; trois objectifs à sec, nᵒˢ 3, 5 et 8, donnant des grossissements de 50 à 1000 diamètres. Prix : 550ᶠʳ.

Nᵒ 10. Microscope d'Arthur Chevalier. — Semblable au précédent, mais avec huit objectifs à sec, nᵒˢ 1, 1 *bis*, 2, 3, 5, 8 et 9, et un objectif à immersion, nᵒ 10, donnant des grossissements de 40 à 1500 diamètres. Prix : 680ᶠʳ.

Nᵒ 11. Microscope d'Arthur Chevalier (*fig.* 85). — *Grand modèle*, à inclinaison et à platine tournante. Tube à tirage avec divisions, engrenage à coulisseaux et à double bouton pour le mouvement rapide, vis de rappel pour la mise au point, platine mobile recouverte en glace noire, miroir plan et concave, monté à double articulation et à rotation, de façon à permettre l'éclairage oblique, suivant toutes les inclinaisons, soit en avant ou sur les côtés de la platine; la pièce tenant le miroir peut s'élever ou s'abaisser de façon à régler l'éclairage; engrenage pour faire mouvoir le diaphragme variable et le condensateur, série de diaphragmes à tube, micromètre oculaire se plaçant dans les différents oculaires et pouvant se mettre au point.

Composition optique : Quatre oculaires, nᵒˢ 1, 2, 3 et 4; neuf objectifs, nᵒˢ 1, 1 *bis*, 2, 3, 5, 8, 9, à sec, et deux objectifs à correction et à immersion, nᵒˢ 8 et 10, grossissement de 40 à 1800 diamètres.

Chambre claire, micromètre objectif, appareil de polarisation composé de deux prismes de Nicol, miroir de Lieberkhun pour l'éclairage des corps opaques; loupe sur pied pour le même usage, condensateur de Dujardin. Prix : 1350ᶠʳ.

Voici enfin, d'après le catalogue Chevalier, quelques indications sur les objectifs de cette maison :

Les nᵒˢ 1, 1 *bis*, 2, 3, 5, 8 sont les plus employés. On peut les adapter à tous les microscopes. Les n°s 3, 5, 8 permettent tous les genres de recherches. Le n° 1 sert pour les insectes entiers, les minéraux, les injections, les petites coquilles, l'aspect général des petites plantes. Les

Fig. 85.

n°s 1 *bis* et 2 servent au même usage, avec de plus fortes amplifications. Le n° 2 sert à l'étude des infusoires, de tous les tissus végétaux et animaux, des insectes, etc. ; le n° 5, pour les tissus, pollens ; les n°s 8 et 9, pour les fines structures, les globules, les spermatozoïdes, les anthéro-

zoïdes, les diatomées, les cellules. Les séries 8 et 10, à immersion,
servent au même usage, en donnant plus de pénétration et de clarté :
mais leur usage, étant moins pratique, ne dispense pas de l'emploi des
séries à sec.

*Tableau des grossissements obtenus par la combinaison des oculaires
et des objectifs mesurés à la distance de 250 millimètres.*

| OBJECTIFS. | SANS TIRAGE. | | | AVEC TIRAGE. | | |
| | Oculaires. | | | Oculaires. | | |
	N° 1.	N° 2.	N° 3.	N° 1.	N° 2.	N° 3.
N°s 1	23	30	50	30	40	70
2	50	75	130	80	100	180
3	100	160	250	140	180	290
4	250	350	550	350	450	800
5	350	450	650	450	560	900
8	380	500	800	550	700	1100
9	550	750	1300	700	800	1500
A immersion 7	330	340	750	480	600	1000
» 8	450	650	1100	600	800	1300
» 9	500	700	1150	700	950	1550
» 10	630	850	1500	850	1200	1900

Série Nachet.

MM. Nachet ([1]) ont acquis depuis longtemps une juste célébrité
pour leurs microscopes ; les divers modèles construits dans leurs
ateliers ont peut-être plus que tous les autres une élégance toute
spéciale et cette simplicité de forme qui sont les qualités dis-
tinctives de tout ce qui sort des mains de l'ouvrier parisien. Les
ajustages ont en même temps toute l'exactitude désirable, et les
lentilles sont travaillées avec le plus grand soin.

Nous ne décrirons pas toutes les variétés, toutes les combinaisons adoptées par la maison Nachet, renvoyant ceux de nos lec-

______

([1]) Rue Saint-Séverin, 17, à Paris.

teurs qui désireraient connaître tous ces détails au Catalogue très complet que vient de publier M. Nachet.

Les instruments que nous allons énumérer peuvent être considérés comme les plus importants.

N° 1. **Microscope grand modèle perfectionné** (*fig.* 86). — Ce mi-

Fig. 86.

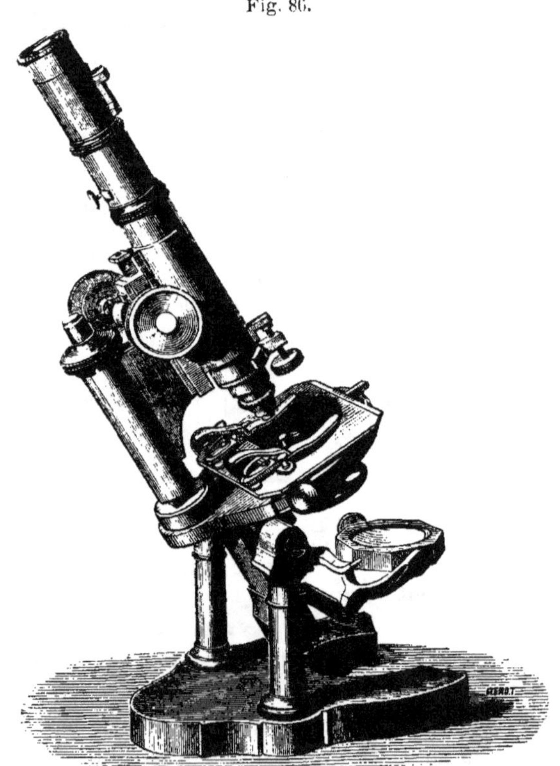

croscope, des plus complets, peut servir d'instrument binoculaire ; il est suspendu sur un axe de manière à pouvoir rester fixe dans toutes les positions entre l'horizontale et la verticale. L'ajustement au foyer s'opère au moyen d'un mouvement rapide formé par une crémaillère, et de deux mouvements lents à vis micrométriques; l'un agissant sur la colonne portant le corps, l'autre très délicat et appartenant spécialement au tube porteur des lentilles et disposé de façon à établir une élasticité constante dans le tube des objectifs pour les cas de pression sur les préparations (¹).

La platine est montée à rotation et est munie d'une table mobile à vis de rappel pour faire déplacer les objets sans y toucher; deux divisions perpendiculaires l'une à l'autre permettent de déterminer des ordonnées pour retrouver un point déterminé d'une préparation. Cette platine est garnie d'une plaque de verre incrustée pour empêcher les effets nuisibles des acides sur la table métallique.

L'éclairage est donné par un double miroir plan et concave, monté sur articulations pouvant se développer dans toutes les directions, afin d'obtenir les effets de la lumière oblique.

Un système de coulisses verticales, placées entre le miroir et la platine, permet, à l'aide d'un levier, de déplacer les diaphragmes et de mettre au foyer, avec la plus grande précision, les éclairages condensateurs et les appareils de polarisation.

Un appareil micrométrique permet d'introduire latéralement le micromètre oculaire dans les oculaires; les divisions peuvent se mettre exactement au foyer pour chaque observateur, par l'éloignement facultatif du verre supérieur de l'oculaire et être placées dans tous les points du champ de vision.

Composition optique : Collection de dix objectifs, nᵒˢ 1, 2, 3, 4, 5, 6, 7 et 8 à sec, les trois derniers à correction; nᵒˢ 9 et 11 à correction et immersion, donnant des grossissements de 5 à 3150 diamètres, quatre oculaires.

Accessoires : Goniomètre; chambre claire; prisme redresseur; appareil de polarisation avec lames sensibles de gypse; condensateur direct à grand angle d'ouverture avec platine de centrage mue par deux vis de rappel; éclairage à fond noir; micromètre oculaire; micromètre objectif; lentille à long foyer montée sur pied pour l'éclairage des corps opaques; instruments de dissection. Prix : 1800ᶠʳ, se réduisant à 1500ᶠʳ, si l'on supprime l'objectif nᵒ 11.

Cet instrument est le plus complet de la série Nachet, et certainement ce modèle est l'un des plus remarquables de ceux qui ont été mis dans le commerce. Cependant son prix est relativement modéré si on le compare aux instruments semblables des opticiens anglais. C'est à un microscope de cette espèce qu'il faut

(¹) Voir, page 58, la description de cet appareil.

avoir recours lorsqu'on veut obtenir des résultats absolument exacts, en faisant usage des fortes amplifications.

N° 2. **Microscope grand modèle** (*fig.* 87). — Ce microscope est suspendu sur axe comme le modèle précédent. — Platine tournante,

Fig. 87.

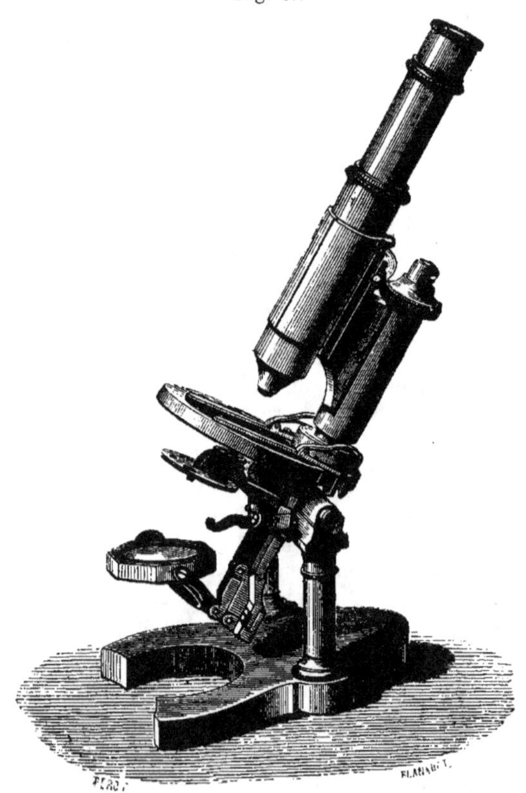

garnie d'une glace noire incrustée; mouvement prompt d'ajustement au foyer par une crémaillère; mouvement lent par une vis de rappel dans la colonne; coulisses pour abaisser ou élever le diaphragme et les condensateurs; miroir plan et concave, monté sur articulations, pouvant se développer dans toutes les directions pour les effets de lumière oblique.

Composition optique : Trois oculaires, six objectifs, n° 2, 3, 5, 6, 7, à sec, et n° 9 à correction et à immersion, donnant une série de grossissements de 30 à 1450 diamètres.

Accessoires : Chambre claire; micromètre oculaire; micromètre objectif; loupe à long foyer montée sur pied pour l'éclairage des corps opaques; instruments de dissection. Prix : 720ᶠʳ.

N° 3. Microscope grand modèle droit, monté fixe. — Platine à rotation; mouvement rapide de mise au point par une crémaillère; mouvement lent par une vis micrométrique; tube à excentrique pour introduire les diaphragmes et les condensateurs sous la platine (¹).

Composition optique : Trois oculaires, cinq objectifs, n° 3, 5, 6, 7 à sec, et n° 9 à correction et à immersion, donnant une série de grossissements de 70 à 1450 diamètres.

Accessoires : Chambre claire; micromètre oculaire et micromètre objectif; loupe pour l'éclairage des corps opaques; instruments de dissection. Prix : 580ᶠʳ.

N° 4. Microscope de dissection de Lacaze-Duthiers. — Nous avons décrit en détail (p. 44) cet excellent instrument; nous ne saurions trop le recommander aux anatomistes, qui ont de longues recherches à effectuer; grâce aux ingénieuses dispositions de ce modèle, il est possible de faire, sans fatigue, de longues séances de dissections et d'observations.

Nous rappellerons en quelques mots la composition de ce microscope.

Rotation dans le pied de l'appareil; mouvement rapide d'ajustement au foyer par une crémaillère, et mouvement lent par une vis de rappel placée dans le tube porte-oculaire; miroir sur articulations; porte-diaphragme à excentrique.

Composition optique : Trois oculaires, cinq objectifs, n° 3, 5, 6, 7 à sec, et n° 9 à correction et à immersion; donnant par leurs combinaisons une série de grossissements de 70 à 1450 diamètres.

Accessoires : Chambre claire; micromètre oculaire et micromètre objectif; loupe pour l'éclairage des corps opaques, montée sur un pied séparé; boîtes d'instruments de dissection : pinces, scalpels, aiguilles, ciseaux. Prix : 650ᶠʳ.

Cet instrument devrait être dans tous les laboratoires d'histoire naturelle; on ne pourrait trouver un modèle plus commode pour les observations et les dissections.

N° 4 *bis*. Microscope grand modèle, binoculaire spécial (*fig.* 88). — Cet instrument, monté sur axe, possède également une platine à

(¹) Ce mécanisme, très commode, est décrit et figuré page 48.

chariot à double mouvement pour opérer mécaniquement le déplacement de la préparation. Les oculaires peuvent se rapprocher ou s'écarter, suivant la distance des yeux de l'observateur, à l'aide d'un mécanisme

Fig. 88.

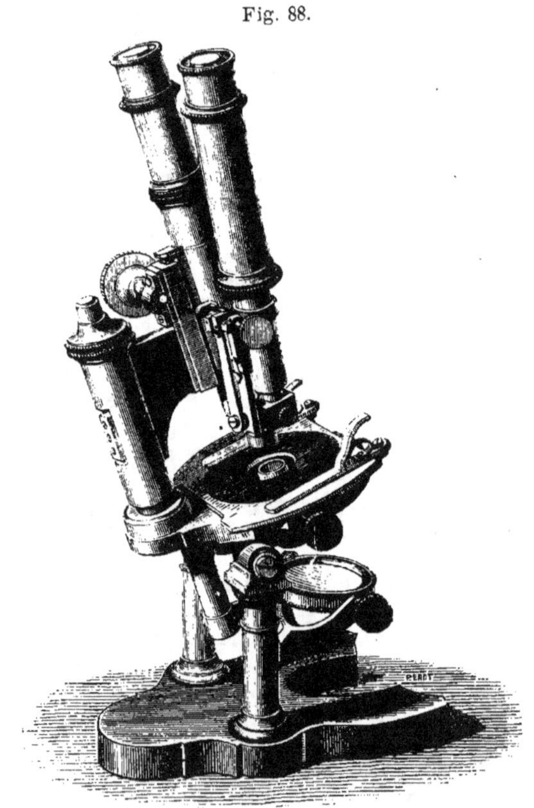

faisant pivoter l'un des tubes. Mouvement rapide par une crémaillère,
mouvement lent par une vis micrométrique; porte-diaphragme à excentrique; loupes pour les corps opaques.

Composition optique : Trois objectifs, n°s 2, 3 et 5 Prix : 500^{fr}.

N° 5. **Microscope moyen modèle inclinant** *fig.* 89). — Cet instrument peut remplacer le n° 2 dans la plupart des cas. La suspension, au

lieu d'être sur axe, est obtenue par une charnière. Mouvement rapide
par une crémaillère, mouvement lent par une vis micrométrique; platine

Fig. 89.   Fig. 90.

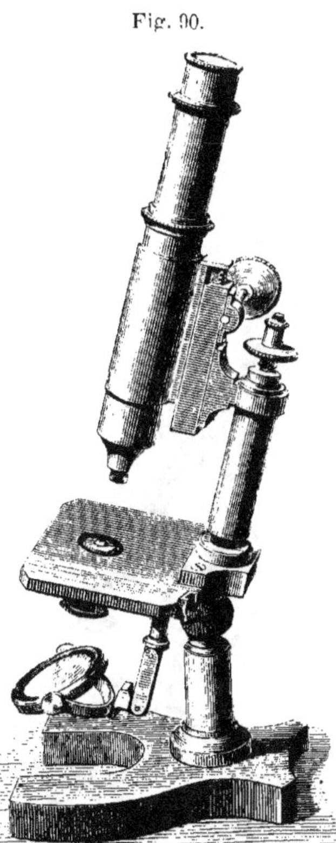

tournante incrustée de verre; miroir plan et concave; porte-diaphragme
à excentrique.

Composition optique : Trois oculaires, cinq objectifs, nᵒˢ 3, 5, 6, 7
ordinaires et nᵒ 7 à immersion, donnant une série de 15 grossissements
de 30 à 1400 diamètres.

Accessoires : Micromètre oculaire; loupe pour éclairer les corps
opaques; instruments de dissection. Prix : 500ᶠʳ.

Nᵒ 6. **Microscope nouveau modèle inclinant** (*fig.* 90). — Platine
fixe, garnie d'une glace noire; crémaillère pour le mouvement rapide,

vis micrométrique pour le mouvement lent; porte-diaphragme à excentrique; miroir mobile sur articulations.

Composition optique : Trois oculaires, trois objectifs, n⁰ˢ 3, 6 et 7, donnant une série de 9 grossissements variant de 30 à 780 diamètres. Prix : 300ᶠʳ.

N° 7. **Microscope petit modèle inclinant** (*fig.* 91). — Platine fixe; mouvement rapide par le coulant, mouvement lent par une vis micro-

Fig. 91   Fig. 92.

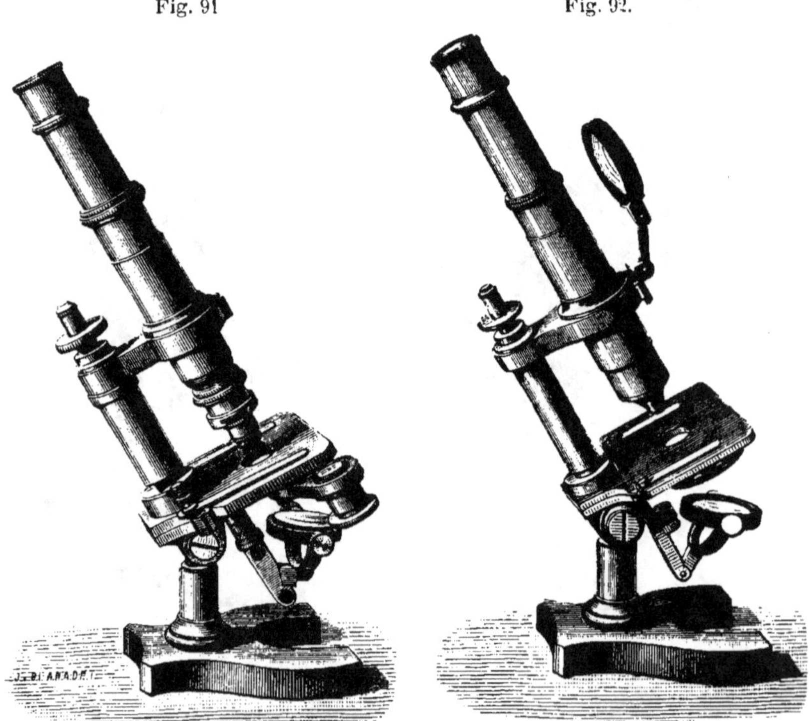

métrique; miroir articulé; porte-diaphragme à excentrique; nouvel adapteur pour les objectifs (*voir* page 82).

Composition optique : Trois oculaires, trois objectifs, n⁰ˢ 3, 6 et 7. Prix : 260ᶠʳ.

N° 9. **Microscope petit modèle inclinant** (*fig.* 92). — Platine fixe;

miroir mobile sur articulations; diaphragme à rotation; mouvement rapide par le coulant, mouvement lent par une vis micrométrique.

Composition optique : Deux oculaires, deux objectifs, n°° 3 et 6, donnant une série de grossissements de 30 à 550 diamètres. Prix : 160°°.

N° 10. **Microscope petit modèle droit** (*fig.* 93). — Platine fixe ; miroir

Fig. 93.   Fig. 94.

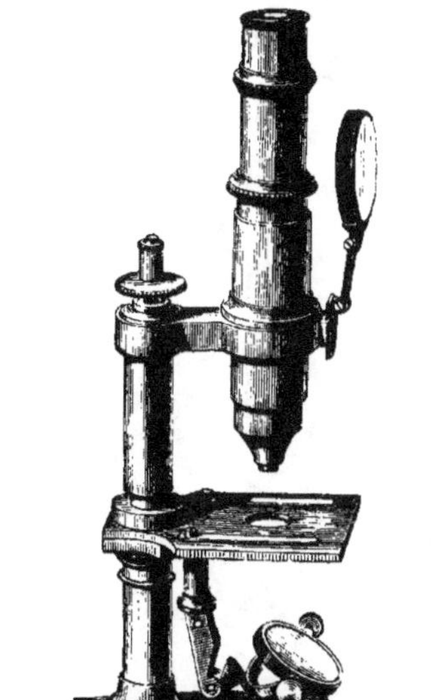
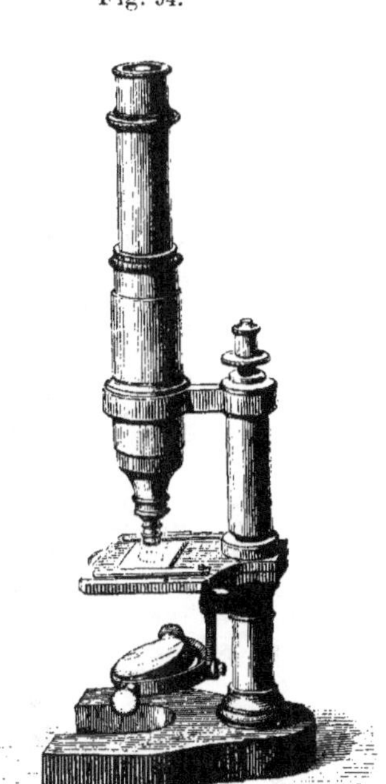

mobile monté sur articulations ; mouvement rapide par le coulant, mouvement lent par une vis micrométrique.

Composition optique : Deux oculaires, deux objectifs, n°° 3 et 6. Prix : 135°°.

N° 11. **Microscope plus simple** (*fig.* 94). — Pied en fonte de fer. Platine fixe ; mouvement rapide par le coulant, mouvement lent par une vis micrométrique ; miroir articulé.

Composition optique : Un oculaire et trois objectifs, n°° 3, 5 et 6, donnant des grossissements de 30 à 100 diamètres. Prix : 135°°.

N° 12. **Microscope de dissection et d'observation** (*fig.* 95). — Ce nouveau modèle, d'une construction très simple et très solide, permet

Fig. 95.

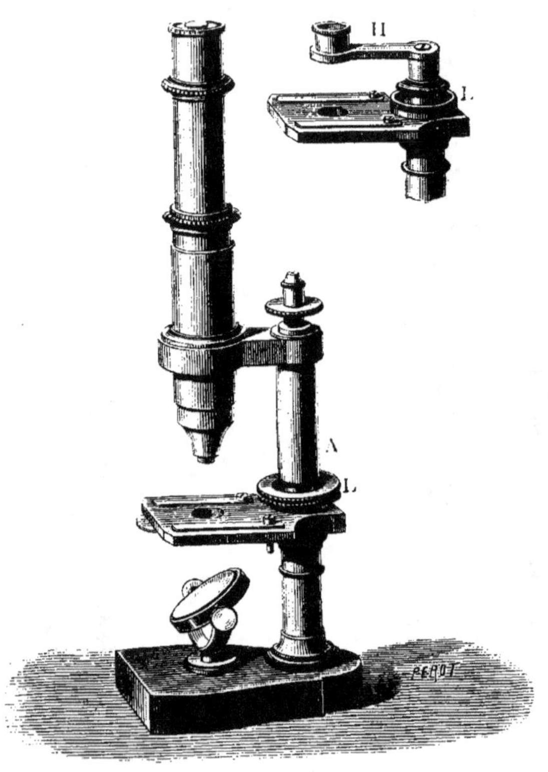

d'employer à volonté des doublets ou des objectifs ordinaires du microscope composé. La colonne du mouvement lent **A** peut se séparer de la platine, et être remplacée par un bras **H** porteur de doublets; il suffit de dévisser la bague **L** pour opérer ce changement.

Composition optique : Un oculaire, un objectif n° 3 se démontant pour produire des grossissements de 30 à 400 diamètres; deux doublets. Prix : 90fr.

Nº 13. **Microscope grand modèle pour l'étude des roches** (*fig.* 96).
— Cet instrument, construit avec tout le soin désirable, comprend une
série de combinaisons toutes spéciales à l'étude des roches réduites

Fig. 96.

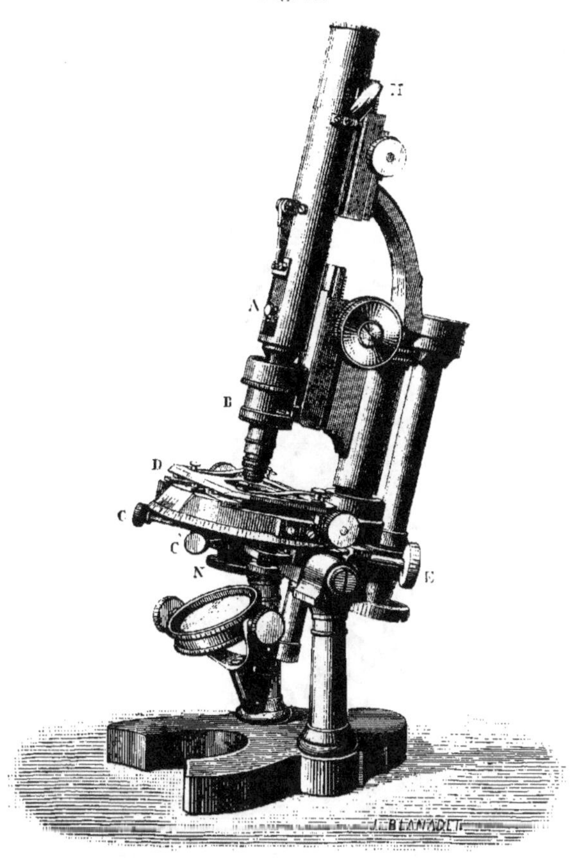

en lames minces et pour lesquelles nous renverrons à la description
détaillée que nous donnerons en traitant de l'application du microscope
à l'étude des roches. Nous nous contenterons d'indiquer la série d'objectifs qui l'accompagne : ce sont les nᵒˢ 2, 3, 5, 6, 7 et 9, ce dernier à
immersion. Prix : 1200ᶠʳ.

N° 13 *bis.* **Microscope moyen modèle.** — Même destination. Celui-ci ne diffère du précédent que dans la simplification de certaines de ses parties ; il possède une platine mobile avec les divisions indicatrices; le tube supérieur glisse à frottement dans la bague qui termine le bras fixe; le nicol est ajusté dans le tube ou placé sur l'oculaire au choix; le nicol inférieur et son condensateur s'ajustent à la main dans le tube excentrique.

Même composition optique que le précédent. Prix : 750^{fr}.

N° 14 **Microscope petit modèle simplifié** (*fig.* 97). — Même desti-

Fig. 97.

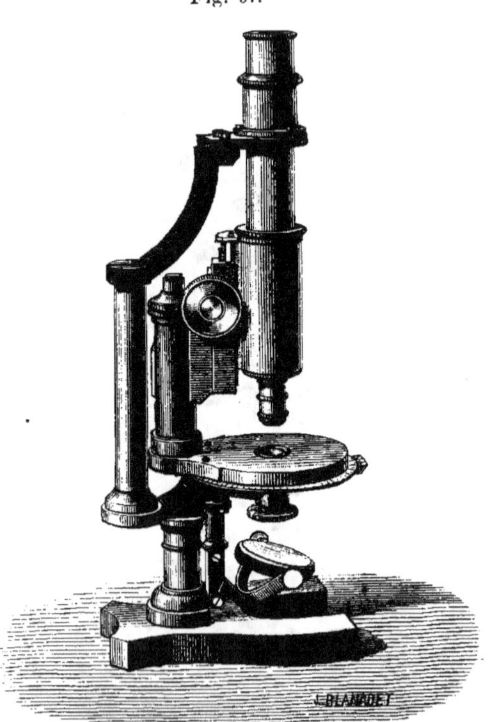

nation. Celui-ci ne peut s'incliner; la platine simple à tourbillon, porte des divisions et un vernier, mais pas de chariot mobile, et le nicol supérieur est ajusté sur l'oculaire; deux oculaires, trois objectifs, n°s 3, 6, 7. Prix : 350^{fr}.

N° 18. **Microscope portatif de voyage**, destiné surtout aux naturalistes (*fig.* 98). — Il offre cet avantage d'avoir une platine absolument stable, de pouvoir être incliné comme un microscope usuel, et d'être en même temps un microscope simple de dissection; sa construction est fondée sur la possibilité de séparer de la platine le corps et le mouvement lent qui est assujetti solidement sur celle-ci au moyen de la bague A (*fig.* 99), de sorte que, si l'on dévisse cette bague, on peut rem-

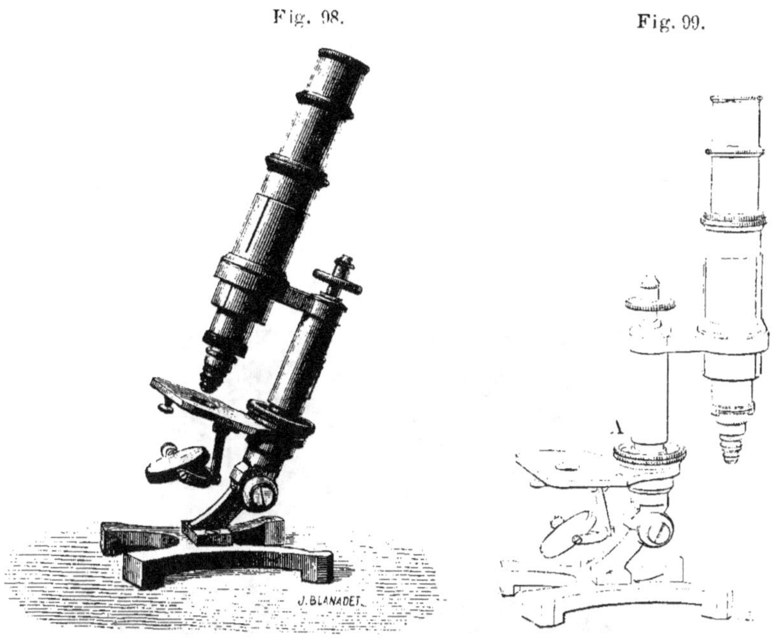

placer le corps par un bras porte-loupe (*fig.* 100) pouvant recevoir les doublets de dissection.

Malgré ces diverses fonctions, cet instrument est très solide et léger. Le pied offre une superficie de 92^{cq}, ce qui le rend très stable; il peut recevoir les oculaires ordinaires ainsi que les objectifs de toute nature, ceux-ci se fixant au moyen de l'adaptateur perfectionné décrit page 82. Il était indispensable d'appliquer ce système à un microscope destiné aux naturalistes, dont les observations nécessitent de fréquents changements de grossissement. — L'instrument forme un

tout très compact; pour l'enfermer dans sa boîte, il faut faire pivoter
complètement la platine autour de l'axe O (*fig.* 101), de façon à l'amener

Fig. 100.

Fig. 101.

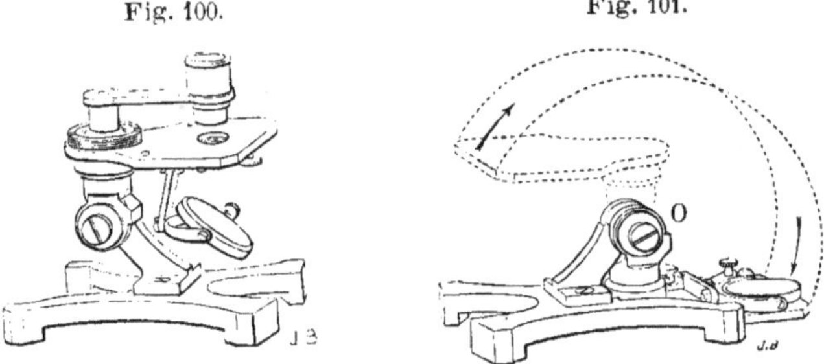

au niveau du pied; la base de l'appareil se trouve ainsi réduite à
$0^m,045$ de hauteur. — Tout l'appareil, y compris l'oculaire, les objectifs, le
porte-loupe, deux doublets, un caisson pour les lames et lamelles, etc.,
est enfermé dans une boîte en maroquin de $0^m,19$ de longueur sur $0^m,11$

Fig. 102.

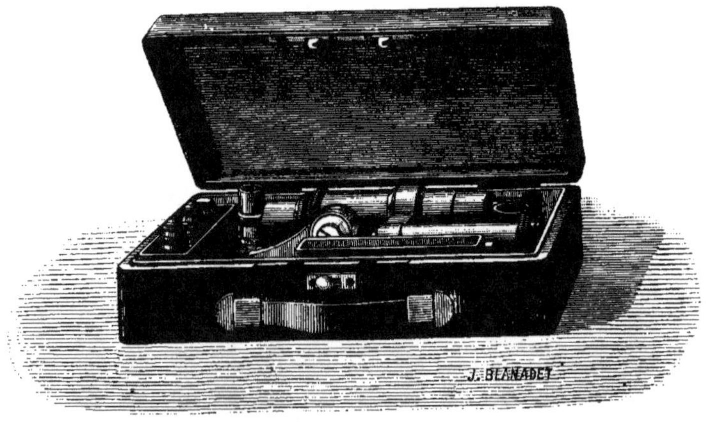

de largeur et $0^m,06$ d'épaisseur (*fig.* 102). Avec deux objectifs, n°ˢ 3 et 6,
un oculaire, deux doublets, 200ᶠʳ.

Nous renverrons au catalogue publié par M. Nachet (juin 1881)
pour les indications de prix des autres instruments et accessoires
fabriqués par cet habile constructeur.

Voici, à titre d'indication, un tableau des grossissements donnés par les objectifs de cette maison. On remarquera que les numéros d'ordre des objectifs se trouvent modifiés par suite de la création d'intermédiaires qui n'existaient pas autrefois.

Le n° 1 est absolument nouveau : c'est un objectif variable, donnant des grossissements de 4 à 15 diamètres par l'éloignement des deux lentilles qui le composent.

Dans le tableau suivant, les grossissements sont calculés avec le corps tiré au maximum de longueur. Si l'on rapproche complètement l'oculaire de l'objectif, les grossissements sont réduits de moitié environ.

NUMÉROS des objectifs		FOYER équivalent en pouces anglais.	OCULAIRES.			
anciens.	nouveaux		N° 1.	N° 2.	N° 3.	N° 4.
	1	3	4	15	30	
0	2	2	30	40	60	
1	3	1	80	100	140	
	4	1/2	110	180	220	
2	5	1/4	180	260	350	
3	6	1/7	300	400	550	
5	7	1/9	390	560	780	
6	8	1/11	510	740	1000	
7	9	1/14	650	980	1450	2100
8	10	1/18	750	1100	1650	2600
10	11	1/25	1150	1560	2200	3150
11	12	1/40	1420	1860	2700	4000

Série Prazmowski [1].

M. Prazmowski, ancien directeur de l'Observatoire de Varsovie. a pris la suite des affaires de M. Hartnack, le successeur de la célèbre fabrique d'Oberhaüser. Les instruments de M. Prazmowski

[1] Rue Bonaparte, 1.

sont construits avec tous les soins désirables, et nul n'est arrivé à surpasser ses objectifs à quatre lentilles.

Voici quels sont les principaux modèles actuellement dans le commerce :

N° 2 A. **Microscope achromatique à platine fixe** (*fig.* 103). — Mise au foyer par la colonne, avec miroir mobile pour l'éclairage oblique,

Fig. 103.   Fig. 104.

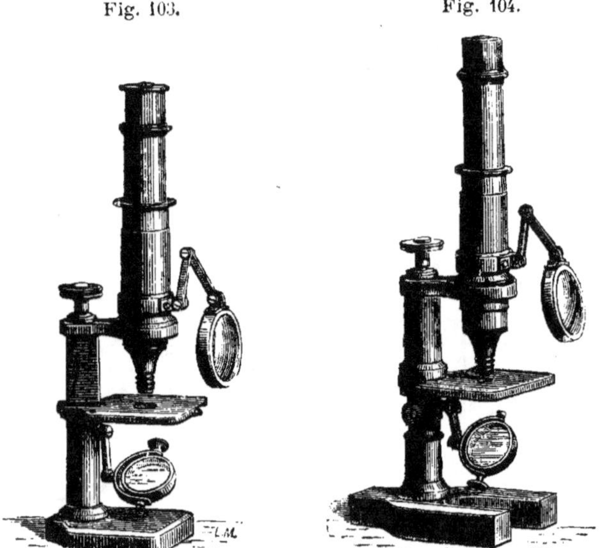

composé des systèmes objectifs n°ˢ 4, 7, et des oculaires n°ˢ 2 et 4, donnant une série de grossissements de 50, 100, 200 et 450 fois. Loupe d'éclairage pour les corps opaques. Prix : 135ᶠʳ.

Le même modèle en ajoutant l'objectif n° 9 et l'oculaire n° 3 donne une série de grossissements de 50 à 850 fois. Prix : 205ᶠʳ.

N° 3. — **Microscope achromatique** avec la partie supérieure pareille au précédent, pied forme fer à cheval avec miroir mobile pour l'éclairage optique, même composition optique. Prix : 155ᶠʳ.

N° 3 A (*fig.* 104). — Modèle pareil au précédent avec colonne à charnière pour obtenir l'inclinaison de l'instrument, même composition optique. Prix : 170ᶠʳ.

N° 6. **Microscope simple pour dissection** (*fig.* 18, p. 23). — Colonne à crémaillère pour le mouvement horizontal; miroir à glace plane. — Deux loupes achromatiques donnant des grossissements de 10 et 20 diamètres. — Support avec tiroirs, permettant d'appuyer les mains pendant la dissection; boîte glissant dans des rainures pour recouvrir la partie optique.

Les loupes qui accompagnent cet instrument sont de nouvelle construction et remplacent très avantageusement les doublets. Elles sont parfaitement achromatiques et donnent un champ mathématiquement rectiligne. Prix : 80ᶠʳ.

N° 7. **Microscope achromatique** (*fig.* 105). — *Nouveau grand modèle*, à platine tournante (breveté). — Il est composé de cinq systèmes objectifs : nᵒˢ 2, 4, 5, 7 et 9, dont le dernier à immersion

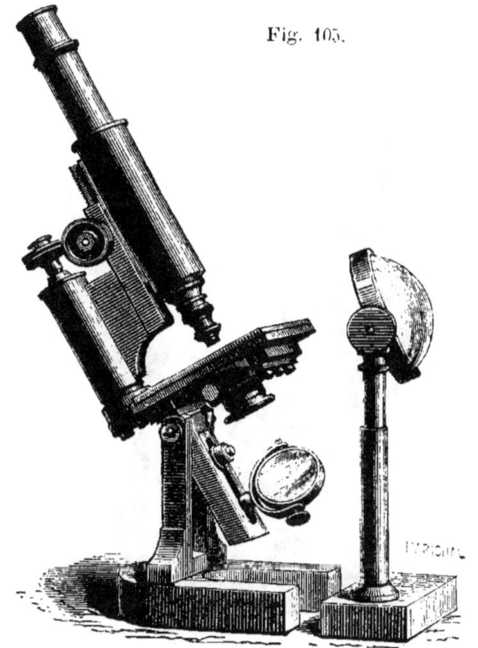

Fig. 105.

et correction et de cinq oculaires, dont un à micromètre donnant une série de grossissements de 25 à 1300 fois, espacés de manière que chaque système grossisse le double du précédent. Le mouvement rapide se fait avec une crémaillère, le mouvement lent avec une vis de rappel. Les diaphragmes se montent sur un tube mobile avec tirage à coulisse pour assurer le centrage ([1]). Miroir plan et concave mobile, dans tous les sens, pour obtenir la lumière oblique. Sur le porte-diaphragme se visse un châssis qui reçoit les verres colorés pour l'emploi de la lumière monochromatique. — A cet instrument est jointe une grande loupe pour l'éclairage des corps opaques et tous les accessoires nécessaires. Prix : 750[fr].

Complet, avec appareil de polarisation, une chambre claire, un objectif n° 10 à immersion et correction, et un oculaire très fort n° 6 permettant d'obtenir une série de grossissements de 25 à 1800 fois. Prix : 1125[fr].

N° 7 A. **Microscope achromatique**, *petit modèle* (*fig.* 106). — Instru-

Fig. 106.

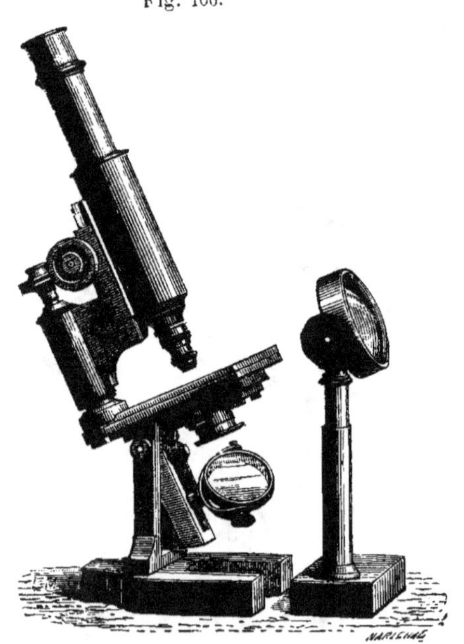

(1) Afin de mieux assurer le parfait centrage des instruments munis d'une crémaillère, le tube du microscope est lui-même engrené dans la crémaillère ; de cette manière on est sûr d'éviter les mouvements de ballottement dans l'emploi de forts grossissements.

ment semblable au précédent, mais d'une taille moindre : trois combinaisons : droit, 650[fr]; à charnières, 680[fr]; avec tous les accessoires, 1005[fr].

N° 8. **Microscope achromatique**, *nouveau petit modèle* (*fig.* 107). — La construction présente les mêmes avantages que le n° 7, excepté le mouvement rotatif de la platine, composé des systèmes objectifs n°s 4, 5, 7, et des oculaires n°s 2, 3 et 4, donnant des grossissements de 50 à 480 fois, mouvement rapide à glissement. Prix : 260[fr].

N° 8 A (*fig.* 108). — Il ne diffère du précédent que par une charnière qui permet d'incliner l'instrument. Prix : 275[fr].

N° 8. — *Nouveau petit modèle* B (*fig.* 109), monture semblable au

Fig. 107.   Fig. 108.   Fig. 109.

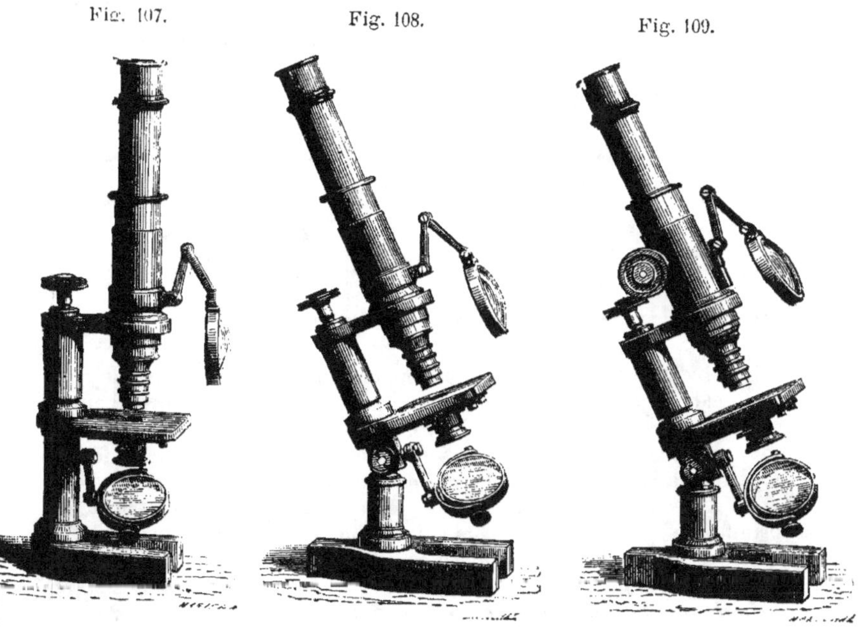

précédent avec addition d'une crémaillère pour mouvement rapide, avec les systèmes n°s 4, 5, 7, 9 à sec et les oculaires n°s 2, 3, 4, 5, dont un à micromètre, donnant une série de grossissements de 50 à 1000 fois Prix : 390[fr]. Le même modèle s'inclinant. Prix : 405[fr].

En remplaçant le système n° 9 à sec par un système de même numéro à immersion et à correction donnant des grossissements de 50 à 1300 fois, le prix de l'instrument est augmenté de 75ᶠʳ.

N. B. — 1° Tous les microscopes sont enfermés dans des boîtes fermant à clef.

2° Les modèles n°ˢ 1, 2, 3 et 3 A sont pourvus de systèmes objectifs d'ancienne construction ; les suivants ont des systèmes nouveaux à grande ouverture.

Dans les tableaux suivants, on trouvera toutes les indications nécessaires pour évaluer les grossissements donnés par les combinaisons d'objectifs et d'oculaires :

SYSTÈMES OBJECTIFS D'ANCIENNE CONSTRUCTION grossissant avec les oculaires.						
Système.	N° 1.	N° 2.	N° 3.	N° 4.	N° 5.	N° 6.
N°ˢ 3	30	40	50	»	»	»
4	40	50	65	100	»	»
7	150	220	300	450	»	»
8	250	300	400	600	800	»
	360	430	520	850	1000	»

Ces objectifs sont à petit angle d'ouverture, et leur puissance de résolution est beaucoup moins grande que celle des objectifs à grand angle. M. Prazmowski construit, depuis quelque temps, une nouvelle série d'objectifs à sec formés de quatre lentilles au lieu de trois. L'addition de cette quatrième lentille lui a permis de pousser au maximum la puissance de résolution de ces systèmes, à ce point qu'ils permettent, dans certains cas, de se passer d'objectifs à immersion ; c'est ainsi que l'on peut, avec le n° 9 à quatre lentilles, résoudre les stries longitudinales de la *Surirella gemma*, l'une des diatomées les plus difficiles à résoudre ; *mais ils ont le foyer plus court et moins de profondeur que les systèmes à trois lentilles.*

Tous les objectifs à immersion sont à quatre lentilles.

Les grossissements indiqués dans les tableaux ont été calculés d'après le procédé des micromètres, le report de l'image se faisant à 0ᵐ,18 ou 0ᵐ,20, *punctum proximum* d'accommodation pour une vue relativement courte. Ces grossissements sont donc plutôt diminués que forcés.

L'oculaire n° 4 peut être considéré comme grossissant environ 10 fois, et l'oculaire n° 2, 5 fois; les autres ont des grossissements intermédiaires.

Les objectifs à monture fixe sont corrigés pour la longueur du tube complètement tiré; c'est donc ainsi qu'il faut les employer pour obtenir leur maximum de netteté. C'est aussi pour cette longueur que les grossissements ont été calculés.

Système.	N° 1.	N° 2.	N° 3.	N° 4.	N° 5.	N° 6.	Foyer équivalent en pouces.	Foyer équivalent en millim.	Angle d'ouverture.
NOUVEAUX SYSTÈMES A GRANDE OUVERTURE grossissant avec les oculaires.									
N°s 1	15	20	25	»	»	»	2	48	
2	25	30	45	»	»	»	1	24	
3	50	60	80	120	»	.	3/4	18	
4	60	70	90	140	»	»	1/2	12	80°
5	100	125	160	240	»	»	1/4	6	120°
6	150	180	240	350	»	»	1/5	5	120°
7	200	240	300	450	600	700	1/6	4	140°
8	250	300	400	600	800	1000	1/9	2,7	150°
9	350	400	500	860	1100	1400	1/11	2,2	160°
SYSTÈMES A IMMERSION ET CORRECTION dans l'eau.									
9	410	480	630	950	1300	1500	1/12	2	120°
10	520	600	750	1100	1500	1800	1/16	1,05	120°
13	820	950	1170	1700	2370	3100	1/25	1	120°
15	1040	1200	1500	2200	3000	3600	1/33	0,75	120°
18	1560	1800	2250	3300	4500	5400	1/50	0,75	»
NOUVEAUX SYSTÈMES A QUATRE LENTILLES.									
5	100	125	160	240	»	»			130°
7	200	240	300	450	600	700			150°
8	250	300	300	600	800	1000			160°
9	340	400	550	860	1100	1400			170°

Série Vérick ([1]).

M. Vérick, ancien élève de M. Hartnack, s'est acquis une juste réputation pour la bonne exécution de ses microscopes ; aussi trouve-t-on ses instruments dans tous les laboratoires. Ceux-ci rappellent, par leurs dispositions générales, les instruments de Hartnack : tube triangulaire pour le mouvement lent, diaphragme à tiroir ; enfin le pas de vis des objectifs est le même.

Voici, d'après le catalogue Vérick, les différents modèles établis par ce constructeur :

N° 1. **Microscope complet,** *grand modèle* (*fig.* 65, p. 87). — Binoculaire mobile. Le mouvement rapide s'opère au moyen d'une crémaillère, le mouvement lent avec une vis micrométrique ; table à rotation munie d'une glace noire pour les acides ; le miroir possède un mouvement vertical et horizontal, afin de donner la lumière oblique dans toutes les positions ; le mouvement vertical est très précieux pour augmenter ou diminuer l'intensité de la lumière sans modifier la distance de l'ouverture du diaphragme ; porte-diaphragme vertical à mouvement également vertical ; charnière pour le renversement dans la position horizontale avec arrêt ; revolver porte-objectif à collier mobile, nouvelle construction. *Composition optique :* Six combinaisons d'objectifs, n°ˢ 0, 2, 3, 6, 8 à sec, et dix à immersion et corrections ; trois oculaires, n°ˢ 1, 2, 3 (le n° 1 est à micromètre et muni d'un collier mobile pour la mise au foyer de la division). Cette combinaison donne une série de grossissements de 18 à 1200 diamètres et 30 intermédiaires ; loupe sur pied grand modèle pour l'éclairage des corps opaques. Prix : 1000ᶠʳ.

N° 2. **Microscope grand modèle**, *de construction plus simple* (*fig.* 110). — Le mouvement rapide s'opère par une crémaillère, le mouvement lent avec une vis micrométrique ; tube porte-oculaire à tirage, de manière à établir la distance normale entre l'objectif et l'oculaire ; table à rotation munie d'une glace noire pour les acides ; le miroir possède un mouvement vertical et horizontal et d'arrière en avant, afin de donner la lumière oblique dans toutes les positions ; porte-diaphragme variable à mouvement également variable ; charnière pour le renversement dans la position horizontale avec arrêt. *Composition optique :* Cinq objectifs, n°ˢ 0, 2, 6, 7 à sec, et dix à immersion et corrections ; trois oculaires, n°ˢ 1, 2, 3 (le n° 2 est à micromètre muni d'un

(¹) Rue de la Parcheminerie, 2.

collier mobile pour la mise au foyer de la division selon la vue); gros-

Fig. 110.

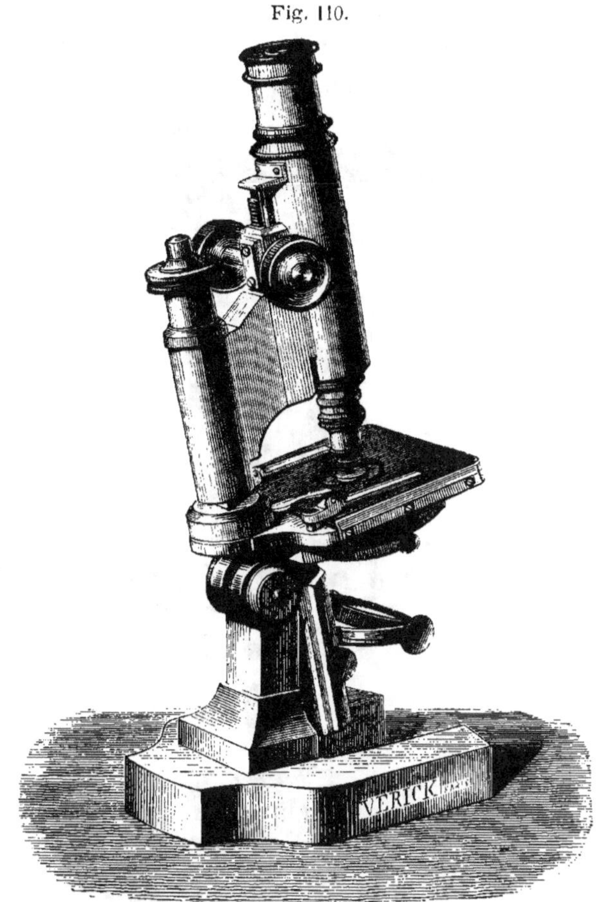

sissement de 18 à 1200 diamètres et 28 intermédiaires; loupe sur pied grand modèle pour les corps opaques. Prix : 750^{fr}.

N° 3. **Microscope moyen modèle** (*fig.* 111). — Mouvement rapide à crémaillère , mouvement lent avec vis micrométrique; tube porte-oculaire à tirage; platine à rotation munie d'une glace noire pour les acides; le miroir donne la lumière oblique, et le mouvement vertical

est le même que dans le grand modèle; porte-diaphragme variable à
mouvement vertical; charnière pour le renversement. Combinaison
d'objectifs : n°s 0, 2, 6 et 8 à sec; trois oculaires, n°s 1, 2 et 3 (le n° 2
est à micromètre); loupe pour l'éclairage des corps opaques.

Fig. 111.

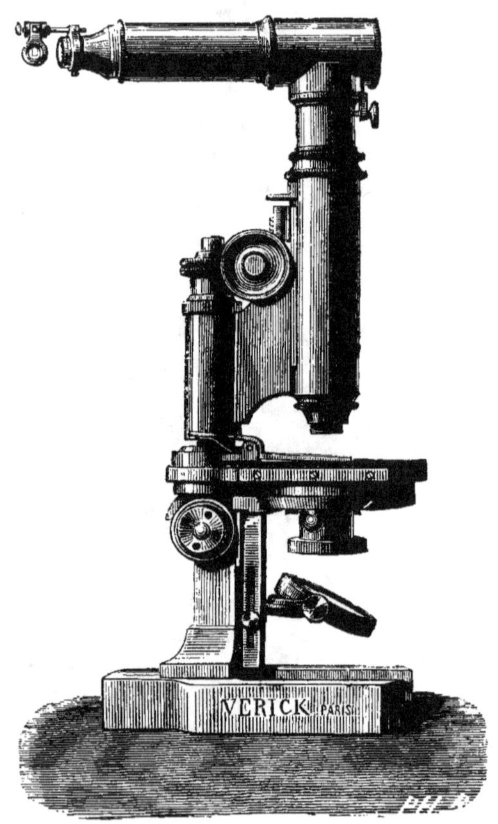

La pièce supérieure est la chambre claire d'Oberhausser; elle n'est
pas comprise dans le prix de l'instrument; elle figure sur ce microscope
seulement pour y indiquer sa position. Prix : 550^{fr}.

N° 4. **Microscope petit modèle** (*fig.* 112). — Ce modèle est le
plus petit comme instrument à rotation; il est aussi le plus portatif.

Le mouvement rapide s'obtient par le coulant à frottement, le mouvement lent par la vis micrométrique ; platine à rotation munie d'une glace noire pour les acides ; miroir donnant la lumière oblique ; mouvement vertical ; porte-diaphragme également variable et vertical ; renversement à charnière pour la position horizontale. Il est composé de quatre objectifs, n⁰ˢ 0, 2, 6 et 7 ; trois oculaires, n⁰ˢ 1, 2 et 3 (le n⁰ 2 à micromètre). Loupe sur pied pour les corps opaques. Prix : 390ᶠʳ.

Fig. 112.   Fig. 113.

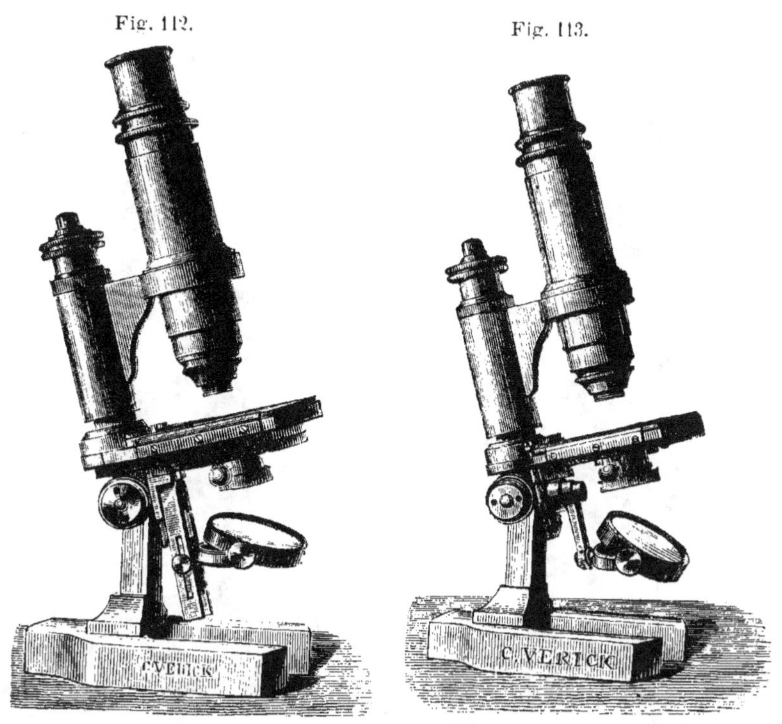

N⁰ 5. **Microscope à crémaillère,** *petit modèle* (*fig.* 34, p. 56).— Même construction que dans le modèle précédent, sauf l'addition d'une crémaillère pour le mouvement rapide. Même composition optique. Prix : 440ᶠʳ.

N⁰ 6. **Microscope à platine fixe** (*fig.* 113). — Platine munie d'une glace noire pour les acides ; mouvement rapide par le tirage du coulant, mouvement lent par la vis micrométrique ; miroir donnant la lumière oblique. Il est composé de trois objectifs, nᵒˢ 2, 6 et 7, et de deux oculaires, nᵒˢ 1 et 3 ; grossissement minimum, 60 diamètres ; grossissement maximum, 780 diamètres. Renversement par une charnière ; loupe petit modèle pour corps opaques. Prix : 260ᶠʳ.

Nᵒ 7. **Microscope de laboratoire** (*fig.* 114). — Mouvement rapide par le tirage du coulant, mouvement lent par la vis micrométrique ; miroir donnant la lumière oblique. Il est composé de deux objectifs, nᵒˢ 2 et 6 ; deux oculaires, nᵒˢ 1 et 3 ; grossissement minimum, 60 diamètres ; grossissement maximum, 570. Renversement par une charnière. Prix : 165ᶠʳ.

Fig. 114.   Fig. 115.

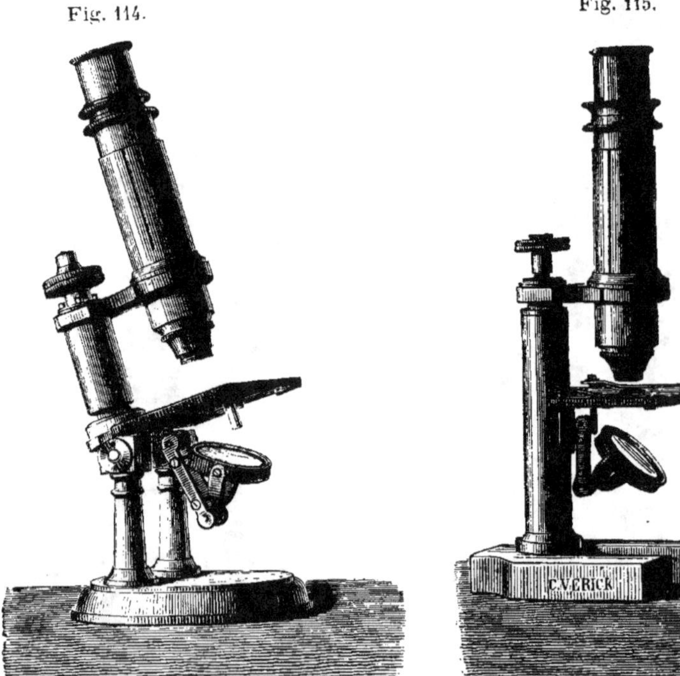

Nᵒ 8. **Microscope d'étudiant** (*fig.* 115). — Modèle petit fer à cheval droit ne s'inclinant pas ; mouvement rapide par le tirage du coulant, mouvement lent par la vis micrométrique. Miroir donnant la lumière oblique. Il est composé d'un objectif nᵒ 2, et d'un oculaire nᵒ 1 ; grossissement, 60 à 100 diamètres. Prix : 95ᶠʳ.

Le même, avec un objectif nᵒ 6, grossissement, 170 à 290 diamètres, pour remplacer l'objectif nᵒ 2, coûte 105ᶠʳ.

N° 9. Microscope de voyage (*fig.* 116 et 117). — Cet ingénieux instrument est enfermé dans un étui en gainerie; longueur, 0ᵐ,20; largeur. 0ᵐ,10; épaisseur, 0ᵐ,05. — Pour le fermer, l'instrument étant supposé

Fig. 116.

Fig. 117.

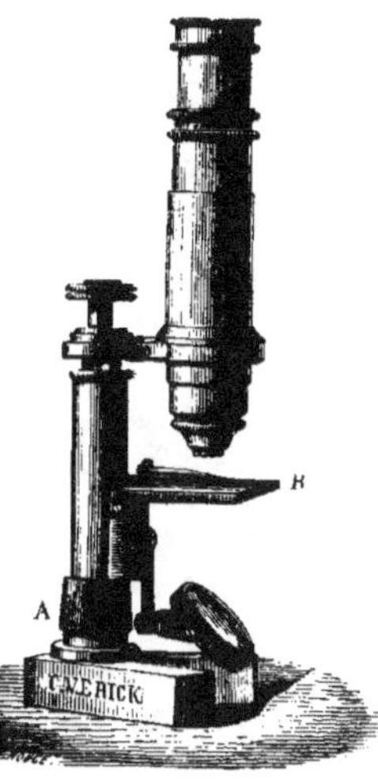

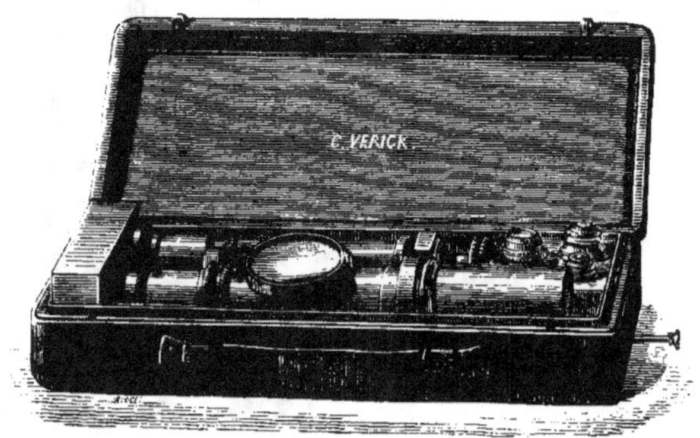

placé dans la position ordinaire du travail, il faut porter le miroir de gauche à droite, puis abaisser d'une main la virole noire A, pendant que l'autre main fait basculer la platine horizontale B de droite à gauche pour la rendre verticale. Ensuite on retire le tube du microscope, et on le réintroduit par l'ouverture opposée, entre l'écartement du pied, la platine et le miroir. Dans cette nouvelle position, il faut pousser le tube de façon à pouvoir rapprocher les deux branches du pied comme on ferait d'un compas. Cet instrument est vendu séparément sans objectifs ni oculaire, car on peut se servir de tous ceux des grands microscopes sans que le grossissement et le champ en soient diminués. Prix : 80ᶠ.

Ce modèle a été construit avec le concours de M. le docteur Malassez, auteur du compte-globules.

N° 10. Microscope goniométrique pour les recherches minéralogiques (*fig.* 118). — Ce nouvel instrument se compose des pièces suivantes : 1° Un goniomètre à rotation porteur d'une platine mobile donnant les deux mouvements à angle droit, ce qui permet de ramener d'une manière très exacte le cristal le plus fin au centre de la rotation; 2° un correcteur, qui sert à établir le centrage optique d'une manière rigoureuse;

cette correction s'obtient, avec la plus grande simplicité, en vissant ou en dévissant les deux boutons marqués C et D (*fig.* 118); 3° un oculaire

Fig. 118.

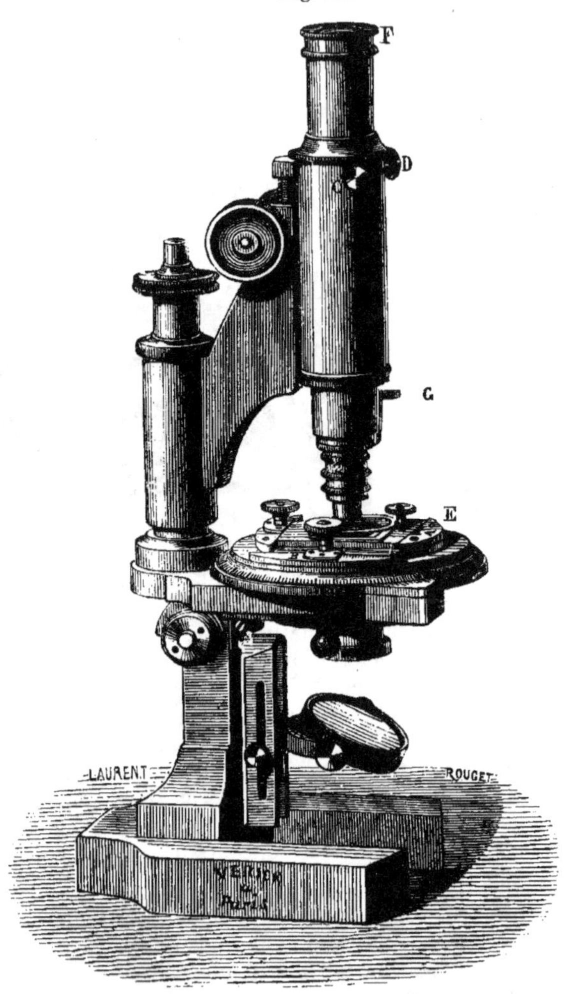

micrométrique ou glace divisée en croix; 4° deux prismes de polarisation à grand champ; 5° un extracteur pour les objectifs. Il suffit d'abaisser

le petit levier marqué G et de saisir l'objectif de la main droite en
l'amenant à soi pour en opérer le dégagement ; 6° une crémaillère pour
mouvement rapide et une vis micrométrique pour mouvement lent.

Le miroir possède un mouvement vertical et horizontal en avant afin
de donner la lumière oblique dans toutes positions.

Porte-diaphragme également vertical, à ouvertures mobiles. Le renversement de l'instrument s'opère par une charnière avec arrêt.

Cet instrument a l'avantage de devenir un microscope d'histologie
ordinaire si l'on dévisse le tube porte-oculaire en F (*fig.* 118) et qu'on le
remplace par le tube à tirage marqué F' (*fig.* 120). On supprime éga-

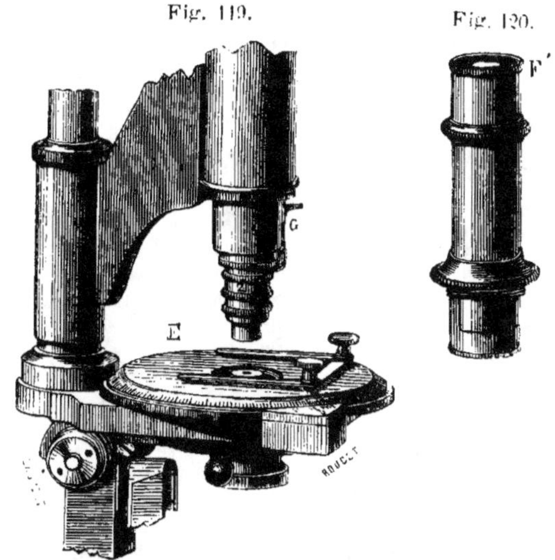

Fig. 119.   Fig. 120.

lement la platine mobile ; il suffit de la soulever pour la dégager de la
table à rotation E et de la remplacer par le valet double, comme on
le voit dans la *fig.* 119.

Ce microscope est d'une très grande solidité et n'a à redouter aucun
décentrage, puisqu'il est toujours rectifiable dans les mains de l'opérateur, ce qui est indispensable pour les mesures de haute précision.
L'instrument est vendu, sans objectifs, ni oculaire, ni boîte. Prix : 650ʳ.

N° 2. **Microscope simple** (*fig.* 17, p. 23). Modèle à dissection (dit *Loupe
montée*). — Le support de cet instrument est en acajou ; la colonne qui
supporte les doublets est à crémaillère pour les mouvements rapides,
et une vis à grande vitesse donne le mouvement horizontal ; miroir à
glace plane muni d'un mouvement qui lui permet d'occuper les positions

horizontale et verticale. Il est composé de 3 doublets donnant des grossissements de 6 à 15 diamètres. Prix : 60ᶠʳ.

Ces divers instruments sont tous (sauf le modèle n° 10) enfermés dans des boîtes en acajou, et celles-ci contiennent, en outre, une série d'accessoires : pinces, aiguilles, lamelles, etc.

On trouvera dans le tableau suivant tous les renseignements nécessaires sur la puissance des objectifs de M. Vérick.

OBJECTIFS.	OCULAIRES.								FOYER équivalent en pouces anglais.
	N° 1.		N° 2.		N° 3.		N° 4.		
Nᵒˢ									
00	12	16	»	»	»	»	»	»	2 1/2
0	18	25	30	50	40	75	45	85	2
1	30	35	60	100	90	140	100	170	1
2	60	100	80	150	120	220	130	250	1/2
3	80	160	110	210	170	290	200	350	1/4
4	130	210	170	300	250	430	290	520	id.
6	170	290	220	400	330	570	550	650	1/6
7	250	400	300	550	480	780	550	800	1/9
7	nouveau		»	»	»	»	»	»	id.
8	310	500	420	720	570	880	600	1050	1/11

NOUVEAU SYSTÈME A IMMERSION ET A CORRECTION.

8	260	440	350	620	500	880	610	950	1/11
9	310	580	400	670	550	950	670	1200	1/12
10	330	600	450	760	620	1120	800	1300	1/16
11	380	700	500	800	690	1200	900	1500	1/18
12	450	800	550	950	750	1300	1070	1690	1/21
13	650	900	850	1100	1000	1500	1650	2300	1/26

Les faibles grossissements s'obtiennent à l'aide du corps du microscope raccourci, et le chiffre plus élevé avec le corps complètement tiré.

Les constructeurs que nous venons de citer ne s'occupent que de la fabrication des microscopes de laboratoire ; il nous reste à examiner les instruments plus spéciaux que le micrographe est appelé à employer dans certaines circonstances : microscope de polarisation, lanternes à projection. Nous aurons à citer les instruments de MM. Dubosc, Ducretet et Molteni :

Appareils spéciaux.

Appareils de M. Dubosc (¹).

Microscope polarisant.— Le microscope polarisant de M. Dubosc est fréquemment employé dans les laboratoires, et les dernières modifications apportées à l'ancien modèle ont fait de cet instrument un excellent appareil.

Le système éclairant est composé de trois lentilles de diamètres inégaux, la plus grande biconvexe tournée vers une pile de glace chargée de polariser la lumière par réflexion. Un miroir articulé indépendant est chargé de réfléchir la lumière sur la pile de glace.

Lorsqu'on veut opérer dans la lumière convergente, émergeant de l'appareil éclairant dont nous venons de parler, on place la lame biréfringente à expérimenter dans une pince porte-cristal. pouvant tourner sur elle-même, et fixée au-dessus de l'appareil éclaireur. Cette pince porte un secteur gradué, ce qui permet de mesurer son inclinaison sur l'axe du microscope.

Au-dessus se trouve le tube du microscope, muni de ses objectifs, de son oculaire et d'un prisme de Nicol.

Lorsque l'on veut opérer dans la lumière parallèle, le cristal se place entre l'oculaire et l'analyseur dans une fente ménagée à cet effet.

L'instrument est relié à la colonne qui supporte ces différentes pièces par une articulation à genou; il peut ainsi se placer horizontalement. Une pièce spéciale permet alors de fixer une petite cuve en verre dans laquelle on plonge la pince porte-cristal lorsque l'on veut opérer dans un liquide pour mesurer l'écartement des axes.

(¹) Rue de l'Odéon, 21.

Par une simple modification, cet instrument peut être facilement transformé en appareil de Norremberg.

Appareil de Norremberg, modifié par Weatstone (fig. 121). —

Fig. 121.

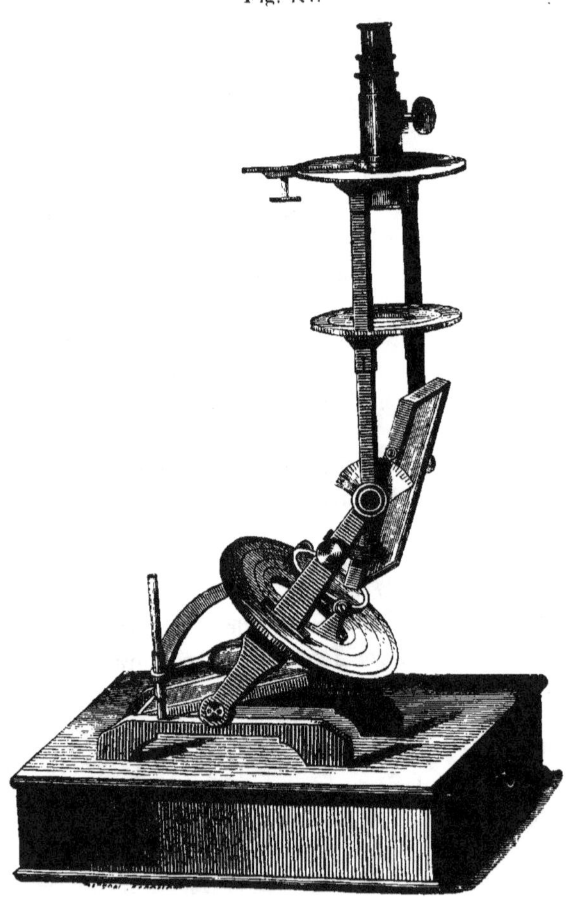

Weatstone a fait construire par M. Dubosc un appareil spécial, à miroir d'argent et ressemblant à un appareil de Norremberg.

dont les deux montants sont articulés en deux points vers le bas. La lumière, polarisée par un miroir de verre noir placé sur le socle de l'instrument, entre les deux montants, est renvoyée à travers l'ouverture d'un diaphragme circulaire, au-dessus duquel est un porte-cristal. Un miroir argenté, incliné de 18° sur les rayons polarisés réfléchis, leur imprime la polarisation elliptique ; ces rayons traversent ensuite un second porte-cristal et pénètrent dans l'analyseur supérieur. Le diaphragme inférieur est composé de deux parties annulaires, dont l'intérieure est mobile sur elle-même et porte tout le système supérieur, de manière que l'on peut faire tourner le miroir argenté autour du rayon polarisé réfléchi par le miroir de verre noir.

En redressant l'appareil, remplaçant ce miroir par une glace étamée et le miroir d'argent par une simple glace, on obtient la disposition de l'appareil ordinaire de Norremberg.

Le prix de cet instrument est de 450 fr.

Appareil à projection pour les phénomènes de la polarisation (*fig.* 122). — « Cet appareil consiste en une règle à coulisse horizontale portant un tube à polariseur P et un système analyseur DA. qui se fixent au moyen de vis de pression. L'ouverture E du tube P se place en face de celle d'une source de lumière munie d'une lentille qui rend les rayons parallèles. En P sont deux prismes en spath d'Islande, à arêtes parallèles à leur axe optique et dont les effets s'ajoutent. Chacun d'eux est accompagné d'un prisme en crown qui détruit la déviation du rayon ordinaire polarisé dans la section principale pendant que le rayon extraordinaire. dévié de 11° environ, est rejeté loin de l'axe de l'appareil. En T est un disque tournant à ouvertures variables, et en C une tubulure à laquelle on ajuste les lames cristallines.

« Le système analyseur DA contient en L une lentille convergente qui projette sur un écran éloigné l'image de l'ouverture C et porte en A un spath à faces parallèles qui donne deux images, dont une, l'image ordinaire, se forme sur le prolongement de l'axe de l'appareil.

« Si l'on enlève la lame cristalline placée en C et si l'on fait

tourner l'analyseur A, on voit l'image extraordinaire tourner autour
de l'image ordinaire, et ces images varier d'intensité suivant les
lois connues. En superposant un second spath en A, après avoir
enlevé les prismes polariseurs placés en P, on peut répéter l'expérience des spaths croisés. Si, enfin, on place en C une lame mince

Fig. 122.

parallèle à l'axe d'un cristal biréfringent, on observe les effets de
coloration.

« Quand on veut opérer sur une large lame, on remplace le système analyseur P (*fig.* 122) par le système EA (*fig.* 123), et l'on rend
divergents les rayons qui émanent du polariseur ET, de manière
à éclairer toute la surface de la lame. La pièce P étant enlevée,
on adapte en F une lentille qui fait converger les rayons parallèles

en un focus placé un peu au delà du trou du disque tournant T;
les rayons se croisent et viennent éclairer la lame placée en L.
Cette lame est appliquée contre une lentille convergente, qui joue
le rôle de la lame-boule de lanterne magique, et une seconde

Fig. 123.

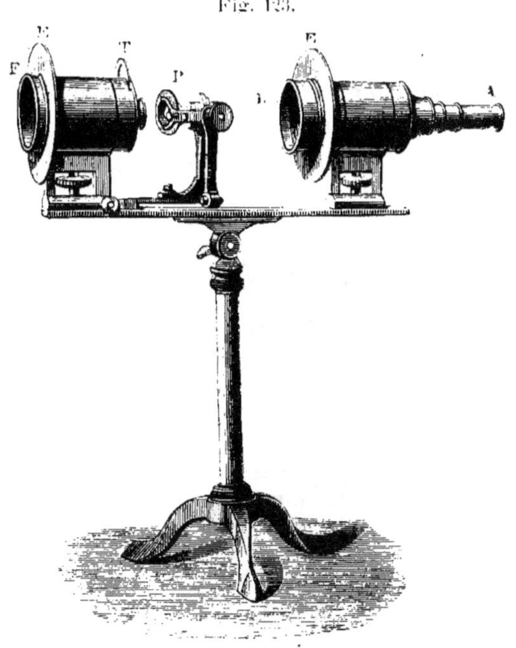

lentille, placée en A, un peu en avant du prisme de Nicol,
donne sur un écran une image de cette lame, que l'on rend nette
en enfonçant plus ou moins le tube A, qui contient le nicol et sa
lentille (¹) ».

Lanterne à projection. — Nous avons décrit déjà, page 95, la
lanterne simple à projection que construit M. Duboscq, et la *fig.* 73
représente cet appareil muni d'un microscope et éclairé par la
lumière Drummond. On peut à volonté remplacer le microscope

(¹) DAGUIN, *Traité de Physique*, t. IV, p. 622.

par un système optique destiné à projeter des photographies transparentes.

Cette lanterne, munie d'un microscope et du nouveau régulateur à recul de Dubosc, coûte 800 ^{fr}.

Nouvelle lanterne double (fig. 74, p. 97). — Les dispositions
adoptées pour cet appareil sont des plus ingénieuses, et nous les
avons décrites page 97. C'est là certainement le modèle le plus
perfectionné qu'ait construit jusqu'à présent M. Dubosc et l'un
des meilleurs que l'on trouve actuellement dans le commerce.

Appareil de projection pour les corps horizontaux (fig. 124).

Fig. 124.

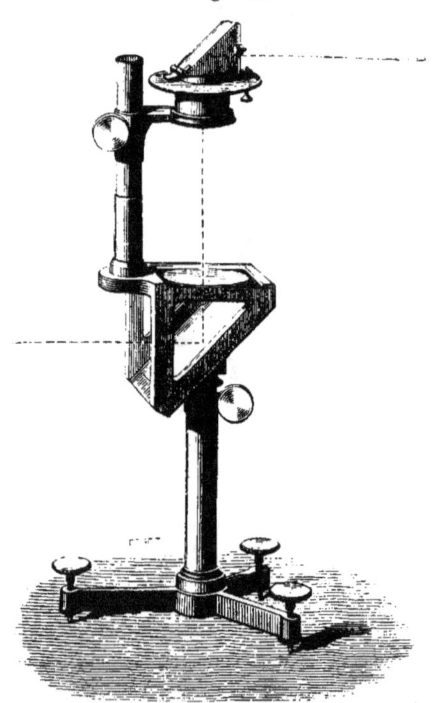

· Dans bien des circonstances, il est nécessaire de laisser dans une position horizontale les objets que l'on veut projeter : tel est le cas des objets nageant dans un liquide. Pour ceux-ci, M. Dubosc a imaginé un appareil de projection spécial, qui s'emploie concurremment avec une lanterne éclairante. Le faisceau parallèle sortant de la lanterne est réfléchi de bas en haut par un miroir plan incliné à 45°, et, resserré par une lentille faisant office de condenseur, traverse l'objectif placé au-dessus, et est réfléchi totalement par un prisme rectangulaire. qui projette sur un écran vertical l'image des objets posés horizontalement sur une tablette évidée fixée au-dessus du miroir. L'objectif peut être déplacé verticalement au moyen d'une crémaillère avec le prisme, et la mise au point se fait alors très facilement. — L'appareil, ainsi construit, coûte 250 fr.

Appareils de M. Ducretet (1).

M. Ducretet a mis tout récemment dans le commerce un microscope polarisant, combiné par M. Nodot (*fig.* 125).

Cet instrument permet à la fois d'observer directement les effets de la lumière polarisée dans les cristaux et de les projeter; un changement très simple permet de passer d'un usage à l'autre. Le polariseur est une pile de glaces éclairée par un miroir: l'analyseur est un nicol. On peut faire les observations, soit dans la lumière parallèle, soit dans la lumière convergente.

Voici quelques indications sur le mode d'emploi de cet excellent appareil.

Observation directe (*fig.* 125). — Une pile de glaces G de large surface, éclairée par un miroir mobile G', sert de polariseur; un nicol N, de petite dimension, placé au-dessous de la première lentille L, sert d'analyseur.

Le système éclairant comprend les trois lentilles convergentes inférieures, il concentre la lumière polarisée sur le cristal à observer, placé entre les deux lentilles *demi-boules* 5 et 6.

Les rayons traversent ensuite les lentilles supérieures qui for-

(1) Rue des Feuillantines, 75, à Paris.

ment l'objectif et l'oculaire du microscope. L'un et l'autre se
déplacent à l'aide d'une crémaillère pour la mise au point. L'écran
EC arrête les rayons extérieurs qui produiraient des effets nuisibles. La monture de la lentille demi-boule est à plaque tour-

Fig. 125.

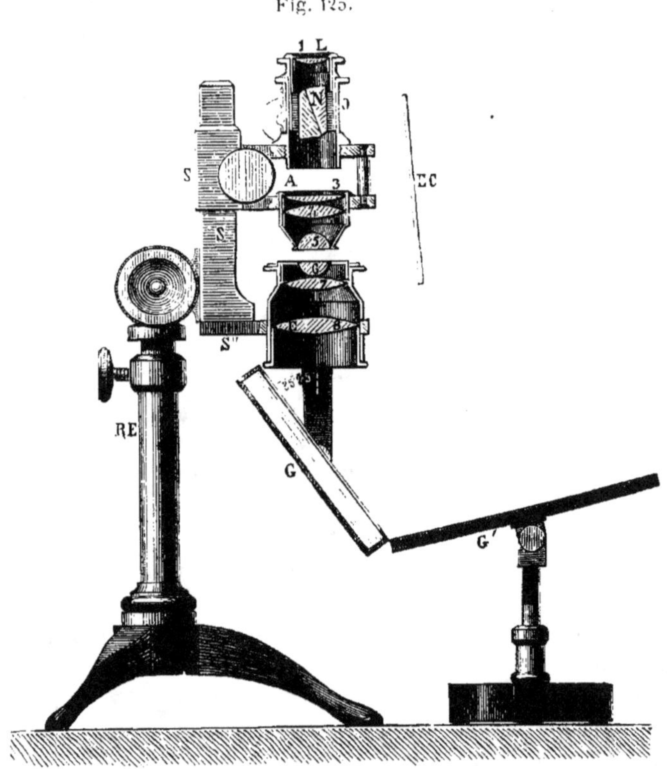

nante avec graduation, elle permet l'orientation du cristal placé
au-dessus de cette demi-boule.

Lorsque l'on veut opérer en lumière convergente, le cristal à
observer est placé entre les deux lentilles demi-boules 5 et 6; la
mise au point obtenue, on verra de très belles franges si la lame

peut en donner dans la lumière blanche : le nicol a été, bien entendu, amené à l'extinction.

La mesure de l'écartement des axes s'effectue au moyen d'un
goniomètre. En superposant à la plaque tournante de la lentille
demi-boule 6 le petit goniomètre G (fig. 126-4) avec tige à pince P
pour recevoir le cristal, il est facile, en orientant cette tige à 45°
du plan de polarisation, de mesurer l'écartement apparent des axes

Fig. 126.

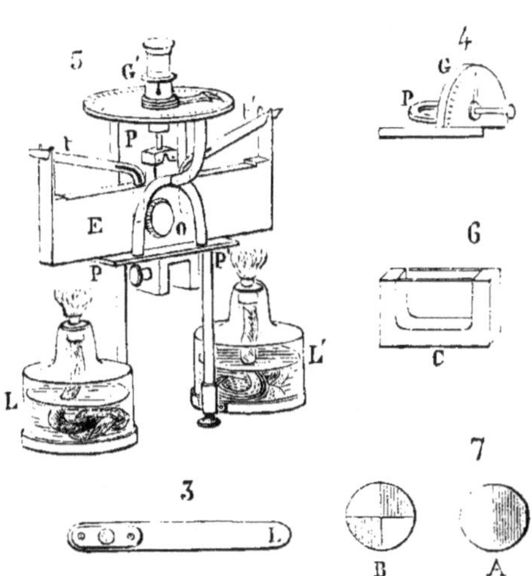

dans l'air, pourvu que cet écartement ne soit pas supérieur à 135°.
Lorsque cet angle dépasse cette mesure, la mesure de l'écartement des axes doit se faire dans l'huile. L'appareil est alors placé
horizontalement, la pile de glace tournée sur elle-même de 90° est
amenée de façon à recevoir un éclairage direct. Entre les deux
demi-boules 5 et 6, on fixe sur le support S de l'instrument le
pont PPP' qui supporte le goniomètre G' (fig. 126-5). Une cuve C
(fig. 126-6) en glace à faces parallèles est posée sur le pont PPP';
elle contient un liquide réfringent (huile). Le cristal est fixé à
l'extrémité de la pince du goniomètre G' et plonge dans le liquide

de la cuve C; on l'observe dans cette position après l'avoir mis au point, le nicol étant à l'extinction. Si l'on fait successivement coïncider le centre de chaque système d'anneau avec le centre de la croix ou réticule de l'instrument, la mesure angulaire de ce double mouvement donne celle de l'écartement des axes optiques dans le liquide employé.

Pour étudier l'action de la chaleur sur l'écartement des axes optiques, sur l'orientation de leur plan et sur celle de leurs bissectrices, on place sur le pont PPP l'étuve E (*fig.* 126-5). Elle est en cuivre rouge avec glaces O serties sur les deux faces, elle peut être fermée hermétiquement après avoir donné passage au cristal introduit à l'intérieur, dans l'axe de l'instrument. Deux lampes LL' chauffent cette étuve aux deux extrémités; deux thermomètres *tt'* donnent la température intérieure.

Le déplacement des axes s'observe en plaçant le cristal sur une lame de cuivre (*fig.* 126-3) un peu longue dont on chauffe l'extrémité en dehors du microscope.

Lorsque au contraire il convient de faire usage de la *lumière parallèle*, l'instrument est remis vertical comme dans la *fig.* 125, les deux lentilles demi-boules 5 et 6 rapprochées à une distance d'environ $0^m,005$ à $0,^m006$: cette distance est convenable lorsque le champ est sans tache noire. Le nicol est mis à l'extinction, la lame à observer est placée dans l'intervalle A et mise au point au moyen des crémaillères.

Pour observer la polarisation rotatoire, on place dans le porte-diaphragme A l'une ou l'autre des plaques à deux rotations A et B (*fig.* 126-7).

Projection (*fig.* 125 et 127). — L'instrument est placé horizontalement, la pile de glaces tournée sur elle-même de 90° est amenée comme l'indique la *fig.* 127 devant la source lumineuse M. Les rayons doivent être un peu convergents sur la pile de glaces. Supprimer l'écran EC et le remplacer par l'écran E'C' destiné à arrêter les rayons dispersés. Supprimer la première lentille 1L montée à cet effet en barillet mobile. Dévisser l'oculaire O de sa monture S', introduire la lentille de projection 2 P jusqu'à fond de la portée d'arrêt, et revisser l'oculaire O sur le raccord R à tirage, lequel sera à son tour vissé sur la monture S'; enfin on superpose une pince à cristaux à la plaque tournante de la lentille demi-boule 6.

Un écran placé à une distance d'environ 2ᵐ de l'appareil recevra un disque lumineux d'environ 0ᵐ,90 qu'on observera, soit directement, soit par transparence à travers l'écran.

Fig. 127.

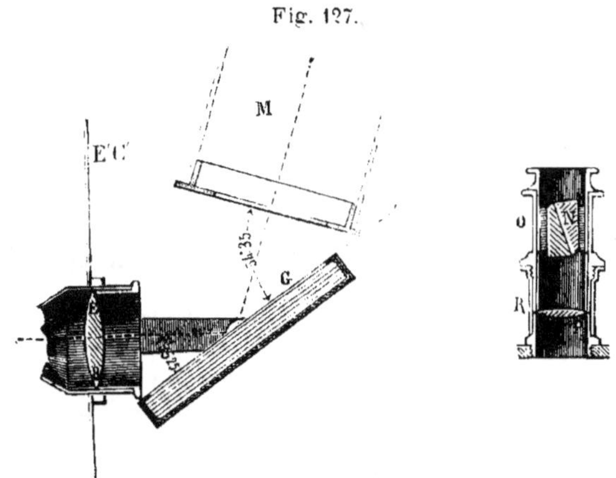

Cet appareil avec tous les accessoires que nous venons de décrire est du prix de 500ᶠʳ.

Appareils de M. Molteni (¹).

M. Molteni s'est tout spécialement adonné à la construction des appareils de projection; et ses instruments fort simples, parfaitement construits, sont déjà fort répandus; ils ont enfin une qualité fort appréciable, leur bon marché. Le plus ordinairement c'est à cet habile constructeur que les établissements d'instruction demandent les lanternes à projection, et, constatons-le avec satisfaction, cet excellent système de démonstration fait de jour en jour de nouveaux adeptes.

(¹) Rue du Château-d'Eau, 44.

Si nous ajoutons à cela que M. Molteni est la complaisance même, aucun de nos lecteurs ne sera étonné du succès de tous ses appareils.

Nous les avons déjà décrits en partie; mais voici quelques renseignements pratiques extraits du prix courant no 40 de la maison Molteni.

1° — Appareils de famille.

Se renfermant dans la boîte leur servant de support (*fig.* 75, p. 99). Quatre combinaisons ont été adoptées :

N° 1. — *Condensateur simple* de 0^m,095, objectif simple monté à frottement. Prix : 35^fr.

N° 2. — *Condensateur double* de 0^m,10, objectif achromatique monté à frottement. Prix : 75^fr.

N° 3. — *Condensateur double* de 0^m,11, objectif double achromatique, à crémaillères. Prix : 100^fr.

N° 4. — Même combinaison, plus soignée et plus solide. Prix : 150^fr.

Le caractère distinctif des appareils ci-dessus est de n'être accompagnés d'aucune lampe; ils sont construits de façon à recevoir les éclairages domestiques, huile ordinaire ou gaz, ce qui permet de s'en servir instantanément, et rend ainsi les projections essentiellement pratiques en famille, tandis qu'avec les appareils munis d'une lampe spéciale, on est souvent obligé de remettre la séance faute d'un verre ou d'une mèche, que l'on ne peut se procurer au dernier moment.

Les modèles n°s 3 et 4 pouvant recevoir les éclairages oxydriques et oxycalciques, seront d'un bon emploi dans les établissements d'enseignement, dans les salles de conférences et pour les voyages; nous recommandons plus spécialement le n° 4, construit solidement en vue d'un usage journalier.

Les appareils n°s 1 et 2 sont de simples lanternes magiques; ils ne sont donc recommandables que par leur bon marché; tandis que les n°s 3 et 4 constituent d'excellents appareils à projection, et le n° 4, muni d'un chalumeau à lumière Drummond, donne des résultats parfaits.

2° — Appareils pour l'enseignement.

N° 5. — *Appareil pour écoles primaires*, objectif double achromatique, à crémaillère; lampe à deux mèches au pétrole. Prix : 80^fr.

N° 6. — *Appareil plus grand avec lampe* à trois mèches. Prix : 115ᶠʳ.

N° 10. — *Appareil monté sur colonnes*, socle acajou (*fig.* 77, p. 101).
Prix : 250ᶠʳ.

N° 11. — *Appareil perfectionné pour facultés*. Prix : 450ᶠʳ.

Cet appareil est accompagné d'un chalumeau oxydrique donnant
une intensité de 250 à 350 bougies, suivant les conditions dans lesquelles
les gaz sont employés.

Le chalumeau est muni de trois mouvements de rappel à crémaillère
permettant de déplacer et de centrer mathématiquement le point lumineux, et afin que ce centrage ne soit pas troublé lorsqu'on touche aux
robinets, ceux-ci sont disposés de manière à être indépendants du chalumeau.

Le cône cuivre et le porte-objectif étant montés à coulisse s'enlèvent
sans difficulté et peuvent être remplacés instantanément par l'appareil
pour les corps horizontaux, les diaphragmes, fentes et pièces diverses
servant aux expériences d'optique.

N° 12. — *Appareil avec régulateur électrique*, en remplacement du
chalumeau oxydriqué. Prix : 750ᶠʳ.

N° 33. — *Appareil de projection* à réflexion totale, complet avec ses
lentilles et son chalumeau. Prix : 130ᶠʳ.

N° 34. — *Même appareil* monté sur socle avec vis calantes et chalumeau concentrique. Prix : 160ᶠʳ.

3° — Polyoramas.

Ces appareils sont principalement employés dans les conférences à spectacles ; ils permettent d'obtenir des effets étonnants ;
mais dans presque toutes les démonstrations scientifiques, leur
emploi peut être regardé comme superflu.

N° 15. — *Appareil double* (*fig.* 79, p. 102). Condensateurs triples, objectifs doubles achromatiques, montures tout cuivre avec doubles plaques
de courant d'air, chalumeaux oxydriques concentriques. Prix : 450ᶠʳ.

Les effets de *dissolving* se produisent soit par le double obtu-
rateur à œil de chat, soit par le robinet distributeur.

Les appareils nᵒˢ 16, 17, 18 et 19 diffèrent peu du n° 15, ils ont
seulement en plus différents systèmes d'éclairage au pétrole ;
mais en général ce système manque d'intensité pour les vues
fondantes.

N° 20. — *Appareil double vertical* (*fig.* 80 , p. 103). Montures et plaques en cuivre, système mù par une vis de rappel unique pour amener la coïncidence des deux images, muni de ses chalumeaux. Prix : 550ᶠʳ.

Nᵒˢ 21 et 22. — Ils ne diffèrent que par quelques détails de construction insignifiants.

N° 23. — *Appareil triple vertical avec chalumeau.* Prix : 900ᶠʳ.

N° 24. — *Appareil triple avec régulateur électrique et batterie de 50 éléments Bunsen* (fig. 128). Prix : 1800ᶠʳ.

Fig. 128.

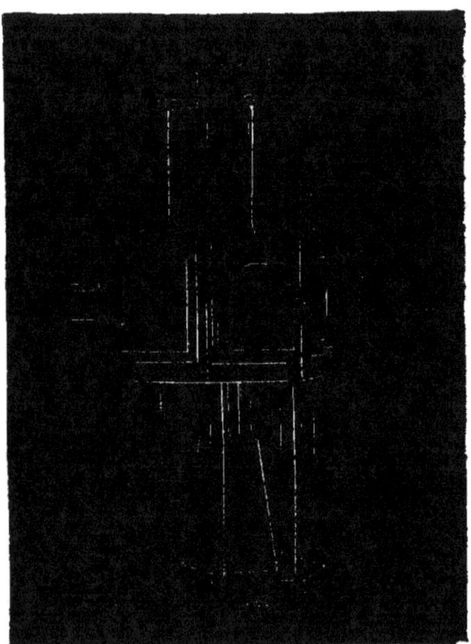

Dans ces derniers temps, M. Molteni s'est occupé de la construction des microscopes, et il a cherché à produire des instruments simples et économiques, suffisants cependant pour l'étude élémentaire de la micrographie. Voici quels sont les modèles auxquels il s'est arrêté.

4º — **Microscope.**

N° 0. — *Microscope de dissection simple,* avec 3 loupes (*fig.* 19, p. 26). Prix : 55ᶠʳ.

N° 1. — *Microscope droit, petit modèle* (*fig.* 129). — Mise au point par une crémaillère; lentille pour l'éclairage des corps opaques, portée par le collier, avec un objectif donnant un grossissement de 60 diamètres. Prix : 45ᶠʳ.

Fig. 129.   Fig. 130.

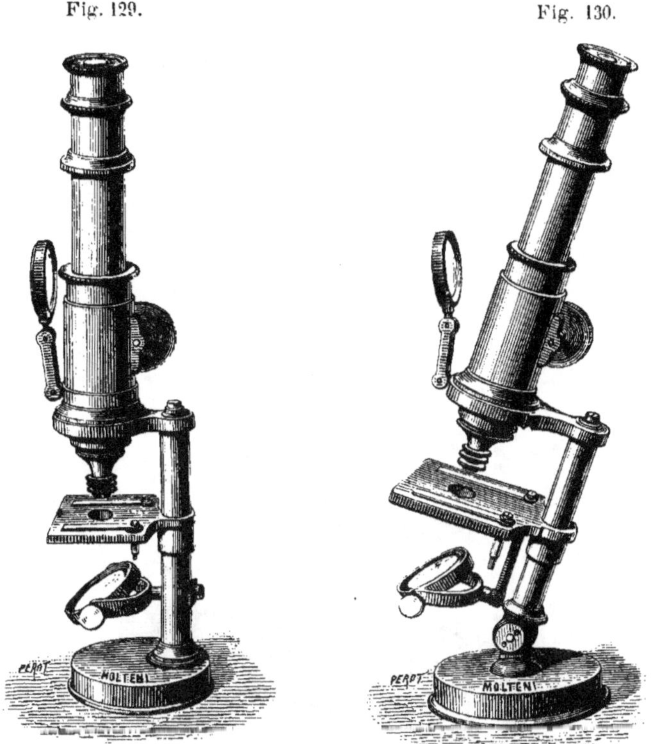

N° 2. — *Microscope inclinant, petit modèle* (*fig.* 130). — Mise au point par une crémaillère, loupe pour l'éclairage des corps opaques portée par le coulant : avec un objectif à 3 lentilles pouvant s'utiliser ou réunies ou séparées, et donnant une amplification maximum de 110 diamètres. Prix : 65ᶠʳ.

TRUTAT. — *Microscope.*   11

N° 3. — *Microscope inclinant, grand modèle* (*fig.* 131). — Miroir articulé pour la lumière oblique; diaphragme à rotation; mouvement rapide par le coulant, mouvement lent par une vis micrométrique.

Fig. 131.

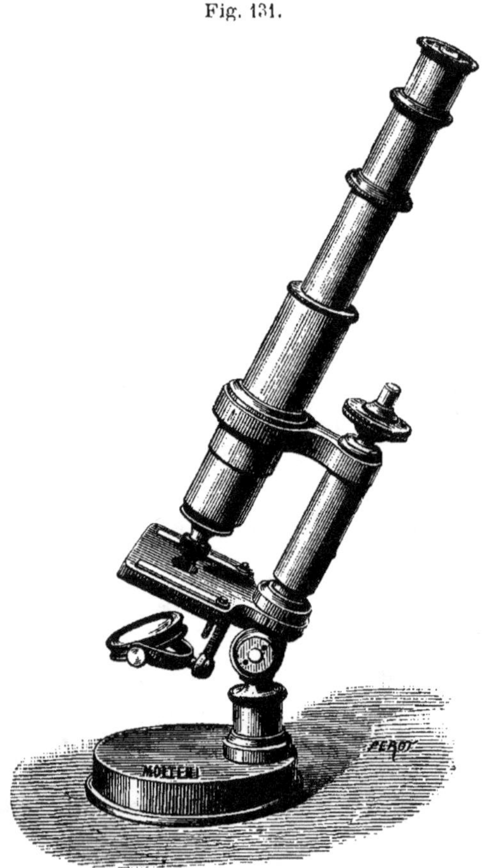

2 oculaires, 2 objectifs; loupe sur pied pour l'éclairage des corps opaques. Prix : 150^{fr}.

Cet instrument offre cette particularité, imitée des microscopes anglais, que le tube peut prendre une grande longueur, et donner ainsi des grossissements considérables pour une combinaison donnée d'objectifs et d'oculaires.

Les objectifs de M. Molteni sont à petite ouverture, mais ils donnent cependant des résultats très satisfaisants ; c'est à peine si dans les numéros faibles la perte de lumière est sensible ; aussi conseillerons-nous tout particulièrement ces instruments aux simples amateurs, qui désirent limiter leur dépense, et n'ont pas l'intention de faire des recherches approfondies de micrographie.

On trouvera dans le Tableau suivant toutes les indications nécessaires sur les objectifs des instruments de M. Molteni.

LONGUEUR DU TUBE DE 17 CENTIMÉTRES.

Nᵒˢ des Jeux de lentilles.		Oculaires n° 1.	Oculaires n° 2.	Oculaires n° 3.
N° 0.	2 lentilles.	60 fois.	90 fois.	120 fois.
1.	2 lentilles à tube.	65 »	100 »	140 »
1.	3 lentilles.	90 »	110 »	160 »
2.	"	110 »	140 »	240 »
3.	"	160 »	200 »	330 »
4.	"	220 »	300 »	530 »
5.	"	250 »	350 »	650 »
6.	"	340 »	400 »	780 »

LONGUEUR DU TUBE DE 21 CENTIMÉTRES.

N° 0.	2 lentilles.	90 fois.	110 fois.	130 fois.
1.	2 lentilles à tube.	100 »	120 »	150 »
1.	3 lentilles.	110 »	140 »	200 »
2.	"	150 »	200 »	290 »
3.	"	220 »	300 »	400 »
4.	"	300 »	400 »	600 »
5.	"	360 »	550 »	750 »
6.	"	440 »	640 »	900 »

LONGUEUR DU TUBE DE 24 CENTIMÉTRES.

N° 0.	2 lentilles.	120 fois.	160 fois.	220 fois.
1.	2 lentilles à tube.	140 »	180 »	240 »
1.	3 lentilles.	160 »	190 »	300 »
2.	"	200 »	250 »	440 »
3.	"	340 »	400 »	680 »
4.	"	400 »	560 »	840 »
5.	"	500 »	750 »	980 »
6.	"	600 »	840 »	1.200 »

LIVRE SECOND.

——

EMPLOI

DU

MICROSCOPE.

CHAPITRE PREMIER.

I. — RÈGLES GÉNÉRALES POUR LES OBSERVATIONS.

Nous avons décrit, dans le Livre précédent, les différentes sortes d'instruments dont le micrographe peut faire usage ; il nous reste maintenant à tracer les règles à suivre pour l'emploi de chacun d'eux.

D'une manière générale, nous dirons tout d'abord que les observations au microscope demandent une certaine habitude, et ce n'est qu'après quelque temps de pratique, que la main de l'observateur saura trouver, sans tâtonnement, le miroir éclaireur, les valets de la platine, le bouton moletté de la vis de rappel, en même temps qu'il saura faire mouvoir avec régularité l'appareil de mise au point. Enfin les yeux ont besoin de faire un véritable apprentissage pour comprendre et interpréter les objets que le microscope lui présente.

Il existe bien des règles et des méthodes pour atteindre ce résultat ; malgré cela il ne faudrait pas assimiler le microscope à un instrument de physique ordinaire, et croire que l'on puisse s'en servir convenablement à la seule condition de connaitre le principe de sa construction.

Cependant il n'y a pas lieu d'exagérer outre mesure ces difficultés, et pourvu que l'observateur soit doué d'une certaine adresse manuelle et d'un peu de patience, son éducation sera vite faite.

Nous allons indiquer très succinctement les règles générales relatives aux observations ; elles serviront à diriger le commençant dans ses études, et lui permettront d'arriver promptement à des résultats satisfaisants.

Des grossissements. — La première est relative au degré d'amplification qu'il convient d'employer ; elle peut s'énoncer ainsi : « Commencer l'étude d'un objet par des grossissements faibles, et n'arriver que progressivement à des grossissements forts (1). »

Il est facile de se rendre compte de l'utilité de cette marche progressive ; il suffit de rappeler que le champ de vision se réduit à mesure que le grossissement augmente et ne laisse plus voir qu'une partie très limitée de la préparation. D'un autre côté, la difficulté de mise au point augmente également avec l'amplification. Il convient donc de n'aborder l'emploi des objectifs forts qu'après s'être familiarisé complètement avec les objectifs à long foyer et à pouvoir amplifiant faible.

Des causes de gêne dans les observations. — « Une deuxième règle à suivre, c'est de se préserver de toute cause extérieure de malaise ou de fatigue ; ainsi on doit éviter soigneusement que l'instrument, ou la table qui lui sert de support, ne vacille d'aucune manière, ou ne reçoive d'ébranlement par suite du mouvement des voitures à l'extérieur, ou de la marche des personnes sur les planchers, ou même par suite des pulsations du cœur qui se communiqueraient à la table. En outre de ces conditions de stabilité, il faut que l'observateur ait fixé la hauteur de son siège, celle de la table et celle de l'oculaire de son microscope, de telle sorte que les muscles du cou, des épaules et de la poitrine, n'éprouvent aucune tension, aucune gêne par suite d'une

(1) Dujardin, *L'Observateur au microscope*, p. 48.

position forcée qui finirait par être un obstacle réel à une bonne
suite d'observations. Il faut aussi que les coudes, ou tout au moins
que le coude gauche, sur lequel le corps doit se reposer, soit
supporté à une hauteur convenable (¹). »

Des illusions d'optique. — L'observateur doit s'habituer à ne
pas confondre les objets placés sur le microscope avec certaines
images accidentelles qui se forment dans l'œil lui-même et qui ont
reçu le nom de *mouches volantes*.

Ces images affectent différentes formes : les unes sont de larges
taches brillantes et irisées, formant le plus souvent des anneaux
concentriques; elles se produisent principalement quand on a
regardé un point vivement éclairé, et que l'on porte, immédiatement après, l'œil au microscope; elles apparaissent aussi quelquefois après un exercice violent, enfin lorsqu'une cause quelconque
produit une congestion de l'œil. Le plus ordinairement il suffit de
fermer les yeux un temps suffisant pour permettre à la rétine de
reprendre son état normal, et toutes ces images, ces taches disparaissent.

Les mouches volantes, qui figurent des globules, des filaments
grisâtres, ont une importance plus considérable, car elles tiennent
à un état particulier de l'œil.

D'après M. Robin, ces globules seraient des leucocytes enfermés
dans le cristallin, et les filaments seraient le résultat d'une sorte
de coagulation de substances albumineuses englobant les leucocytes. Cette seconde catégorie de mouches volantes se montrent
principalement au commencement des observations, surtout lorsqu'elles sont faites immédiatement après le repas, ou à la suite
d'une émotion, d'une fatigue physique ou morale · elles sont
encore rendues plus sensibles par l'éclairage artificiel.

Il est important de ne pas chercher à se débarrasser de ces
images en se frottant les yeux, car elles augmentent alors d'intensité. Il est au contraire facile d'éliminer la gêne qu'elles

(¹) Dujardin, *loc. cit.*, p. 50.

peuvent donner en s'habituant à les distinguer des objets que l'on étudie : il suffit pour cela de faire mouvoir la préparation en tous sens ; on distingue alors facilement les images qui appartiennent à ces mouches volantes, car elles ne participent pas aux mouvements imprimés à la préparation, tandis qu'au contraire elles suivent tous les mouvements des yeux.

« Il faut être prévenu que leur existence est tout à fait insignifiante, en ce sens qu'elles existent chez tous les individus sans exception, aussi bien chez les commençants, qui sont les premiers à s'en préoccuper, que chez ceux qui emploient le microscope depuis longtemps et ont perdu l'habitude d'y faire attention (¹). »

Emploi alternatif des deux yeux. — Enfin, dernier conseil : il est important d'user de ses yeux avec ménagement et de chercher à équilibrer le travail de chacun d'eux. Au commencement des études au microscope, il n'est peut-être pas un observateur qui ne soit obligé de fermer l'œil inoccupé : la contraction musculaire continue que nécessite cette occlusion cause une fatigue très sensible, et il est important de l'éviter.

Deux méthodes permettent d'arriver à ce résultat : l'une consiste à s'habituer à laisser ouvert l'œil qui ne regarde pas : l'attention se concentre alors si fortement dans l'œil occupé, que les impressions qui se produisent sur l'œil non employé passent inaperçues pour l'observateur ; mais il faut avouer cependant que, par cette méthode, les deux yeux éprouvant des impressions lumineuses d'intensité différente se fatiguent alors tous les deux plus vite que dans le cas où l'un des deux reste tout à fait au repos.

Un moyen fort simple permet d'obtenir ce double résultat : éviter la contraction musculaire de l'œil inoccupé, et le préserver en même temps de l'impression lumineuse ; il suffit pour cela de placer un écran en avant de l'œil inactif.

Enfin il convient de s'habituer à regarder tantôt avec un œil tantôt avec l'autre, et c'est là le meilleur moyen d'empêcher toute fatigue.

(¹) ROBIN, *op. cit.*, p. 438.

II. — Du cabinet de travail.

L'installation du cabinet de travail destiné aux observations microscopiques doit remplir certaines conditions spéciales. Évidemment les règles que nous pourrons tracer à ce sujet ne seront pas toutes applicables, car l'observateur est rarement libre de choisir le local dans lequel il doit travailler; et le plus souvent il doit se contenter de l'appartement qu'il habite. Nous devons dire que, pourvu que cette pièce soit éclairée par une fenêtre qui reçoive directement la lumière du ciel, il sera toujours possible d'y faire de bonnes observations microscopiques.

Éclairage. — La question d'éclairage est en effet la plus importante de toutes : une fenêtre ouverte au Nord ou au Nord-Est donne une lumière excellente; alors surtout qu'aucune autre ouverture ne vient donner de lumière latérale, et produire ainsi un faux jour. Dans ce cas, il sera toujours possible de porter remède à ce mauvais éclairage, en masquant cette seconde ouverture par des rideaux ou des volets.

La lumière directe du soleil doit être évitée avec soin, et ce n'est que dans des cas fort rares qu'elle doit être employée; nous reviendrons tout à l'heure sur cette question de l'éclairage, car elle est de première importance.

Table. — Le cabinet de travail une fois choisi, il convient d'installer une table en face de la fenêtre. Cette table de 0m,72 de hauteur, et mieux de 0m,70, sera lourde, massive, afin d'éviter toute trépidation; ses dimensions peuvent varier dans une assez grande limite; mais nous indiquerons, comme minima, 1m de long sur 0m,60 de large.

La surface *en bois* sera peinte en noir mat, de façon à éviter les reflets, car il ne faut pas oublier que toute lumière blanche ou brillante réfléchie dans l'œil amène une prompte fatigue et enlève à la rétine la sensibilité nécessaire pour l'observation des lignes fines et pâles qu'il s'agit de discerner nettement.

Cette table portera sur trois de ses côtés un léger rebord pour éviter la chute des objets posés à sa surface. Elle sera munie en outre d'un tiroir peu profond : $0^m,06$ environ, destiné à recevoir la planchette à dessiner, papier et crayons, que l'on aura ainsi sous la main, et qui seront aisément mis à l'abri de tout accident pendant la mise en place, l'étude préalable des préparations.

De chaque côté de la table, il sera également utile de ménager, trois ou quatre tiroirs, un peu plus profonds que le précédent : $0^m,12$, dans lesquels trouveront place les accessoires, lamelles, instruments, etc., etc. Mais il est important d'observer qu'il doit rester à la partie moyenne du grand côté (devant de la table) un espace assez large pour donner place aux jambes de l'observateur ; cet espace doit avoir au moins $0^m,50$.

Il est utile pour certaines études, pour faire des préparations, d'incruster dans la table une glace épaisse, sous laquelle on aura placé des carrés de papier de couleur différente : blanc, rouge, jaune ; en posant sur cette glace la préparation à examiner, il sera toujours facile de choisir une couleur qui tranche fortement avec celle de l'objet lui-même et permette ainsi de le voir aisément. Cette glace sera encastrée dans la table, de manière à affleurer bien exactement ; elle ne doit jamais dépasser le niveau de la table, ni lui être inférieur. Sur la table prendront place, les microscopes, les boîtes ou cloches destinées à les contenir, et les divers accessoires nécessaires pour les observations.

Siège. — Le siège sur lequel doit prendre place l'observateur sera toujours à surface rigide, jamais élastique ni rembourrée ; ce sera une chaise de paille, ou mieux un tabouret. Sa hauteur variera nécessairement avec la taille de l'observateur ; elle doit être telle que l'oculaire du microscope se trouve un peu plus bas que l'œil de l'observateur assis ; celui-ci n'aura alors qu'à incliner légèrement la tête, et les muscles du cou, des épaules et de la poitrine n'éprouveront aucune tension, aucune gêne, par suite d'une position forcée.

Un excellent système consiste à employer un tabouret de piano à vis renforcée et à siège rigide non élastique ; en faisant mouvoir cette vis, il sera facile d'élever ou d'abaisser le siège à la hauteur voulue. Enfin une simple chaise, sur laquelle on place de gros livres (cahiers de musique, registres), pourra encore donner un siège convenable.

Lumière naturelle. — La lumière du jour est sans contredit la meilleure à employer ; c'est elle que l'on doit préférer comme étant la moins fatigante pour la vue et permettant seule d'opérer des dissections fines.

La meilleure lumière naturelle est celle qui provient de nuages blancs très élevés (*cirrus, stratus, cumulus*), tandis que les nuages sombres et bas (*nimbus*) donnent un éclairage détestable ; le ciel bleu n'est pas très favorable aux observations, tout en étant de beaucoup supérieur à un ciel gris, chargé de nuages sombres.

Écran. — Nous avons déjà vu combien il était important de préserver les yeux, pendant l'observation, de toute lumière étrangère, soit directe, soit réfléchie. La surface noire mate de la table mettra les yeux à l'abri des reflets nuisibles, et un écran les préservera de la lumière directe.

Celui-ci doit être fixé sur un pied mobile ; son bord inférieur sera à 0^m,21 environ au-dessus de la table, de telle façon que la lumière parvienne largement sur le miroir du microscope et sur la table, mais qu'elle ne puisse arriver en trop grande abondance sur les yeux de l'observateur.

« Une combinaison des plus commodes et des plus faciles à réaliser est la suivante : Sur une tige métallique verticale, un peu haute et fixée dans un pied lourd, s'adaptent deux tringles horizontales, moins longues, et que la tige verticale traverse, dans un anneau, à l'une de leurs extrémités. On peut les fixer à des hauteurs différentes, sur cette tige, par des vis de pression. A chacun de ces deux bras horizontaux, on suspend un petit rideau en serge noire ou d'un vert foncé. Si maintenant on place l'appareil près du microscope, du côté où vient un éclairage autre que celui de l'instrument, on peut fixer un des bras de ce côté, et l'autre en avant du microscope, de manière que chacun des deux rideaux soit plus élevé que l'oculaire et fasse ombre sur la tête de l'observateur. Le rideau de côté pourra descendre jusqu'au pied de l'instrument, mais celui de devant ne tombera que jusqu'à la platine inclusivement, de manière à ne pas masquer le miroir.

« L'instrument en entier, sauf la partie antérieure du pied où est fixé le miroir, se trouvera, ainsi que la tête de l'observateur, penchée sur l'oculaire, placé dans un angle d'ombre où ne sera reçue aucune lumière gênante ([1]). »

Lumière artificielle. — Les observations microscopiques peuvent aussi se faire à la lumière artificielle; mais celle-ci à l'inconvénient, comme celle du soleil, de donner à toutes les parties une apparence granuleuse formée par une série de points brillants; cependant il suffit d'être averti de cet effet pour éviter toute méprise.

La plus convenable de toutes les lumières artificielles, faciles à mettre en usage, est celle que donnent les lampes au pétrole; elle est en effet très blanche et modifie à peine les couleurs; souvent elle est trop vive, aussi faut-il en modérer l'éclat par des verres doucis ou légèrement teintés en bleu.

Un bec de gaz peut également servir de source lumineuse, et la plupart des constructeurs de microscopes fournissent des lampes à gaz, munies de verres bleus.

Enfin une simple lampe à modérateur à l'huile donne un bon éclairage; le seul inconvénient de ce système est la coloration un peu jaune de la lumière; mais elle a le grand avantage de ne pas fatiguer la vue.

Une bougie pourrait à la rigueur suffire pour une observation; mais quoi qu'en puissent dire certains auteurs, c'est là une source de lumière complètement insuffisante.

Il est bon de placer sur la lampe, à quelque système qu'elle

([1]) PELLETAN, *loc. cit.*, p. 138.

appartienne, un large abat-jour blanc à l'intérieur, de couleur foncée à l'extérieur, afin de préserver les yeux de l'observateur.

Pour obtenir avec une lampe un éclairage analogue à celui que donne la lumière du jour, il convient de placer en avant d'elle une forte lentille plan convexe, de façon que la source éclairante se trouve au foyer de cette lentille : les rayons lumineux sont ainsi rendus parallèles, de divergents qu'ils étaient tout d'abord. Le porte-loupe de Kunckel d'Herculais est excellent pour cet usage.

Le foyer lumineux doit être porté à une hauteur variable, de $0^m,20$ à $0^m,40$, suivant la dimension de la platine du microscope, et sa distance en avant de l'instrument varie également suivant les différents modèles ; quelques essais donneront vite les indications nécessaires.

Lumière monochromatique. — Dans ces derniers temps, les micrographes, surtout ceux qui étudient les diatomées, font usage d'un mode spécial d'éclairage qui permet de voir, plus nettement qu'on ne pourrait le faire par une autre méthode, les stries difficilement visibles. Ils emploient la lumière monochromatique, et c'est le rayon bleu du spectre qui donne le maximum d'effet. Ce genre d'éclairage peut s'obtenir de plusieurs manières : on peut décomposer la lumière blanche par un prisme, ou, au contraire, faire passer le rayon de lumière à travers une cuvette contenant une solution plus ou moins concentrée de sulfate de cuivre ammoniacal. Un premier miroir articulé sur pied permet de renvoyer un faisceau lumineux sur le miroir du microscope, et l'on interpose entre eux soit un prisme, soit plus simplement une cuve à liquide bleu. Dans ce cas, il faut faire usage de la lumière solaire. A l'extrême rigueur, on peut encore remplacer cette cuve à liquide par un ou par plusieurs verres bleus colorés par les sels de cobalt ; enfin quelques micrographes se contentent de faire usage de fiches en verre bleu.

III. — Soins a donner au microscope.

Le microscope est un instrument délicat et qui demande des soins minutieux si l'on veut lui conserver toutes ses qualités primitives.

Il est donc important de chercher à le préserver de tout accident, et surtout de le mettre à l'abri des atteintes de la poussière.

Il sera absolument indispensable de nettoyer avec soin le microscope tout entier, au moyen d'un vieux linge et d'un pinceau, après en avoir fait usage et avant de l'enfermer dans sa boîte.

Boîtes. Cloches de verre. — Mais on conservera encore mieux un microscope en le plaçant sous une cloche de verre; nous recommanderons seulement de faire porter cette cloche sur un morceau de drap épais, ou mieux encore de velours; on obtiendra ainsi une fermeture complète, qui le mettra absolument à l'abri de la poussière qui pénètre toujours dans les boîtes, même les mieux fermées. Un autre avantage de ce système est de laisser le microscope toujours prêt; il n'y a plus de montage ni de démontage à faire, opération qui amène toujours une usure plus rapide des différentes parties de l'instrument.

Dans l'un comme dans l'autre cas, il sera prudent d'enlever les objectifs pour les conserver dans des boîtes spéciales : s'il était nécessaire de laisser un objectif adapté au tube du microscope, il faudrait également laisser en place l'oculaire ; sans cette précaution, la poussière pourrait entrer dans le tube et se déposer sur la lentille supérieure de l'objectif.

Quelque soin que l'on puisse prendre d'un microscope, il est toujours indispensable de lui faire subir un nettoyage avant toute observation.

Nettoyage des lentilles. — Les lentilles, et principalement les objectifs, étant les parties les plus essentielles du microscope, on ne saurait en prendre trop de soin; on ne devra jamais les laisser traîner sur la table de travail, mais les renfermer dans leur boite après en avoir fait usage. Il suffit, en général, de nettoyer les verres extérieurs ; cette opération peut s'effectuer de la manière suivante : « On prend un linge très fin, de la mousseline ou de la toile fine usée ; on en recouvre la pulpe du pouce de la main gauche ; puis, saisissant l'objectif de la main droite, on pose doucement la lentille inférieure sur le linge et l'on fait tourner l'objectif en appuyant légèrement. Si l'on prenait de trop gros linges, et si l'on appuyait trop fort en essuyant, on risquerait de rayer la lentille et de détériorer l'objectif. Lorsque la lentille inférieure de l'objectif est souillée de matière grasse, ou encore, comme cela arrive souvent, par les vernis employés dans les préparations, au lieu d'employer un linge sec, on humecte ce linge d'une goutte d'alcool, et l'on débarrasse ainsi l'objectif de toute impureté. Il faut avoir soin, toutefois, de n'employer qu'une faible quantité d'alcool, de peur que ce liquide, venant à pénétrer dans l'objectif, dissolve le vernis qui sert à souder les deux verres de crown et de flint dont est formée la lentille. Si la lentille supérieure de l'objectif paraît souillée de poussière, on se contentera de la brosser légèrement avec un pinceau (¹). »

Le nettoyage au pinceau est souvent suffisant ; ce pinceau doit être en martre ou en petit gris, et il est nécessaire de le dégraisser par un lavage à l'éther, puis à l'alcool ; enfin il convient de le conserver à l'abri de la poussière en l'enfermant dans un tube de verre. Le bouchon qui ferme ce tube portera une petite tige en bois de grosseur voulue pour entrer à frottement dans la plume qui sert de monture au pinceau ; le tube sera assez long pour loger le pinceau ainsi fixé au bouchon, sans toucher à l'extrémité.

Dans aucun cas il ne faut nettoyer les lentilles avec une peau de chamois ; celle-ci est toujours imbibée de matières grasses, et elle salit beaucoup plus qu'elle ne nettoye.

Si l'on aperçoit de la poussière entre les surfaces intérieures des

____

(¹) Beauregard et Galippe, *op. cit.*, p. 24.

Trutat. — *Microscope.* 12

objectifs, il ne faut essayer de les dévisser et de les nettoyer soi-même que si l'on est un peu de *la partie;* autrement il vaut mieux confier l'objectif à un opticien.

Si l'on tenait cependant à effectuer cette opération, il faudrait dévisser les lentilles avec le plus grand soin, et s'assurer, au remontage, que les pas de vis sont serrés exactement au même degré, afin de replacer les lentilles à la distance voulue. Pour obtenir ce résultat avec certitude, on peut établir une ligne de repère portant sur les deux parties de l'objectif, et il sera alors facile au serrage de remettre exactement au point primitif les deux moitiés de l'objectif.

Les oculaires peuvent se démonter avec moins de précautions; les lentilles se nettoient très facilement en les enlevant de leurs montures.

Le miroir demande plus d'attention; le verre étamé est d'une très faible épaisseur, et par conséquent très fragile; il faut donc user de beaucoup de ménagements en le nettoyant.

« Malgré tous les soins donnés au microscope, il devient indispensable de nettoyer à fond, de temps en temps, sa partie optique, attendu qu'il se forme sur les lentilles et les oculaires une sorte de couche graisseuse qui assombrit considérablement l'image. Les instruments dont on ne s'est pas servi depuis plusieurs années portent, presque toujours, cette couche de matière adhérente. On peut être sans inquiétude sur le résultat du nettoyage, car il est tout à fait inoffensif pour les verres, si l'on se sert d'un bon pinceau et d'une étoffe très fine et molle humectée d'alcool et d'ammoniaque alternativement (¹). »

Nettoyage de la partie mécanique. — Après chaque observation et avant de remettre le microscope dans sa boîte ou mieux sous une cloche, il convient d'essuyer avec soin toutes les parties métalliques. Un vieux torchon en toile, très usé, doit encore être préféré à une peau de daim. Chaque pièce sera essuyée, frottée dans le sens du polissage; et cette simple opération fera dispa-

(¹) Robin, *op. cit.*, p. 402.

raître, presque toujours. les taches produites par le contact des doigts.

Il faudra toujours éviter d'humecter le linge avec de l'alcool, ou avec de l'huile, qui altérerait et enlèverait même la couche de vernis qui recouvre toutes les parties brillantes du microscope.

Les parties noires (oxydées) supportent très bien au contraire un nettoyage à l'huile; mais il est très important d'enlever par un frottage prolongé tout excès de corps gras; ici une peau de daim sera excellente à employer.

« Après un usage un peu prolongé, il arrive souvent que le glissement du tube dans le canon du microscope s'opère avec difficulté. Au lieu d'un mouvement doux et moelleux on n'obtient plus qu'un mouvement dur et saccadé; on risque alors, n'étant plus bien maître du glissement, d'écraser les préparations et, par suite, aussi de détériorer l'objectif. Pour rendre au tube son mouvement normal, il suffit, après l'avoir tiré hors du canon, de l'essuyer avec un linge bien sec, de manière à le débarrasser complètement d'une sorte d'enduit noirâtre qui le recouvre. Lorsque la surface est redevenue polie, on l'enduit très légèrement d'huile de pied de bœuf au moyen d'un linge imprégné de cette substance, enfin on l'essuie encore au moyen d'un linge sec. La face interne du canon est également nettoyée, et, ces précautions prises. le glissement s'effectue avec facilité (1). »

Malgré tous ces soins, après plusieurs années de séjour dans le laboratoire, un instrument a besoin d'un nettoyage à fond; les cuivres polis ont besoin d'être vernis de nouveau, et il faut de toute nécessité le faire passer entre les mains du constructeur.

Remarque. — Nous ne saurions trop insister sur l'importance extrême qu'il y a à entretenir avec le plus grand soin le microscope et ses accessoires. En général, on peut être assuré qu'un instrument sale dénote un mauvais observateur; même dans un laboratoire de Chimie, où les causes de détérioration sont plus

______

(1) Beauregard et Galippe, *op. cit.*, p. 25.

nombreuses et plus actives que partout ailleurs, le microscope doit être entretenu en bon état. Il est facile de comprendre que, dans des observations aussi minutieuses, la moindre imperfection peut donner lieu à des erreurs d'interprétation et ôter toute valeur aux indications si précieuses du microscope.

Cependant, dans l'état actuel de la science, il faut absolument que celui qui n'est pas micrographe renonce à faire sérieusement de l'anatomie et de la physiologie, soit végétale, soit animale; la méthode trop longtemps suivie dans nos écoles, et qui consistait uniquement à puiser dans les livres et à apprendre par cœur, n'est plus qu'une compilation inutile, et qui ne réussit le plus souvent qu'à mettre dans la tête une foule de choses inexactes et surannées. Dans les sciences naturelles, quelle que soit la branche à laquelle on se soit plus particulièrement adonné, on *ne sait* que ce que l'on a vu et disséqué cent fois; les observations personnelles doivent former le fond même du savoir.

Mais, comme nous avons eu déjà l'occasion de le dire, le micrographe ne s'improvise pas, il se forme peu à peu dans le laboratoire par un travail patient et surtout méthodique. Les jeunes gens qui ne fréquentent pas assidûment le laboratoire, qui ne se livrent pas à des travaux personnels, n'acquerront jamais une instruction solide.

CHAPITRE II.

EMPLOI DE LA LOUPE ET DU MICROSCOPE SIMPLES.

I. — Emploi de la loupe.

Utilité de la loupe. — Lorsque l'on dissèque une fleur, un insecte, ou bien encore un animal de petite taille, les organes que l'on veut étudier ne peuvent être bien distingués à la vue simple, et l'on est obligé de faire usage de verres grossissants, de loupes qui amplifient plus ou moins les objets.

Le naturaliste ne peut se passer un instant de la loupe, il en fait un usage continuel, quelle que soit la branche qu'il étudie : Zoologie, Botanique ou Géologie.

C'est en effet avec la loupe qu'il peut déterminer les caractères spécifiques des insectes, des plantes, les formes des petits cristaux, etc., etc. En histologie, elle sert à l'examen préliminaire des tissus, et elle est fort utile pour observer préalablement une injection ; elle permet d'étudier la distribution générale des capillaires ; elle sert encore à l'anatomiste pour reconnaître les orifices glandulaires à la surface des membranes, les filets nerveux, etc.

Amplification. — L'effet d'amplification de la loupe provient de ce fait, que grâce aux courbures de ses surfaces il devient possible de voir distinctement un objet placé à une très faible distance de l'œil : $0^m,01$, $0^m,02$, par exemple, alors qu'il faudrait l'éloigner d'une distance de 0ᵐ,22 environ pour atteindre le point de la vision distincte.

La loupe rend l'angle visuel beaucoup plus grand ; elle réunit les rayons extrêmes, les fait converger de telle sorte qu'ils peuvent pénétrer en bien plus grand nombre dans la pupille. Ces deux conditions, situation rapprochée de l'œil, entre-croisement des rayons sous un angle plus ouvert, font à la fois paraître l'objet plus grand et percevoir plus nettement les plus petits détails.

Emploi de la loupe à main levée. — Lorsqu'il s'agit simplement d'examiner la surface d'un objet, la loupe peut s'employer à main levée : elle se tient alors de la main droite, tandis que la main gauche supporte l'objet à examiner. La loupe doit être placée très près de l'œil, et l'objet de l'autre côté au foyer de la lentille.

On reconnaît que l'objet est au point voulu, au foyer, lorsqu'il donne une image nette, et il suffit pour arriver à ce résultat d'éloigner plus ou moins l'objet de la lentille.

En résumé, *pour voir nettement un objet sous le grossissement le plus fort qu'une loupe puisse donner, il faut le placer entre le foyer et la lentille très près de ce dernier, l'œil de l'observateur étant à son tour au delà et très près de la lentille.* Il est bon d'ajouter qu'en même temps que la loupe amplifie, elle *éclaire* plus vivement les objets.

Les myopes obtiennent de bien meilleurs effets des loupes que les presbytes ; ceux-ci, en effet, sont obligés pour obtenir une image nette de rapprocher beaucoup l'objet de la lentille, et par ce fait, l'angle visuel est augmenté, ainsi que la grandeur de l'image.

Nous ne reviendrons pas sur ce que nous avons dit des diffé-

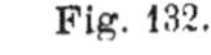

Fig. 132.

rentes montures de loupes à main (*voir* page 8) ; le plus ordinairement on fait usage de la loupe à deux bouts (*fig.* 132), et dans ce modèle la petite lentille donne un grossissement double de la plus grande.

Les montures désignées dans le commerce sous le nom de *biloupe* et de *triloupe* (*fig.* 133) permettent de superposer des

Fig. 133.

lentilles de foyer différent et d'augmenter ainsi la série des grossissements que l'on obtenait en employant séparément chaque lentille.

Enfin nous devons dire que les amplifications les plus fortes que l'on puisse utiliser par cette méthode sont celles que donnent la loupe de Coddington et celle de Prazmowski; cette dernière s'emploie absolument comme une loupe ordinaire et permet d'arriver à une amplification de 30 et même de 40 diamètres.

Emploi des porte-loupes. — Lorsque l'examen à la loupe doit être accompagné d'une dissection, l'instrument ne peut plus être employé simplement tenu à la main, et il faut de toute nécessité faire usage d'un support.

Nous ne parlerons que pour mémoire du moyen employé par les horlogers et les graveurs, et qui consiste à enchâsser entre la joue et l'arcade sourcilière, un tube en corne polie, dans lequel se trouve fixée une loupe. Cette méthode demande une grande habitude et amène toujours une fatigue considérable des muscles de la face.

Un système plus commode, mais fort simple, consiste à enchâsser cette même forme de loupe en corne dans une monture de bésicles (lunettes à lire) à verres ronds ; les verres étant enlevés, on peut à volonté placer la loupe en face de l'œil droit ou de l'œil gauche. Dans certains cas, cette méthode est fort utile, lorsqu'il s'agit, par exemple, d'examiner rapidement un certain nombre d'objets pour faire un triage.

Mais lorsque l'observateur doit faire une dissection sous la loupe, il convient de recourir à des supports plus perfectionnés : porte-loupes de Strauss, de Cosson, de Kunckel d'Herculais ou de Lacaze-Duthiers.

Porte-loupe de Strauss. — Il a le grand avantage de permettre de disséquer sur de larges surfaces, car la loupe (*fig.* 134) se

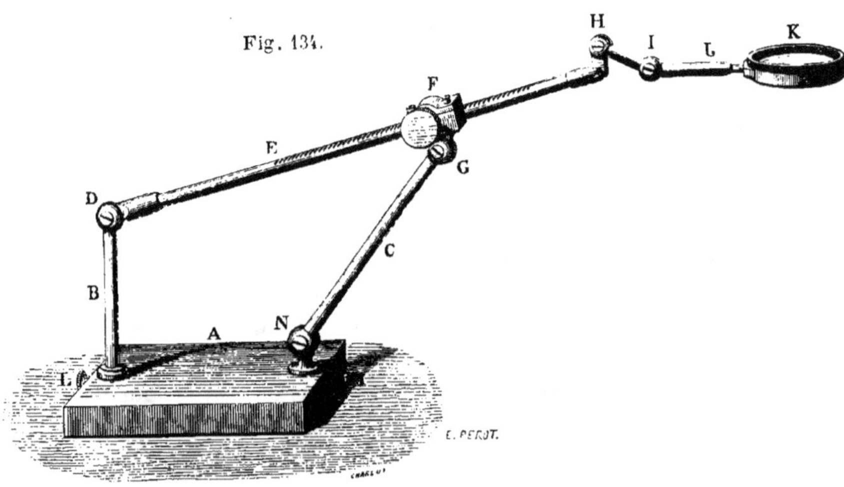

Fig. 134.

trouve reportée, par les tiges articulées, loin du pied de l'appareil. Les différentes lentilles se changent très facilement, car elles

sont maintenues en place par une tige entrant à frottement dans
un tube fendu J ; celle-ci peut en même temps tourner sur son axe
et se placer dans tous les angles voulus. Enfin par le mouvement
de la crémaillère F on obtient facilement une mise au point fort
exacte. Toutes les parties de ce porte-loupe peuvent se démonter
et tenir ainsi fort peu de place.

Porte-loupe de Cosson (*fig.* 9, p. 15). — Celui-ci est peu
volumineux et facile à déplacer ; les articulations de la tige permettent d'amener la loupe sur le point à examiner, et la crémaillère
permet une mise au foyer très exacte.

Porte-loupe de Kunckel d'Herculais (*fig.* 135). — Il diffère des

Fig. 135.

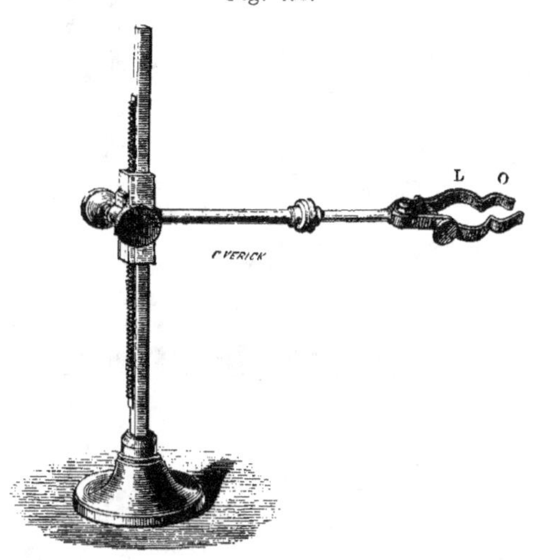

précédents par le mode d'attache des loupes : un collier brisé
porte deux mâchoires sinueuses, entre lesquelles peuvent se
placer des lentilles de dimensions différentes ; les unes, loupes
ordinaires montées en corne, prennent place en L, tandis qu'une
encoche plus petite O permet de fixer, soit des doublets, soit des
objectifs faibles de microscope. Une vis de serrage ramène les

deux mâchoires et maintient solidement la loupe. Enfin un tube à
frottement permet d'amener la lentille au point voulu et de
l'incliner; une crémaillère donne la mise au point.

Porte-loupe de M. de Lacaze-Duthiers (fig. 136). — Celui-ci est,

Fig. 136.

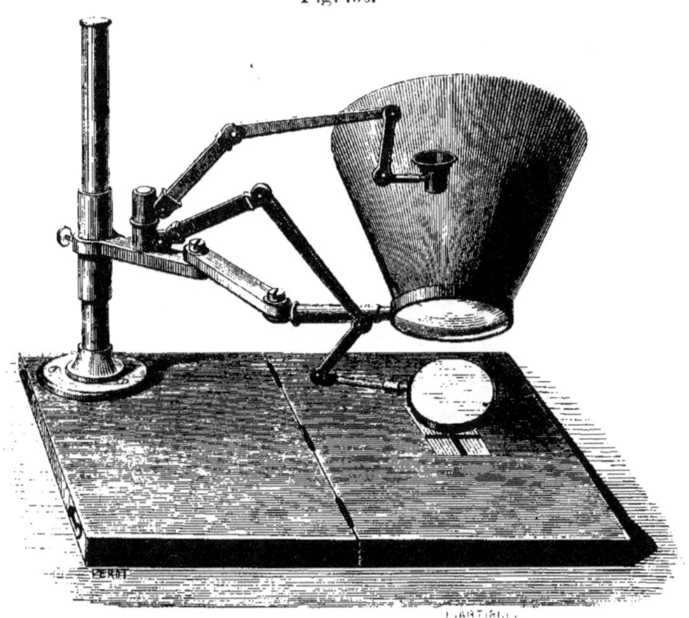

à notre avis, de beaucoup le plus commode pour les dissections.
Afin d'éviter toute perte de temps en changeant les lentilles, cet
appareil porte deux bras articulés à chacun desquels vient se fixer
une loupe de pouvoir différent; il est donc facile de changer rapidement le grossissement, et d'amener sur le point à examiner
l'une ou l'autre de ces deux lentilles. Mais, outre cet avantage,
l'appareil de M. de Lacaze-Duthiers est muni d'une troisième
loupe de grand diamètre, destinée à concentrer la lumière, ce qui
devient souvent fort utile dans certaines dissections. Enfin un
carton noirci peut s'adapter dans une rainure pratiquée autour

de cette lentille éclairante, et former un large écran qui préserve l'observateur d'une trop vive lumière.

Les loupes ainsi montées ne peuvent servir que pour l'examen des objets éclairés directement; aussi ne peut-on utiliser que celles d'un faible pouvoir grossissant; car, dans ce cas, la grande distance focale des lentilles permet aux rayons lumineux de passer facilement entre celles-ci et l'objet. Dans les fortes amplifications, la loupe est tellement rapprochée de l'objet, que la tête de l'observateur arrête toute lumière; il faut alors avoir recours au microscope simple et à l'éclairage par transparence.

Les plus forts grossissements à employer avec les loupes montées ne doivent pas dépasser 12 à 15 diamètres; au delà, toute dissection devient impossible.

II. — DE L'EMPLOI DU MICROSCOPE SIMPLE.

Le microscope simple, beaucoup trop délaissé depuis quelque temps, est cependant un instrument fort utile et qui peut rendre les plus grands services si l'on sait en user convenablement. Dans les dissections il a l'immense avantage de ne pas renverser les images, comme le microscope composé, et à la condition de ne pas lui demander des grossissements exagérés, il donne d'excellents résultats comme microscope d'observation.

Nous avons cherché à expliquer (p. 24) la défaveur dans laquelle est tombé le microscope simple, et nous avons indiqué, comme une des causes principales, certains défauts de construction, faciles cependant à corriger. Les botanistes usent très souvent du microscope simple; presque toujours une préparation de fleur, par exemple, est commencée sur le microscope simple, et plus complètement étudiée sur le microscope composé.

Nous ne reviendrons pas ici sur les qualités ou les défauts des différents modèles; mais le lecteur ne sera pas surpris que nous ayons choisi, pour décrire la manœuvre du microscope simple, le modèle que nous avons combiné et que construit M. Molteni.

Du reste, les indications que nous allons donner seront facilement applicables aux modèles des autres constructeurs, et il sera toujours possible d'obtenir des effets semblables avec l'un ou l'autre de ces modèles ; la seule différence résidera dans la facilité de manœuvre plus ou moins grande de chacun d'eux.

Mise en place du microscope. Éclairage. — Le microscope (*fig.* 137), étant posé sur une table solide et devant une fenêtre

Fig. 137.

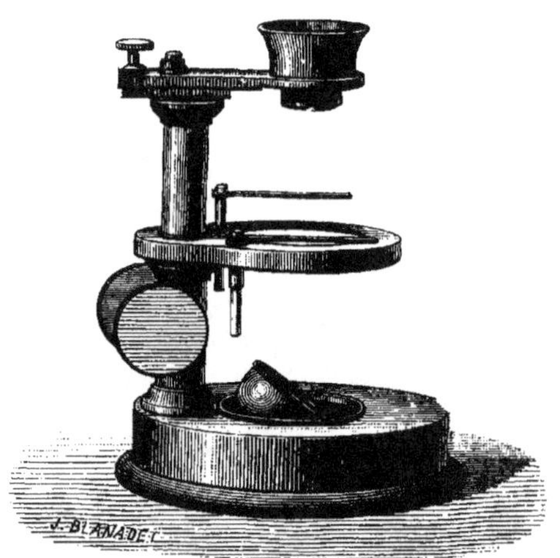

convenablement éclairée, est orienté de façon à permettre à la lumière de tomber directement sur le miroir éclaireur enchâssé dans le pied de l'instrument.

Avec les différents microscropes simples munis d'appuis fixes pour les mains, cette orientation demande quelques tâtonnements, car la lumière ne peut atteindre le miroir que par la face antérieure de l'instrument. Avec les modèles de Chevalier, l'espace ouvert à la lumière est déjà plus considérable, mais avec le microscope Molteni la lumière peut arriver de tous côtés.

Nous conseillerons de placer l'instrument un peu obliquement, de telle sorte que le bouton moletté se trouve à droite de l'observateur. Dans tous les cas, il faut alors orienter le miroir de façon à projeter les rayons lumineux dans l'axe du microscope, afin d'éclairer fortement l'objet à observer. Quelques mouvements imprimés au miroir permettront d'obtenir facilement ce résultat. Avec le microscope simple, cette opération est d'une grande simplicité; il n'en est pas de même avec le microscope composé, et lors de l'emploi des forts grossissements, la position du miroir est quelquefois difficile à trouver.

Emploi des loupes simples et des doublets. — La préparation étant mise en place sur le porte-objet, il convient de choisir la loupe ou le doublet le plus convenable à l'observation. Il faut tout d'abord faire usage d'un faible grossissement; il est facile alors de prendre une idée générale de l'objet; sa mise en place est plus facile.

Emploi des loupes triples de Prazmowski. — Pour ces faibles amplifications, les loupes triples de M. Prazmowski sont excellentes, elles donnent un champ considérable et ne déforment pas les lignes extrêmes, comme le font en général les loupes ordinaires.

Manipulations. — La préparation étant convenablement arrêtée, on la fixe au moyen des valets, puis on peut user d'un grossissement plus considérable.

La mise en place de la loupe se fait très facilement, grâce au pivot autour duquel peut tourner le bras porte-loupe, enfin le mouvement d'avant en arrière que donnent soit une crémaillère, soit une vis de rappel, ou plus simplement une coulisse, permet d'amener exactement à la place voulue le système amplifiant.

Dans le modèle Molteni la table est formée en quelque sorte par une glace transparente, et il devient facile d'examiner de larges surfaces. Nous l'avons déjà dit, et nous ne saurions trop le répéter, il ne faut jamais demander au microscope simple de fortes amplifications; par conséquent il y a toujours lieu de donner à l'image le champ le plus grand possible, et les diaphragmes sont complètement inutiles; voilà pourquoi nous ne parlons pas d'eux, quoique certains microscopes simples en soient munis.

Comme on le voit, l'emploi du microscope simple est des plus faciles; à la condition de faire usage d'un modèle débarrassé de toute complication, cet instrument rendra les plus grands services; ajoutons enfin qu'il suffit de quelques jours de pratique pour se rendre maître de cette méthode d'observations.

CHAPITRE III.

DE L'EMPLOI DU MICROSCOPE COMPOSÉ.

---

1. — MÉTHODES A SUIVRE DANS LES OBSERVATIONS.

Utilité du microscope composé. — Le microscope composé
permet de pousser à l'extrême l'amplification des objets, ce que
ne peut faire le microscope simple ; mais il renverse les images.

L'emploi du microscope composé est facilement démontré par
quelques leçons pratiques, mais la chose devient plus difficile
lorsque l'on ne peut recourir qu'à une démonstration écrite. Nous
l'avons déjà dit dans notre Préface, ce traité a principalement
pour but de venir en aide à ceux qui ne peuvent obtenir ces
démonstrations pratiques, et si nous ne nous faisons illusion, il
sera toujours possible, à toute personne, suffisamment patiente et
adroite, d'arriver à un résultat satisfaisant si elle consent à suivre
pas à pas les préceptes que nous allons énumérer.

Alors même que notre élève aurait trouvé dans un laboratoire,
auprès d'une personne faite aux observations microscopiques,
les premiers éléments, il aura souvent besoin dans ses recherches
de recourir à des données précises sur les manipulations exigées
selon telle ou telle circonstance. La pratique est en effet la seule
manière d'arriver à faire de bonnes observations microscopiques,
et la pratique demande un travail continu et tout personnel.

Les nombreux détails dans lesquels nous sommes déjà entrés

au sujet de la composition du microscope et de ses accessoires permettent de se faire une idée assez complète des effets qu'on peut lui demander et des méthodes à employer pour le mettre en œuvre.

Mais pour arriver à être encore plus clair, nous supposerons que le lecteur ne connaît encore que le nom des pièces du microscope, et nous allons successivement lui enseigner la manière de s'en servir.

Méthodes générales. — La première chose à faire lorsqu'on veut se servir du microscope est de s'assurer du bon état de l'instrument, et plus particulièrement de la propreté des lentilles et du miroir. Dans le cas où la netteté des surfaces de ces différents verres laisserait à désirer, on procédera tout d'abord à leur nettoyage , en n'omettant aucune des recommandations que nous avons faites à ce sujet (p. 176 et suiv.).

Le microscope est d'abord placé sur la table de travail convenablement installée devant une fenêtre; on prend toutes les précautions possibles pour éviter toute trépidation. Inutile de recommander de poser l'instrument de telle sorte que la colonne regarde l'observateur, tandis que le bord libre de la platine et le miroir seront dirigés en avant, du côté de la lumière.

Le microscope étant ainsi mis en place, il convient de procéder à l'éclairage.

L'observateur place l'œil à l'extrémité supérieure du tube; l'oculaire et l'objectif peuvent rester en place ou être enlevés; les deux méthodes sont également bonnes, à la condition de ne faire usage que d'objectifs faibles. Le plus souvent l'œil placé comme nous venons de le dire ne perçoit aucune lumière, il faut alors amener les rayons lumineux dans l'axe de l'instrument au moyen du miroir réflecteur, en tournant celui-ci alternativement dans un sens ou dans l'autre, jusqu'au moment où le champ devient clair et brillant.

Il arrive souvent aux débutants de ne trouver que difficilement une bonne position du miroir; aussi est-il important de s'exercer à atteindre rapidement ce résultat. Il est bon, surtout avec les miroirs articulés pour la lumière oblique, de s'aider des deux mains dans cette mise en place du miroir éclaireur.

Nous aurons à revenir encore sur la question de l'éclairage à propos de certains cas spéciaux.

C'est à ce moment qu'il convient de placer l'objectif que l'on veut employer. Le plus souvent cet objectif se visse directement sur le tube, et cette opération demande à être faite avec beaucoup de soin, afin de ne pas fausser le pas de vis, ce qui occasionnerait un décentrage difficile à réparer. Le commençant ne cherchera pas à visser directement l'objectif sur le tube en laissant celui-ci en place : il enlèvera au contraire ce tube du coulant dans lequel il glisse, afin d'effectuer à l'aise cette manœuvre délicate. Le tube étant tenu de la main gauche dans une position horizontale, et le nez tourné vers la droite, il convient de prendre l'objectif de la main droite, et d'appuyer légèrement les deux parties filetées l'une contre l'autre; puis, par de petits mouvements de rotation, d'arrière en avant et d'avant en arrière, de chercher à engager les deux pas de vis l'un dans l'autre. Il est fort important d'agir avec lenteur et légèreté, et de chercher à maintenir bien exactement le parallélisme des deux pièces. Lorsque les pas ont mordu l'un sur l'autre, il suffit de visser l'objectif jusqu'à ce que son embase porte sur la partie lisse du nez, sans qu'il se produise la moindre irrégularité, indice certain que les pas de vis ne sont pas en place et qu'un filet est passé sur un autre; dans ce cas, il faut revenir en arrière et chercher à remettre toute chose en place.

Avec un peu d'habitude, cette opération devient très facile; souvent l'observateur, pressé de changer un objectif, ne prend pas la peine d'enlever le tube de son coulant et visse l'objectif sans rien déplacer. Mais c'est là une mauvaise pratique, car l'objectif peut échapper, tomber sur la platine, et la lentille frontale s'abîmer.

Dans tous les cas, cette mise en place de l'objectif est longue et minutieuse; aussi les opticiens ont-ils cherché un système plus simple et plus rapide.

L'adaptateur de M. Nachet (*fig.* 138) supprime les pas de vis et permet un montage rapide. Cet appareil se compose d'une sorte de

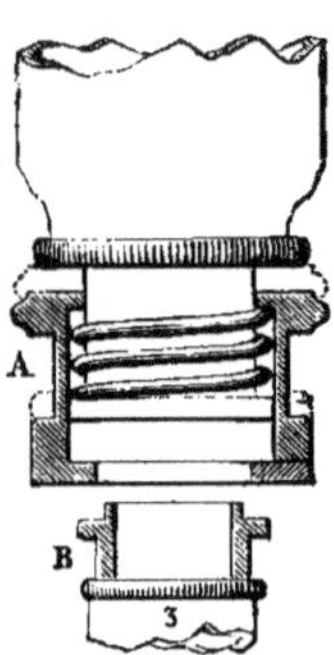

Fig. 138.

douille A mobile de haut en bas sur un tube fixé sur le nez du microscope : un ressort à boudin tend à faire remonter vers le haut cette boîte mobile. A la partie inférieure, une encoche latérale,.semblable à celle d'une baïonnette, permet d'introduire les objectifs, munis d'une bague spéciale sur le pourtour de laquelle règne une portée B. — Pour mettre en place un objectif, il suffit de ramener en bas la douille mobile et d'introduire l'objectif par l'encoche latérale; puis, laissant aller la douille en haut, l'objectif se trouve poussé dans une gorge d'un diamètre égal à la portée B : le centrage et la fixité sont assurés du même coup par l'effort que fait le ressort à boudin renfermé dans la douille. Une manœuvre en sens inverse permet d'enlever l'objectif.

M. Vérick à construit également un extracteur à levier qui donne des résultats analogues.

L'objectif étant mis en place et l'éclairage convenablement réglé, il faut procéder à la mise au point, après avoir toutefois placé une préparation sur la platine du microscope et l'avoir convenablement fixée au moyen des volets.

La *mise au point* s'effectue de deux façons : l'une, au moyen du *mouvement rapide*, s'obtient en faisant glisser le tube du microscope dans la douille qui le porte, soit en le poussant à la main, soit au moyen d'une crémaillère ; l'autre, au moyen du *mouvement lent* par la vis micrométrique.

Dans l'un comme dans l'autre cas, il est nécessaire de prendre certaines précautions : la plus importante de toutes est de n'exécuter ces deux mouvements qu'avec lenteur et régularité, afin de ne pas faire porter tout d'un coup l'objectif contre la préparation et de briser alors le verre mince qui recouvre l'objet. En opérant par le *coulant*, mouvement rapide, il convient de faire mouvoir le tube en lui imprimant un mouvement en hélice, soit qu'on abaisse le tube vers la préparation, soit qu'on l'éloigne au contraire.

Les commençants feront bien d'exécuter cette manœuvre de la façon suivante : on commencera tout d'abord par recouvrir la préparation d'une bande de papier, puis, sans mettre l'œil à l'oculaire, on fera descendre le tube de façon à faire toucher la préparation par l'objectif : effet que l'on aura obtenu lorsque la feuille de papier ne pourra plus glisser librement entre l'objectif et la préparation, en évitant toutefois de comprimer trop fortement celle-ci. Il faut en tout ceci agir très lentement et, lorsque l'objectif est au moment de toucher la préparation, essayer de faire glisser la feuille de papier et s'arrêter dans la descente du tube aussitôt que la feuille paraît toucher sur ses deux faces. Ayant mis l'œil à l'objectif, on remonte alors le tube par le mouvement d'hélice qui permet de le faire avancer régulièrement, jusqu'à ce que l'objet devienne visible. Tout d'abord on voit apparaître dans le champ du microscope une image vague ; il faut s'assurer que c'est bien la préparation qui apparaît ainsi ; en imprimant quelques mouvements à la lamelle de verre, on voit que cette image nuageuse se déplace en sens inverse des mouvements du porte-objet, c'est donc bien l'image de la préparation. Si le microscope est muni d'une crémaillère, c'est en faisant tourner le bouton moletté de cet appareil que s'effectue cette première mise au point. Mais il est difficile d'obtenir ainsi une netteté suffisante, et pour arriver au résultat définitif il faut faire usage de la vis micrométrique. A cet effet, on saisit le bouton moletté

qui termine cette vis et on le fait tourner lentement dans un sens
ou dans l'autre jusqu'au moment où l'image présente toute la
netteté désirable ; lorsqu'en tournant à droite, par exemple,
l'image s'efface, on tourne au contraire à gauche, et bientôt l'effet
désiré est obtenu.

La mise au point étant ainsi effectuée, il ne reste plus qu'à étu-

Fig. 139.

dier la préparation ; il faut alors faire mouvoir le porte-objet en
divers sens, afin de voir toutes les parties contenues entre les deux
lames de verre, et ceci est d'autant plus nécessaire que le champ

de l'objectif est plus restreint. On a ainsi une idée générale de la préparation, et l'on peut se rendre compte des divers objets qu'elle contient; on peut suivre les différents points de ceux qui sont allongés, filamenteux ou tubuleux.

Pour exécuter ce mouvement on doit faire glisser le porte-objet sur la platine avec l'extrémité du pouce ou de l'index, le poignet reposant sur la table : il est donc très important que la platine du microscope ne soit pas trop élevée au-dessus de la table : sous ce rapport, le modèle de M. de Lacaze-Duthiers est de beaucoup le plus commode (*fig.* 139). Si l'on ne prenait pas un point d'appui sur la table, et si l'on voulait exécuter ces mouvements à main levée, il serait à peu près impossible d'obtenir de bons résultats, et l'on arriverait à ne produire que des mouvements brusques et saccadés.

Voilà, en résumé, en quoi consiste la manœuvre du microscope composé; l'éducation du micrographe doit se faire en exécutant ces différentes opérations, de disposition du miroir et de mise au point, qu'il devra effectuer successivement avec tous les objectifs de son microscope et avec diverses préparations.

Nous aurons encore à compléter ces indications générales en donnant quelques exemples d'observations; mais avant, il est indispensable de reprendre chacune des manœuvres que nous venons de décrire afin de les compléter.

Éclairage. — Nous renverrons ces deux questions à l'article qui traite de la lumière (p. 173) : Quelle est la meilleure lumière? comment convient-il d'utiliser les sources de lumière artificielle?

Mais nous devons parler ici de l'éclairage des objets opaques, de l'emploi des diaphragmes, de l'emploi des concentrateurs et des effets de lumière oblique.

Éclairage des corps opaques. — Lorsqu'il s'agit d'examiner des corps opaques, il devient nécessaire d'augmenter le plus possible l'intensité de l'éclairage, soit en concentrant la lumière, soit en faisant usage de la lumière solaire. Ce dernier système est rarement employé, et l'on se contente presque toujours de concentrer le plus de lumière diffuse possible sur l'objet opaque à l'aide d'une lentille convergente ou d'un miroir parabolique.

Lentille éclairante. — Dans certains modèles, la lentille éclairante est attachée à la douille du microscope ; elle peut se relever contre le tube sans gêner les observations ordinaires, tandis qu'un système de tiges articulées à boule permet de lui donner toutes les positions désirables, afin de prendre la lumière du côté le plus favorable : telle est la disposition adoptée par M. Molteni.

Dans d'autres modèles, ceux de Chevalier par exemple, la lentille éclairante se fixe à la platine dans un des angles antérieurs, et peut s'enlever à volonté ; une tige articulée permet également de lui donner la position voulue.

Mais dans les modèles de microscopes plus complets, la lentille

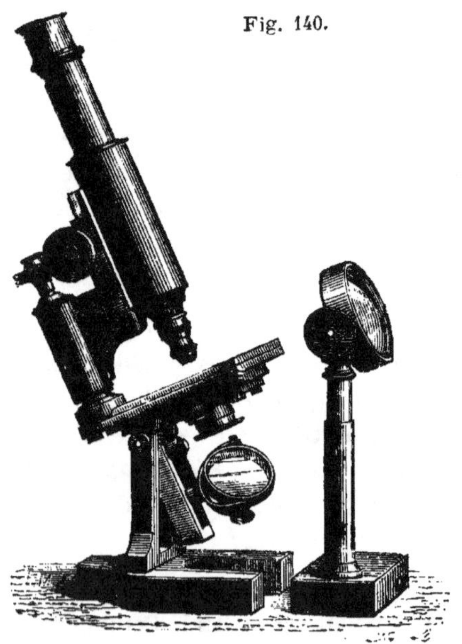

Fig. 140.

éclairante est entièrement indépendante du microscope ; elle est alors portée par un pied lourd à tige mobile (*fig.* 140).

Avec l'une ou l'autre de ces dispositions, il suffit de placer la lentille de telle sorte que son foyer tombe sur l'objet à éclairer ; celui-ci est ordinairement placé sur un porte-objet opaque : bois ou verre enduit de vernis noir ; dans le cas où le porte-objet est transparent, il convient de renverser le miroir réflecteur, de façon à éliminer toute lumière transmise.

Miroir de Lieberkuhn. — Par le système de la lentille éclairante, on ne peut utiliser que de faibles grossissements : les objectifs à court foyer se trouvent trop rapprochés de l'objet et empêchent ainsi le passage du faisceau lumineux projeté par la lentille. Il convient donc, lorsqu'il est nécessaire d'employer de fortes amplifications, d'avoir recours au *miroir de Lieber-kuhn.*

Nous rappellerons que ce miroir concave en verre argenté s'adapte à la monture même de l'objectif et réfléchit sur l'objet opaque la lumière envoyée par le miroir. Pour faire usage de cet appareil (*fig.* 141), il faut supprimer tous les diaphragmes,

Fig. 141.

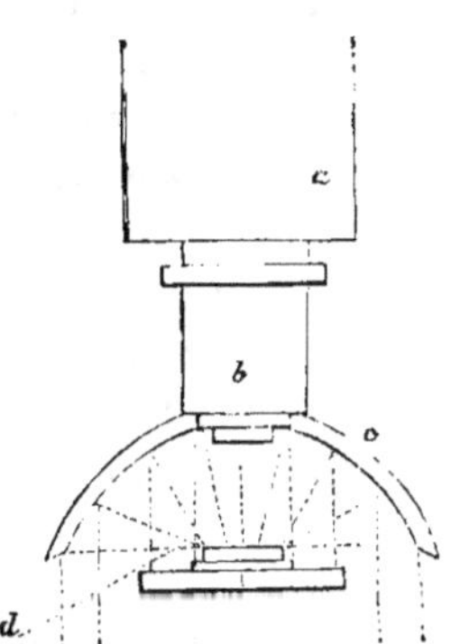

afin de laisser pénétrer le plus de lumière possible ; l'objet à éclairer doit être placé sur une petite plaque circulaire à peine plus grande que lui, et absolument opaque, que l'on pose exactement au centre de l'ouverture de la platine.

Si cet objet opaque présente des parties très brillantes, il faut modérer l'éclairage en recouvrant le miroir du microscope avec une feuille de papier blanc : dans d'autres cas, il est utile de masquer une partie du miroir de Lieberkuhn, afin d'obtenir quelques effets d'ombre, qui mettent alors en relief certains détails qu'il serait impossible de distinguer sans cela.

En général, il convient d'avoir un miroir parabolique pour chaque objectif, car il est nécessaire que la courbure de celui-ci soit calculée d'après le foyer de l'objectif; un ou deux de ces appareils seront suffisants dans la pratique ordinaire, et ce n'est que dans des cas tout spéciaux qu'il sera nécessaire d'en augmenter le nombre.

La lumière réfléchie (éclairage des objets opaques) est fort utile à employer concurremment avec la lumière transmise lorsqu'il s'agit d'étudier de fines injections au chromate de plomb; cette *masse* est complètement opaque, et l'éclairage en dessus par une lentille donne des effets de couleur très nets et permet de distinguer sans hésitation les vaisseaux injectés.

Lumière solaire. — L'éclairage des objets opaques, par la lumière du soleil, se fait le plus souvent sans l'intermédiaire d'une lentille éclairante; il pourrait arriver, en effet, que la concentration des rayons amenât une telle élévation de température que l'objet ne pourrait résister et prendrait feu ou serait détruit rapidement.

Nous verrons plus loin que par un artifice fort ingénieux, on arrive à éclairer d'une façon remarquable les objets demi-opaques; mais c'est alors un effet d'éclairage oblique, et nous en parlerons en traitant de cette méthode particulière.

Diaphragmes. — Il est souvent nécessaire, surtout avec les forts grossissements, de diminuer la quantité de lumière réfléchie par le miroir du microscope, en supprimant une partie du faisceau lumineux. Sans cette précaution, les objets paraissent comme noyés dans la lumière, leurs contours manquent de netteté, et les détails disparaissent.

On arrive à supprimer cet excès de lumière en adaptant sous la platine des diaphragmes à ouverture plus ou moins rétrécie. Les uns dits *à rotation* sont suffisants pour les grossissements moyens; mais il faut de toute nécessité avoir recours aux diaphragmes à tube, lorsque l'on fait usage d'objectifs puissants.

Ceux-ci ont le précieux avantage d'être mobiles de bas en haut: ils peuvent arriver à toucher la lame de verre porte-objet, condition indispensable à remplir pour les diaphragmes à ouverture très petite.

Dans certains modèles très soignés, celui de Chevalier par

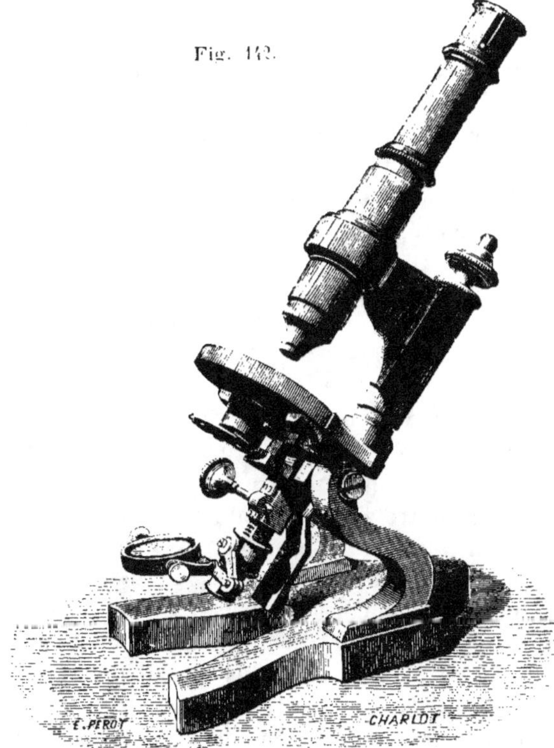

exemple (*fig.* 142), ce mouvement de haut en bas des diaphragmes est obtenu au moyen d'une crémaillère

Il est fort important que le centrage de ces diaphragmes soit d'une exactitude complète, mais il est rare qu'il n'en soit pas ainsi lorsqu'un microscope sort des mains d'un constructeur de talent.

On peut encore arriver à modérer l'intensité de la lumière en interposant, entre la source lumineuse et l'objet, des verres colorés plus ou moins foncés, bleus ou jaunes, ou encore des plaques de verre dépoli. Ces verres se placent tantôt sur le diaphragme, tantôt sur la platine du microscope. Dans certains modèles, un disque particulier avec ouverture munie de verres colorés rend plus facile l'emploi de cette méthode.

Le miroir doit également être très exactement ramené dans l'axe optique de tout l'appareil, et voici une excellente méthode pour arriver à ce résultat :

« Pour s'assurer que le miroir est exactement dans l'axe optique du microscope, il faut examiner une bulle d'air dans l'eau, en mettant l'objectif au point pour sa partie supérieure. Si le miroir n'est pas bien centré, les différentes zones de l'image n'ont pas des bords parallèles ; il faudra faire varier la position du miroir jusqu'à ce que l'image soit bien régulière. Il sera alors certain que le centre du miroir est dans l'axe optique de tout l'instrument [1]. »

Des concentrateurs. — Dans les microscopes soignés, le miroir possède deux surfaces réfléchissantes : l'une est plane et sert à éclairer les objets soumis à un faible grossissement, 100 diamètres au maximum ; l'autre est au contraire concave, elle concentre alors les rayons lumineux et s'emploie avec les objectifs forts.

Le miroir concave doit être placé à une distance telle, que son foyer vienne tomber un peu au-dessus de la préparation ; c'est là en effet que se trouve le point où il donne le maximum d'intensité lumineuse ; placé plus haut ou plus bas, il donnerait lieu à des franges lumineuses sur les bords des objets.

Il faut donc chercher ce point en élevant ou en abaissant le miroir ; tantôt cet effet peut s'obtenir par une tige articulée

[1] Ranvier, *op. cit.*, p. 10.

tantôt par une sorte de glissière avec arrêt et, mieux encore, par une crémaillère, comme nous l'avons vu dans le modèle Chevalier (*fig.* 142).

Tout ceci suppose l'emploi de la lumière naturelle, dont les rayons sont considérés comme parallèles; mais lorsqu'on fait usage d'une source de lumière artificielle et par conséquent rapprochée, les rayons sont plus ou moins divergents, et la position du miroir concave n'est plus la même; il faut donc corriger cette mise en place en élevant ou en abaissant le miroir. Le foyer lumineux doit également être placé en un point déterminé, et il est fort utile de placer en avant de lui une lentille plan convexe qui rend les rayons parallèles et corrige les mauvais effets des rayons divergents.

Mais l'intensité lumineuse obtenue par les miroirs concaves n'est pas toujours suffisante, et, malgré tous les soins apportés à leur mise en place, il se produit souvent des effets de diffraction (franges lumineuses) qu'il convient d'éliminer : effets que corrigent les concentrateurs à lentilles, appelés encore éclairage Dujardin, du nom de l'habile micrographe qui le premier a combiné un appareil de ce genre.

Pour user de ce concentrateur ([1]), il faut que le microscope possède un porte-diaphragme à tube. Il suffit d'enlever le diaphragme et de mettre à sa place le concentrateur, en amenant sa face supérieure au niveau de la platine, la préparation portant ainsi sur le concentrateur lui-même. Cet appareil est construit pour utiliser des lames porte-objet de $0^m,002$ d'épaisseur, et il perd toutes ses qualités si son foyer ne tombe pas exactement sur l'objet même. Pour remédier à l'égalité d'épaisseur des porte-objets, sa monture est construite de façon à permettre un réglage; mais, on le comprendra aisément, cette correction ne peut s'effectuer qu'en employant des porte-objets d'une épaisseur moindre $(0^m,002)$; elle s'obtient en abaissant convenablement le concentrateur; on peut alors amener son foyer au point voulu. En

____

[1] *Voir* sa description, p. 63.

général, le tube du concentrateur porte un cordon moletté qu'il est facile de saisir entre les doigts pour le faire descendre plus ou moins par un mouvement en hélice. D'autres fois le concentrateur est mis au point par un levier qui actionne le porte-diaphragme.

Cet instrument est surtout utile dans l'étude des infusoires et des très petits organismes transparents; il donne des images d'une très grande netteté, et sans la moindre trace de franges lumineuses, effet qui se produirait infailliblement avec la lumière réfléchie par le miroir concave.

Dans ces derniers temps, les constructeurs anglais ont eu l'idée d'appliquer aux concentrateurs le principe de l'immersion; effectivement les effets produits par cet instrument deviennent plus parfaits si l'on interpose une goutte d'eau ou d'huile de cèdre entre la lentille supérieure du concentrateur et le porte-objet.

Lumière oblique. — Dans tout ce que nous venons d'exposer au sujet de l'éclairage, nous avons supposé que le faisceau lumineux réfléchi par le miroir traversait la préparation et le système optique dans l'axe du microscope. Dans certains cas il y a avantage à faire arriver obliquement la lumière sur l'objet, de telle sorte que celui-ci, plus vivement éclairé sur un de ses côtés, projette dans le sens opposé une ombre qui accuse mieux les reliefs. De cette façon, en effet, au lieu de voir seulement une coupe de l'objet, un plan unique, celui-ci apparaît comme un solide à plusieurs faces, ce qui permet de mieux distinguer certains détails.

Ce mode d'éclairage permet de voir très nettement les stries des diatomées, les filaments des spermatozoïdes, les parois des jeunes cellules.

Mais il est bon de prévenir le commençant que ce mode d'éclairage peut quelquefois induire en erreur sur la constitution exacte de certains corps, et qu'il est bon d'en user seulement comme complément de l'éclairage central. Il est presque toujours possible maintenant d'obtenir, avec de bons objectifs et l'éclairage ordinaire, une *résolution* complète des tests les plus difficiles, tandis qu'avec les objectifs insuffisants d'autrefois il était indispensable d'user de la lumière oblique.

Miroir articulé. — La première opération consiste à enlever tout d'abord les diaphragmes, ou tout au moins il conviendra d'amener devant la platine l'ouverture la plus grande, de façon à ne pas diminuer la grandeur de l'ouverture de la platine. On étend les articulations (*fig.* 143) du miroir, de façon à amener celui-ci

Fig. 143.

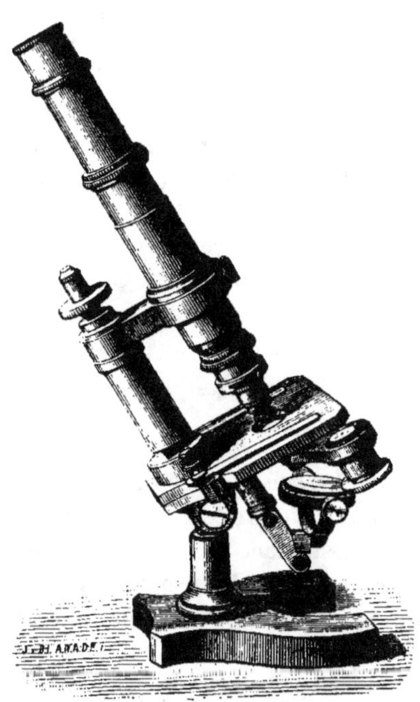

en dehors de l'axe, et l'on cherche, en élevant ou en abaissant le miroir, en l'inclinant de diverses façons, à projeter obliquement le faisceau lumineux au centre de l'ouverture de la platine. Si le microscope peut s'incliner, il est facile de réaliser en avant ces différentes manœuvres, et d'atteindre le maximum d'effet utile qui se produit sous une incidence de 30° environ,

Souvent une obliquité moindre est suffisante, elle peut alors se donner latéralement; suivant le grossissement employé, on a recours au miroir plan ou au miroir concave, comme pour l'éclairage central.

« Un vice capital inhérent à ce mode d'éclairage consiste surtout en ce que ce n'est plus la surface entière de l'objectif qui agit pour la formation de l'image, mais seulement un de ses bords d'autant moins étendu que l'obliquité des rayons est plus considérable : aussi ne doit-on user que dans les limites aussi étroites que possible de ce système, qui n'est d'ailleurs utile que dans quelques cas.

« Il est indispensable, quand on fait usage de la lumière oblique, d'orienter l'objet par rapport à l'incidence des rayons, de telle façon que les détails que l'on étudie projettent une ombre dans une direction déterminée.

« Les microscopes à platine rotative sont, dans ce cas, d'usage fort commode et presque indispensable. On peut, il est vrai, avec un peu d'habitude, faire tourner la préparation à la main jusqu'à ce que l'on ait trouvé la position la plus avantageuse; mais ce moyen, toujours incertain, ne devra être employé que lorsqu'il sera impossible de faire autrement (¹). »

Éclairage à fond noir. — Il existe encore une autre méthode pour produire un effet d'éclairage oblique, c'est celui que donne le petit appareil que nous avons décrit page 63 sous le nom d'*appareil à fond noir*. Celui-ci se place dans le tube porte-diaphragme, le sommet dirigé vers le miroir. En projetant dans l'axe de l'appareil un faisceau lumineux, on obtient un éclairage oblique dans toutes les directions. Quand on observe un objet convenablement choisi, carapace de diatomées par exemple, on croirait avoir affaire à un éclairage en dessus, comme celui que donne le miroir de Lieberkuhn, avec cette différence, cependant, que la lumière est d'une intensité bien supérieure.

(¹) Moitessier, *op. cit.*, p. 78.

De l'emploi de la lumière polarisée. — La lumière polarisée produit des effets de coloration remarquable en traversant certaines substances : l'émail des dents, les muscles, l'épiderme, les cheveux et surtout les cristaux. Dans d'autres cas, elle amène des effets d'ombre et de lumière tout particuliers, dans les fécules par exemple.

On peut, à l'aide de ces effets de la lumière polarisée, distinguer entre eux certains corps, et l'importance de cette méthode est telle. qu'il est bon d'avoir à la fois, sur la table de travail, deux microscopes, dont l'un est muni d'un appareil de polarisation.

Dans ces dernières années, l'emploi de la lumière polarisée est devenue d'une importance capitale pour la détermination des substances minérales ; aussi consacrerons-nous un chapitre tout entier à ce sujet ; nous ne parlerons en ce moment que de l'emploi de la lumière polarisée en général.

Nous avons décrit (p. 65) les différents systèmes employés aujourd'hui ; leur emploi est des plus simple.

Le polarisateur se place au-dessous de la platine du microscope dans le porte-diaphragme à tube. L'analyseur se place tantôt audessus de l'objectif, dans le tube même, tantôt au-dessus de l'oculaire, et c'est là le système le plus employé et le plus commode.

Avant de mettre en place l'analyseur, il convient de fixer la préparation sur la platine et de la mettre au point ; mais celle-ci ne sera plus exacte après l'adjonction de l'analyseur ; il sera donc nécessaire de la modifier : un léger mouvement de la vis micrométrique suffira le plus ordinairement. On fait alors tourner l'analyseur sur son axe, en observant les effets de coloration ou d'extinction de lumière qui se produisent. Lorsque les deux prismes se trouvent placés à angle droit, le champ du microscope devient complètement noir : c'est le *point d'extinction ;* le plus souvent c'est également la position dans laquelle les colorations atteignent le maximum d'intensité.

On peut augmenter encore les effets de coloration en plaçant entre l'oculaire et l'analyseur des lames minces de gypse (chaux sulfatée), taillées parallèlement à l'axe. On fabrique très aisément ces lames minces en clivant un morceau de gypse aussi pur que possible : les plus utiles sont celles dont l'épaisseur donne le rouge intense. Il faut orienter ces lames en les faisant tourner autour de l'axe optique de l'appareil jusqu'au moment où elles produisent l'effet cherché.

Lorsque le champ du microscope reste obscur, malgré les mouvements de rotation imprimés à la préparation, les prismes étant croisés, on a la preuve que la substance examinée n'agit pas sur la lumière polarisée : son action est au contraire nettement manifeste lorsqu'il devient visible et se colore de teintes vives.

Ces recherches doivent toujours être faites au moyen de préparations très transparentes : le baume de Canada, la glycérine sont alors d'excellents véhicules.

Enfin il faut éviter avec soin, pendant ces observations, toute lumière directe, en plaçant un écran en avant de la platine ; sans cette précaution, très simple, il serait difficile de distinguer les colorations très faibles que produisent les corps dans lesquels la double réfraction est peu prononcée.

Choix des grossissements. — Il est presque toujours nécessaire d'examiner une préparation avec des objectifs de forces différentes, depuis les plus faibles jusqu'aux plus puissants.

Les objectifs à long foyer, donnant des amplifications de 20, 40, 60 diamètres au plus, seront employés pour l'examen des injections des glandes, ou des coupes de tiges végétales, des insectes entiers. Les objectifs plus forts, grossissant de 100 à 300 fois, serviront à étudier les os, les dents, les poils, les bulbes pileux, les culs-de-sac glandulaires, les fibres musculaires, les vaisseaux, les fibres et les trachées végétales, les grains de pollen, etc.

Les grossissements de 600 et 800 diamètres seront habituellement employés en anatomie générale ; et il est indispensable d'arriver à ces fortes amplifications pour étudier avec fruit les fibres primitives des muscles, les cellules et les tubes nerveux, les cellules de la moelle des os, les globules du sang, du pus, etc., etc. C'est en effet par l'emploi des forts grossissements que l'on peut arriver à distinguer nettement les différences de forme, de volume des éléments anatomiques, tandis qu'avec les objectifs faibles tous ces éléments se ressemblent et paraissent tous être de même espèce.

Mais avant d'arriver à faire usage de ces fortes amplifications, il est nécessaire d'examiner tout d'abord l'ensemble d'une préparation avec un objectif faible, et dont le champ est plus étendu ; on prend ainsi une idée générale de la préparation et l'on arrive sans difficulté à placer au centre les points intéressants à étudier plus complètement sous des grossissements plus forts, etc.

Il est donc important d'observer une même préparation avec des objectifs de forces différentes, et ces changements de lentilles obligeaient à une manœuvre longue et délicate ; aussi les micrographes avaient-ils l'habitude d'employer à la fois deux microscopes : l'un muni d'un objectif faible, l'autre d'un objectif fort. Mais cette méthode avait le grave inconvénient de nécessiter une nouvelle recherche du point à examiner.

Aujourd'hui, deux sortes d'appareils permettent un changement rapide d'objectif, ce sont les *extracteurs* et les *revolvers*.

Extracteur. — Nous avons décrit plus haut l'extracteur construit par M. Nachet, ainsi que sa manœuvre qui est des plus simple.

Revolver. — Ce petit appareil permet d'opérer rapidement ce changement, mais son emploi demande quelques précautions.

Les deux objectifs étant vissés sur le revolver (*fig.* 144), on exa-

Fig. 144.

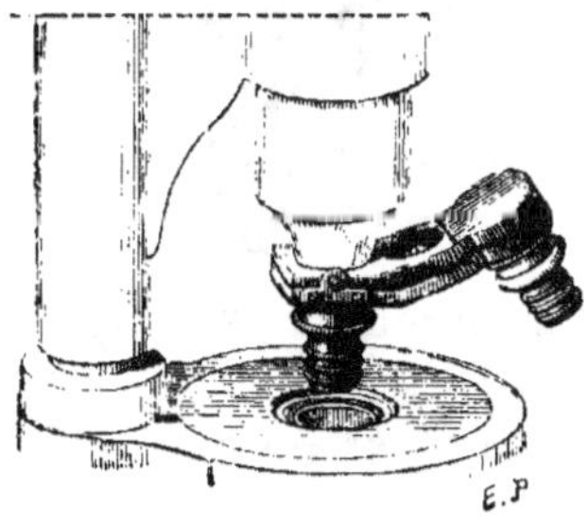

mine d'abord si les montures des lentilles sont de hauteur égale :

TRUTAT. — *Microscope.* 14

dans le cas où l'une serait plus considérable que l'autre, il sera nécessaire de pousser en haut le tube porte-objectif d'une quantité suffisante pour ne pas écraser la préparation lors du changement d'objectif. Pour effectuer ce changement, il suffit de faire tourner la plaque inférieure sur l'axe latéral du système; un arrêt indique que l'objectif est arrivé au centre optique du microscope.

Le revolver à deux objectifs est d'un excellent usage, mais nous ne conseillerons guère le revolver à trois objectifs; le centrage de cet appareil est fort délicat, il se dérange facilement, enfin les deux objectifs relevés sur le côté sont une cause d'embarras qu'il convient d'éviter.

Mise au point. — La mise au point des objectifs faibles est chose assez facile, et, si l'on veut bien ne pas oublier les règles que nous avons posées à ce sujet, le commençant ne trouvera aucune difficulté sérieuse dans cette opération.

Mais lorsqu'il aura recours aux objectifs à fortes amplifications, avec correction ou immersion, les précautions les plus minutieuses seront nécessaires.

Objectifs à correction (*fig.* 145). — Ils sont toujours à court

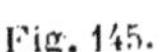

Fig. 145.

foyer, leur mise au point est assez délicate et doit être modifiée en même temps que la correction. Nous supposerons que l'on ne connaît pas l'épaisseur du couvre-objet : « On place la languette au milieu de la fente et l'on cherche, dans la préparation soumise à l'examen, une partie qui offre des détails d'une grande finesse. On met au point, puis on tourne le collier, soit à droite, soit à gauche, suivant que l'on suppose que le couvre-objet a plus ou moins de $\frac{1}{10}$ de millimètre d'épaisseur. Mais comme le mouvement de rotation a dérangé l'exactitude de la mise au point, on la rétablit en faisant agir la vis micrométrique ou à mouvement lent du microscope. Si l'on voit moins bien les détails de la partie observée, si, au lieu de gagner en finesse, ils prennent de l'épaisseur, cela indique qu'on n'a pas tourné le collier dans le sens convenable. Alors on tourne le collier en sens contraire, ce qui ramène la languette à sa position moyenne; on met l'objectif au foyer, comme on l'avait fait en débutant, et l'on recommence la série des opérations ci-dessus indiquées en faisant mouvoir le collier en sens inverse. Si l'image paraît sensiblement plus parfaite, on continue à tourner le collier de la même façon et à remettre chaque fois au point jusqu'au moment où l'image commence à perdre de sa netteté. C'est le signe que l'on a dépassé les limites de la correction exigée par l'épaisseur du couvre-objet. On revient facilement à la position favorable dont on s'était un peu écarté. Ces tâtonnements s'exécutent promptement en ne quittant pas, d'une main, la vis micrométrique du microscope, et de l'autre, le collier de l'objectif (¹). »

Objectifs à immersion. — Ces objectifs demandent des soins plus minutieux encore dans leur emploi et dans leur conservation.

Avant de visser l'objectif sur le microscope, ou bien après l'avoir adapté sur le tube enlevé du coulant, on dépose une goutte d'*eau distillée* sur la lentille inférieure en s'aidant d'une baguette de verre. Cette goutte d'eau s'attache immédiatement au verre, et elle doit le couvrir dans toute son étendue. Si l'eau refusait de s'étendre ainsi, il faudrait nettoyer la surface du verre en la frottant légèrement avec un morceau de batiste très usée; si ce nettoyage était insuffisant, il faudrait avoir recours à de l'eau ammoniacale. La goutte d'eau étant convenablement étendue sur l'objectif, on fait

(¹) Robin, *op. cit.*, p. 191.

également tomber une autre goutte d'eau distillée sur le couvre-objet préalablement essuyé. Le tube ou l'objectif est mis en place et abaissé lentement de façon à faire rejoindre les deux gouttes d'eau : la mise au point se fait alors.

Une méthode plus simple, mais moins sûre, consiste à mettre l'objectif au point, puis à faire glisser une goutte d'eau entre la lentille et la préparation.

Objectifs à immersion homogène. — Le principe d'Amici a donné déjà d'excellents résultats; mais jusqu'à présent tous les objectifs construits dans ce but étaient calculés pour faire usage de l'eau distillée. Un micrographe anglais, M. Stephenson, a eu l'idée d'employer, pour l'immersion, des liquides ayant le même indice de réfraction que le crown; et déjà les résultats obtenus par les objectifs construits d'après cette méthode ont permis de résoudre à la lumière naturelle les stries de diatomées que la lumière monochromatique seule permettait de voir.

Mais l'emploi des objectifs à immersion homogène n'est pas sans présenter quelques ennuis. L'*essence de cèdre*, proposée comme le meilleur liquide, a l'inconvénient de dissoudre les vernis, et de plus elle est d'une fluidité désespérante. Fort heureusement, un habile photographe belge, M. Van Heurck, a entrepris de rechercher un liquide ne présentant pas les inconvénients que nous venons de signaler, et ses efforts ont été couronnés de succès.

Pour être employé avec avantage, le liquide désiré doit remplir les conditions suivantes :

1º Avoir un indice de réfraction convenable. Cet indice, pour les objectifs actuels, est d'environ 1,510. Le crown, dont on fait les couvre-objets et les lentilles frontales, a un indice de 1,510 à 1,520 mesuré à la ligne F du spectre.

2º Avoir un pouvoir dispersif aussi analogue que possible à celui du crown et qui est environ 0,0060, mesuré entre D et F du spectre.

3º Ne pas être trop fluide.

4º Ne pas attaquer les vernis dont on fait les cellules des préparations.

Nous citerons seulement les formules des deux meilleurs liquides indiqués par M. Van Heurck.

Oliban : Gomme résine donnée par plusieurs *Boswellia* de l'Afrique orientale, et nommée vulgairement *encens*. Pour préparer le liquide à l'oliban, on pulvérise de belles larmes bien pures de cette substance; la poudre obtenue, mélangée de son volume d'essence de cèdre, est chauffée au bain-marie, dans un ballon de verre, pendant deux ou trois heures. On laisse ensuite reposer, et le lendemain on décante la partie liquide surnageante; on obtient ainsi une solution dont l'indice de réfraction est de 1,510 et le pouvoir dispersif 0,0077.

Copahu de Maracaïbo. — Cette substance se dissout parfaitement dans l'essence de cèdre et donne un liquide de l'indice voulu. On obtient un autre liquide d'un indice de 1,510 et d'un pouvoir dispersif de 0,0076 en dissolvant à chaud 7 parties de *vaseline* blonde dans 30 parties de copahu.

Le liquide ainsi composé est très épais; il reste parfaitement à l'endroit où on l'a déposé, et il n'attaque ni le bitume de Judée, ni le vernis à la gomme laque, même au bout de vingt-quatre heures de contact. Si cette solution était trop épaisse, on peut lui donner plus de fluidité en y mêlant une quantité suffisante de copahu dissous dans l'essence de cèdre.

Mise au point par l'oculaire. — La mise au point des objectifs forts est quelquefois fort difficile; aussi M. Ranvier a-t-il cherché à rendre cette opération plus facile en la complétant par une mise au point par l'oculaire. Nous avons déjà décrit l'instrument combiné à cet effet.

Lorsque l'on veut employer cet appareil, il suffit d'enlever l'oculaire, de mettre en place l'anneau à crémaillère A (*fig.* 146) et de replacer l'oculaire dans le tube B. On cherche tout d'abord le point par la vis micrométrique, et l'on termine par la crémaillère de l'oculaire.

Dans ce cas, l'oculaire est placé un peu plus haut que dans le tube normal, et, de ce fait, l'amplification est un peu augmentée. En effet, la position de l'oculaire change le grossissement du micro-

scope et, dans les instruments d'une construction soignée, le tube
est à tirage et permet de faire varier sa longueur. Dans les
microscopes français, le tube rentré mesure ordinairement $0^m,15$
de long, et $0^m,25$ lorsqu'il est complètement développé.

Fig. 146.

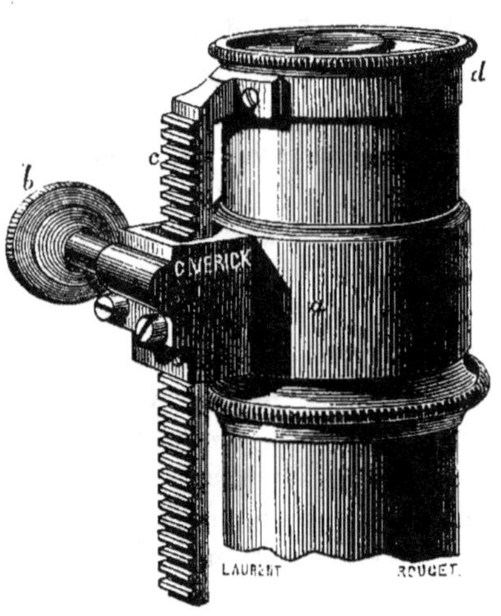

En Angleterre, cette longueur du tube est beaucoup plus considérable, et les grossissements sont ainsi augmentés de beaucoup.
En France, M. Molteni applique ce système à son microscope
grand modèle. A la condition d'employer des objectifs faibles, la
perte de lumière qui en résulte est de peu d'importance.

Autrefois, les opticiens cherchaient à augmenter les amplifications du microscope en faisant usage d'oculaires forts; mais, par ce
moyen, la lumière était tellement affaiblie que les observations
devenaient fatigantes et difficiles. Aujourd'hui, c'est aux objectifs
que l'on demande l'amplification, et l'on n'use que d'oculaires
faibles. Il est bon d'ajouter cependant qu'il ne faut pas négliger
d'employer des oculaires forts; en général, on complète une observation par l'emploi d'un oculaire plus fort.

Des corpuscules étrangers aux préparations. — Il ne suffit pas, pour faire une bonne observation, de mettre exactement au point une préparation; il est encore indispensable d'être à même de distinguer ce qui appartient à la préparation, des corpuscules accidentels qu'elle peut contenir.

Nous avons déjà décrit ces images nuageuses, *mouches volantes* [1], qui tiennent à l'œil même de l'observateur, et nous ne reviendrons pas sur ce sujet.

Mais le commençant doit encore savoir distinguer les poussières, les bulles d'air ou de graisse, et connaître le mouvement brownien.

Poussières. — Les grains de poussière peuvent être attachés à l'instrument ou bien à la préparation. Il est assez facile de distinguer la position exacte des corpuscules.

Il suffit de faire tourner l'oculaire seul; lorsque les corpuscules opaques dont il s'agit de déterminer le siège ne suivent pas le mouvement imprimé à l'oculaire, on peut être assuré qu'ils sont adhérents à l'objectif; au contraire, s'ils participent à ce mouvement, ils sont fixés aux lentilles de l'oculaire.

Il suffit, dans ce cas, de procéder au nettoyage des lentilles en usant des précautions que nous avons déjà indiquées [2].

Dans le cas contraire, les corpuscules incriminés appartiennent à la préparation; ils ont, de plus, ce caractère de se mouvoir avec elle dans les mouvements qu'on peut lui imprimer. Ils peuvent être extérieurs; alors leur mise au foyer n'est point la même que celle de la préparation; un nettoyage au pinceau du couvre-objet suffit pour les faire disparaître.

Ceux qui appartiennent à la préparation même sont plus difficiles à distinguer, et encore plus à éliminer; enfin ils peuvent souvent induire en erreur les commençants. Nous distinguerons dans cette catégorie les bulles d'air, les granulations graisseuses et les poussières.

Bulles d'air. — Les bulles d'air se présentent sous forme de cercles, plus ou moins grands, plus ou moins irréguliers, colorés

[1] *Voir* p. 169.
[2] *Voir* p. 176.

en noir sur les bords dans la lumière transmise, et en blanc dans la lumière réfléchie ; c'est là un caractère essentiel et qui permettra toujours de distinguer les bulles d'air.

Granulations graisseuses. — Ces granulations ne peuvent être confondues avec d'autres, en ce qu'elles ont un pouvoir réfringent considérable ; leur contour est foncé et leur centre brillant ; enfin, elles sont toujours colorées en jaune : d'où le nom qui leur est souvent donné de *granulations ambrées.* Lorsqu'elles se réunissent en nombre considérable, elles forment des gouttelettes huileuses.

Différentes sortes de poussières. — Il est difficile de se mettre complètement à l'abri des poussières lors de la préparation des objets microscopiques ; aussi est-il important de connaître exactement la constitution de celles-ci.

La poussière est composée d'une multitude de corpuscules solides dont le diamètre varie de 0^{mm},001 à 0^{mm},150. Leur densité plus grande que celle de l'air est diminuée par la présence d'une couche gazeuse adhérente à leur surface par un effet de capillarité : de là leur extrême légèreté ; la moindre agitation de l'air les soulève et les entraîne, et ils ne se déposent que dans une atmosphère absolument calme.

Les poussières sont formées de corpuscules de matières minérales de toute sorte, de fragments d'éléments anatomiques végétaux ou animaux ; de ces mêmes éléments anatomiques entiers, poils, écailles, cellules épithéliales, etc., etc. Il sera donc important de connaître les caractères de ces différents éléments, et nous ne pouvons entreprendre ici cette étude longue et minutieuse ; nous renverrons le lecteur aux traités spéciaux ([1]).

Mouvement Brownien. — Lorsqu'on examine certains liquides d'une faible densité et tenant en suspension des corps solides dans un état de division extrême (granulations moléculaires), on peut constater facilement que toutes ces particules sont animées d'un mouvement vif et continu d'oscillation sur place, mais sans loco-

---

([1]) *Voir* art. *Poussière* in *Dictionnaire de Médecine,* par LITTRÉ et ROBIN ; — POUCHET, *Hétérogénie ;* — J. DUVAL, *Des Ferments organisés ;* — ROBIN, *Traité du Microscope,* p. 528.

motion proprement dite, c'est le mouvement brownien, du nom de l'anatomiste Brown qui, le premier, a signalé ce phénomène. Dans le lait, les granulations graisseuses sont douées d'un mouvement brownien très marqué : l'eau chargée de gomme-gutte est encore plus remarquable. C'est ordinairement au moyen d'une dissolution, ou plutôt d'une émulsion de ce genre, que l'on peut se faire une idée exacte de ces mouvements. Ceux-ci peuvent se continuer indéfiniment dans les préparations anatomiques, lorsqu'elles contiennent des granulations en suspension dans un liquide. M. Robin cite des préparations qui conservent encore ces effets de mouvements browniens après plus de vingt ans.

Exemple d'observation. — Nous ne croyons pouvoir mieux faire que d'emprunter à l'ouvrage de Van Heurck un exemple d'observation au microscope composé. Cependant nous rendrons un peu plus courtes les descriptions minutieuses de cet habile micrographe, en n'omettant cependant aucun des faits importants.

Supposons un débutant qui voudrait découvrir toutes les stries du *Surirella gemma*, diatomée que l'on trouve facilement chez les préparateurs de Paris; on pourrait également se servir d'autres tests, comme le *Pleurosigma angulatum*, *Pl. attenuatum*, etc.

Prenons le microscope et posons-le à quelque distance de la fenêtre, sur une table bien solide, dont la hauteur soit telle qu'on puisse, étant assis, regarder commodément et verticalement dans le tube.

Plaçons alors sur le tube un objectif de force moyenne (n° 4 de Prazmowski ou de Vérick, n° 2 de Nachet, n° 3 de Chevalier), puis un oculaire de force moyenne (n° 2); enfin le diaphragme à ouverture moyenne est mis en place.

Il s'agit maintenant d'éclairer la préparation. Pour cela, le miroir réflecteur, laissé dans l'axe du tube, est incliné de manière à réfléchir la lumière à travers l'ouverture du diaphragme. Il faut ici procéder par tâtonnements et jusqu'à ce que cette lumière soit blanche et douce ; aussi longtemps qu'il n'en est pas ainsi, soyez assuré que l'inclinaison du miroir est défectueuse.

Vous posez ensuite sur la platine la préparation munie de la lamelle de verre qui recouvre l'objet, et vous descendez à la main le tube jusque contre la préparation, en évitant soigneusement de la toucher, de peur de la briser. Tenant ensuite celle-ci au moyen des doigts, ou bien la maintenant par les valets, vous haussez lentement le tube jusqu'à ce que vous aperceviez le *Surirella* d'une manière plus ou moins confuse, et, vous emparant alors de la vis micrométrique, vous la faites mouvoir à droite ou à gauche jusqu'à ce que celle de ces diatomées qui se trouve au centre du champ vous apparaisse nettement sous la forme d'un corps elliptique divisé par une ligne médiane et ayant en outre douze à seize lignes transversales de chaque côté.

Ce n'est pas tout. Assujettissez bien la préparation au moyen des valets afin qu'elle ne se dérange pas, et prenez un objectif plus puissant (n° 7 de Prazmowski, n° 8 de Vérick, n°s 5 ou 6 de Nachet, n° 6 de Chevalier). Vous montez le tube ou vous l'enlevez même totalement de sa douille, afin d'avoir plus de facilité pour enlever l'objectif faible et lui substituer un numéro plus fort; cela fait, vous remplacez également le diaphragme moyen par celui dont l'ouverture est la plus petite, et vous descendez le tube à la main jusqu'à ce qu'il affleure la préparation ; ensuite, vous le remontez insensiblement jusqu'à ce que vous aperceviez confusément l'objet; puis la vis de rappel tournée à droite ou à gauche doit vous montrer, avec la plus grande netteté, ce que vous avez vu la première fois, considérablement agrandi, mais sans aucun détail de plus.

La lumière directe étant ainsi reconnue inefficace, voyons ce que nous donnera la lumière oblique.

Enlevez tout d'abord le diaphragme et toutes les pièces qui le supportent, afin de dégager complètement l'ouverture de la platine ; puis inclinez à droite ou à gauche la tige du réflecteur, de manière à l'écarter de l'axe du tube, tout en éclairant l'objet; essayez ainsi de tous côtés, sous toutes les inclinaisons, jusqu'au moment où vous verrez apparaître entre les lignes transversales du *Surirella*, et parallèlement à celles-ci, d'autres lignes, très fines et très serrées. Un œil exercé aperçoit même ainsi, au moyen du n° 7 de

Prazmowski, les lignes longitudinales que nous devons encore chercher; mais pour les voir nettement, il faut avoir recours à un objectif à immersion.

Prenons donc le n° 10 de Prazmowski, n° 8 de Vérick, n° 8 de Nachet, n° 9 de Chevalier. Ne touchez ni à la préparation ni au réflecteur; haussez le tube, enlevez le n° 7; puis, avant de le remplacer par le n° 10, prenez une goutte d'eau distillée au moyen d'une baguette de verre, et déposez-la sur la lentille inférieure sans toucher celle-ci, de crainte de la rayer ; vissez ensuite l'objectif sur le tube : déposez une autre goutte d'eau sur la préparation et descendéz le tube à la main jusqu'à ce que les gouttes d'eau se confondent; substituez enfin un oculaire faible à celui dont vous vous êtes servi.

C'est ici surtout qu'il faut faire mouvoir le tube avec la plus grande prudence : le danger est d'autant plus grand que l'eau empêche de distinguer parfaitement l'espace qui sépare l'objectif de la préparation. Le meilleur moyen d'éviter tout accident est de procéder par tâtonnements, de faire mouvoir légèrement la préparation d'une main, tandis que de l'autre la vis micrométrique est tournée dans un sens ou dans l'autre avec une grande lenteur. jusqu'à ce que le *Surirella* se montre nettement. Si le tube est trop descendu, l'immobilité de la préparation vous avertit, par la résistance qu'elle présente, que vous manœuvrez en sens inverse, et qu'il faut remonter l'objectif en tournant la vis de rappel de droite à gauche. Alors vous inclinez le miroir placé en dehors de l'axe jusqu'à ce que vous aperceviez nettement les lignes longitudinales perlées du *Surirella*.

Mais ce résultat peut encore ne pas être suffisant : il faut alors utiliser la correction. Dans ce cas, vous saisissez le cordon moletté mobile qui se trouve au centre de la monture de l'objectif et dont la destination est de corriger l'influence de la lamelle de verre, ou couvre-objet, placée sur la préparation; vous lui imprimez successivement un mouvement de droite à gauche ou de gauche à droite, jusqu'à ce que les stries apparaissent avec la plus grande netteté. En général, quand on se sert de la lumière oblique, il faut rapprocher les lentilles de l'objectif en tournant la correction de droite à gauche ; si, au contraire, on utilise la lumière directe, il faut agir en sens inverse et tourner la correction de gauche à droite.

Une observation importante, c'est que, pour éviter de peser sur la préparation et de la briser, et aussi pour maintenir l'objet au foyer, il faut, en même temps que l'on fait marcher la correction dans un sens, faire mouvoir la vis de rappel, soit de droite à gauche, soit de gauche à droite.

Maintenant que le but est atteint, que l'opération est terminée, vous n'avez plus qu'à hausser le tube, à essuyer la préparation et surtout à sécher avec le plus grand soin la lentille au moyen d'un mouchoir de batiste bien usé. Ces détails peuvent paraître minutieux, mais ils sont absolument nécessaires à observer dans la pratique.

De la mesure des grossissements. — On connaît plusieurs méthodes pour déterminer le pouvoir amplifiant d'un microscope ; nous nous contenterons d'en décrire deux : l'une, qui utilise le micromètre objectif et la chambre claire ; l'autre, qui emploie le micromètre oculaire.

Mesure par la chambre claire. — On place sur la platine du microscope un micromètre objectif ($0^m,001$ divisé en 100 parties) et l'on met soigneusement au point les traits de l'échelle micrométrique. Au-dessus de l'oculaire on met en place la chambre claire, et on projette l'image du micromètre sur une feuille de papier, posée exactement à $0^m,25$ au-dessous de la face supérieure de l'oculaire. On trace alors au crayon sur ce papier un certain nombre de lignes du micromètre, 10 par exemple ; on obtient ainsi un dessin représentant des centièmes de millimètre, amplifiés par le microscope ; on mesure alors exactement l'écartement qui existe entre chaque ligne ; si une division occupe l'espace de $0^m,01$, le grossissement sera de 1000, puisque chaque division du micromètre est égale à $\frac{1}{100}$ de millimètre.

En résumé, le rapport de la longueur donnée par le dessin obtenu par la chambre claire, à $\frac{1}{100}$ (division du micromètre), est l'expression du grossissement; dans l'exemple précédent, ce rapport était $\frac{100}{1}$.

Mais il est bon de savoir que cette méthode donne des chiffres peu exacts et en général trop élevés; cependant c'est elle qu'emploient le plus habituellement les opticiens, et qui leur sert à dresser les tableaux qui accompagnent les microscopes.

Mesure par le micromètre oculaire. — La mesure du grossissement par le micromètre oculaire donne des résultats beaucoup plus certains; et c'est elle qui doit être employée lorsqu'on tient à opérer avec exactitude.

Il faut, avant toute chose, mettre exactement au point les divisions du micromètre. A cet effet, la lentille supérieure de l'oculaire est élevée ou abaissée jusqu'à ce que l'œil au-dessus de la lentille supérieure aperçoive nettement les divisions du micromètre; ce point trouvé, la lentille est maintenue dans la position voulue en serrant le collier.

Si l'on place ensuite le micromètre objectif sur la platine, il suffira de compter combien chaque division de ce micromètre occupe de divisions du micromètre oculaire. Comme les premiers représentent des centièmes de millimètre, si une division du micromètre oculaire recouvre 7 divisions du micromètre objectif, c'est qu'elle est grossie 7 fois; on pourra donc exprimer ainsi cette opération :

$$0^m,001 \times 7 = 0,007, \qquad G = \frac{0,007}{0,001} = 700;$$

le grossissement est donc de 700 fois.

Mesure des objets microscopiques. — La mesure des objets microscopiques s'obtient par des méthodes analogues à celles qui permettent de calculer le pouvoir amplifiant des microscopes.

La première méthode consiste à tracer tout d'abord, au moyen de la chambre claire, les divisions du micromètre objectif projetées sur une feuille de papier placée au niveau du pied du microscope. On remplace le micromètre par la préparation à mesurer, et l'on voit l'image de celle-ci se superposer aux traits dessinés sur le papier; mais comme la préparation est exactement à la même place qu'occupait le micromètre, on peut mesurer les différentes parties de cette préparation d'après le nombre de divisions que cette image occupe sur le dessin du micromètre.

Il est fort commode de dessiner à l'avance une série de tableaux représentant les échelles micrométriques obtenues avec les diverses combinaisons d'objectifs et d'oculaires dont se compose le microscope.

Il suffira dès lors, pour effectuer une mesure, de projeter l'image de la préparation à l'aide de la chambre claire, sur le dessin exécuté avec la même combinaison de lentilles: le calcul se fera en divisant la valeur de ces divisions par le grossissement réel des objectifs employés.

Une autre méthode consiste à faire usage du micromètre oculaire; celui-ci est réglé comme nous l'avons indiqué précédemment, puis la préparation exactement mise au point.

On compte combien de divisions du micromètre occupe le corps à examiner. Supposons que ce diamètre soit égal à 1 division du micromètre : on remplace alors la préparation par le micromètre objectif, et les divisions du micromètre oculaire viennent se superposer à celles du micromètre objectif; on note exactement à combien de divisions du micromètre oculaire correspond une division du micromètre objectif; par exemple : 1 division du micromètre objectif correspondant à 2 divisions du micromètre oculaire, celui-ci étant divisé en centièmes de millimètre, l'objet aura 0,02 de millimètre de diamètre.

Il sera bon d'établir à l'avance des tableaux dans lesquels sera calculée la valeur des divisions du micromètre oculaire pour chaque objectif : il suffira alors de multiplier la longueur correspondante à l'objectif employé par le nombre de divisions qu'occupe l'objet.

Mais toutes ces opérations demandent des calculs encore longs; aussi un habile micrographe, M. Malassez, a-t-il combiné une méthode qui permet de les éviter.

« L'oculaire micrométrique étant placé dans le microscope avec

le tube fermé, on regarde un micromètre objectif, et l'on tire
en même temps, et très lentement, le tube rentrant du microscope. L'oculaire s'éloignant de l'objectif, l'image s'amplifie, et les
divisions du micromètre oculaire recouvrent un nombre de plus
en plus petit de divisions du micromètre objectif. Il arrivera nécessairement un point où une division du micromètre oculaire recou-
vrira juste un nombre entier de divisions du micromètre objectif.

« Pour apprécier très exactement ce point, il ne faudrait pas
observer une seule division du micromètre oculaire, ce qui serait
s'exposer à de graves erreurs ; mais, considérant l'échelle tout
entière, la faire correspondre à un nombre de divisions du micromètre objectif tel, que ce nombre divisé par le nombre de divisions de toute l'échelle micrométrique de l'oculaire donne un
nombre entier.

« Si, par exemple, l'échelle du micromètre oculaire est divisée en
100, si les divisions du micromètre objectif valent 10 µ (10 millièmes
de millimètre), il faudra faire en sorte que toute l'échelle de l'oculaire recouvre 10, 20, 30,... divisions du micromètre objectif ; bref,
un nombre rond, soit 20 divisions. Chaque division du micromètre objectif valant 10 µ, les 20 divisions vaudront 200 µ ; les 100 divisions du micromètre oculaire correspondant à une longueur de
200 µ au foyer de l'objectif, une division de ce même micromètre
correspondra à une longueur de 2 µ. Avec 30, 40 divisions, on aurait
3 µ, 4 µ ; toujours des nombres entiers.

« Afin de retrouver le point précis où ces coïncidences ont lieu,
je trace un trait sur le tube rentrant du microscope, j'inscris au-
dessus de ce trait la valeur de la division du micromètre oculaire
(en chiffres arabes), et je note le numéro de l'objectif employé (en
chiffres romains). Cette graduation doit être faite avec les principaux objectifs, afin d'avoir, pour une division du micromètre oculaire, un certain nombre de valeurs différentes répondant à tous
les besoins de la micrométrie.

« Dès lors, rien de plus simple ni de plus rapide que la mesure
d'une longueur microscopique quelconque. Prenez un objectif convenable, tirez le tube rentrant jusqu'au niveau du trait correspon-

dant à cet objectif; comptez le nombre de divisions du micromètre oculaire comprises dans la longueur cherchée; multipliez ce nombre par le chiffre inscrit au-dessus du trait, et vous avez la mesure de votre longueur.

« La longueur correspond-elle, par exemple, à 5 divisions du micromètre oculaire, chacune de ces divisions valant, je suppose, 2μ, la longueur sera de 5 fois 2μ, c'est-à-dire de 10μ ([1]). »

Les dimensions des objets microscopiques peuvent se noter de différentes façons; mais presque tous les micrographes ont adopté le système de M. Harting. Celui-ci a proposé d'employer comme unité le millième de millimètre, qu'il a nommé *mikron*, qui s'exprime en chiffres par $0^{mm},001$ et se note μ. Un objet mesurant 20μ aurait donc vingt millièmes de millimètre, ou en chiffres $0^{mm},020$.

II. — Représentation des objets microscopiques.

Importance du dessin en micrographie. — Dans toutes les recherches en histoire naturelle, il est à peu près indispensable, pour l'observateur, d'être d'une certaine habileté dans l'art du dessin. Car celui qui ne peut reproduire lui-même par le dessin ce qu'il a observé, et se trouve obligé par cela même d'avoir recours à une main étrangère, éprouve les plus grandes difficultés. Il ne suffit pas ici de connaître le maniement du crayon et les règles artistiques du dessin, il faut, avant tout, comprendre le sujet à représenter, bien connaître chacune de ses parties et distinguer l'importance de chacune d'elles.

Il ne faudrait pas confondre cette connaissance intime avec celle qui s'arrête aux caractères extérieurs : caractères que les naturalistes appellent *morphologiques*, pour les distinguer des caractères *anatomiques;* ceux-ci comprenant, au contraire, la structure, la constitution intime d'un animal, d'une plante, ou d'un organe séparé. Un artiste aidé de quelques conseils parviendra toujours

---

([1]) MALASSEZ, *Arch. de Physiol.*, 1874. — *Laboratoire d'Histologie du Collège de France*, 1875, p. 25.

à exécuter convenablement un dessin du premier genre; il saura donner la vie à une plante, à un animal, mieux que ne saurait probablement le faire un naturaliste; il saura éviter les détails minutieux qui donneraient de la sécheresse au dessin et lui ôteraient tout cachet artistique.

Mais, tout au contraire, lorsque le dessin a pour sujet une étude d'anatomie, aucun détail ne doit être négligé, et le côté artistique devient alors inutile. Ici la première de toutes les conditions, pour le dessinateur, est de comprendre la préparation qu'il s'agit de représenter, et l'anatomiste est seul dans les conditions voulues.

D'un autre côté, il est certain qu'un dessin réussi fait le plus souvent comprendre mieux et plus vite un objet microscopique que la description la plus minutieuse. Fort heureusement aussi, il est certain qu'un observateur qui connaît bien sa préparation pourra toujours, même sans une grande habileté à manier le crayon, en tracer une image convenable et suffisante, alors qu'un artiste infiniment plus habile n'obtiendrait que des résultats défectueux lorsqu'il essayera pour la première fois de dessiner une préparation microscopique.

L'usage du dessin au microscope est donc d'une importance capitale, et ne devrait jamais être négligé par les étudiants.

« Il est difficile de parvenir à se faire une idée nette des éléments anatomiques, de leur ressemblance et de leurs différences, de leurs caractères distinctifs, en un mot, si l'on ne prend l'habitude de les représenter successivement dès que l'on commence à savoir se servir du microscope. Lors même qu'on ne sait pas dessiner, on parvient, au bout d'un certain temps d'essais, à rendre par le crayon, assez exactement, l'aspect de ces objets, pour pouvoir les comparer entre eux, soit qu'on ait cherché à achever le dessin, soit qu'on se contente de faire une esquisse des traits caractéristiques ([1]). »

Tous ces dessins n'auront de valeur réelle qu'autant qu'ils seront d'une *exactitude absolue*; ils doivent être la représentation de

[1] Robin, *op. cit.*, p. 491.

Trutat. — *Microscope.*   15

ce qui existe, et non celle d'une idée, comme l'ont fait beaucoup trop souvent les premiers observateurs.

Il est fort utile de représenter dans un premier dessin l'ensemble d'une préparation, et dans un second tous les détails importants.

Le dessin d'ensemble est toujours plus difficile à exécuter, l'objet est en général trop grand pour permettre l'emploi de la chambre claire, enfin il exige un certain talent artistique pour distribuer harmonieusement les effets d'ombre et de lumière, au moyen desquels il est possible de mettre en valeur les points importants. Les détails, au contraire, seront plus faciles à représenter.

Dans l'un et l'autre cas, il faut savoir éliminer de son dessin les parties inutiles, qui proviennent le plus souvent des manipulations nécessitées par la préparation, et qui ne tiennent nullement à l'objet lui-même : une cellule, un vaisseau brisé, par exemple, doivent être rétablis dans la forme qu'ils avaient avant l'accident qui les a défigurés. De même, il convient d'éliminer les corps étrangers au sujet de la préparation : granulations de toutes sortes, poussières, bulles d'air, etc. Il ne s'agit pas de faire le portrait de telle ou telle préparation, mais bien de représenter les choses de telle façon que l'observateur puisse retrouver dans des cas analogues les dispositions essentielles du sujet, quelles que soient les différences d'aspect général. Les commençants croyant faire de l'exactitude sont souvent portés à ne rien mettre de côté ; ils dessinent absolument tout ce qu'ils voient dans le microscope : presque toujours alors ces dessins sont absolument inexacts et dénotent une observation superficielle ; ils sont presque impossibles à comprendre ; on ne peut distinguer ce qui est important de ce qui ne l'est pas ; en résumé, ils sont à la fois peu instructifs pour celui qui les a exécutés et à peu près inutiles pour les autres.

Un bon dessin est donc la preuve d'une bonne observation, et nous pouvons assurer qu'avec de la patience tout observateur peut devenir en peu de temps un bon dessinateur au microscope.

Les moyens les plus usités de représentation en micrographie sont le crayon, l'estompe et les couleurs à l'eau, aquarelle et gouache ; enfin certains dessins peuvent se faire à la plume. Ces différentes méthodes peuvent être utilisées seules ou combinées entre elles suivant les sujets à représenter.

Dessin au crayon. — C'est ce mode de dessin qui sert toujours à tracer l'esquisse.

Numéros des crayons. — Les meilleurs crayons sont ceux en graphite de Sibérie fabriqués par Faber; deux numéros sont nécessaires : l'un très dur, marqué HHHH, est le plus employé ; il permet de tracer des lignes d'une délicatesse extrême; l'autre, moins dur et plus noir, marqué HB, sert à donner les coups de force, à remettre à l'effet un dessin tracé avec HHHH.

Taille des crayons. — Mais s'il est facile maintenant de se procurer de bons crayons, il est indispensable, pour en tirer tout le parti possible, de les tailler convenablement ; et notre lecteur va certainement sourire lorsque nous lui dirons qu'il ne sait pas tailler son crayon. Cependant, comme le fait observer dans ses cours de manipulation M. Duchartre, un crayon bien taillé peut seul permettre l'exécution convenable d'un dessin au microscope. Voici la méthode enseignée par M. Duchartre. Les crayons de la fabrique Faber étant hexagonaux, il est facile de donner toute la régularité nécessaire à la pointe qu'il s'agit de fabriquer. Avec un canif ordinaire on commence tout d'abord à enlever le bois en produisant un cône régulier de $0^m,03$ de long ; on arrive en même temps à dénuder la *mine* sur une longueur de $0^m,006$ à $0^m,008$ environ ; on cherche à rendre pointue cette dernière partie en la raclant régulièrement de tous cotés. Mais il n'est pas possible de produire ainsi, par le seul secours du canif, une pointe régulière et suffisamment effilée ; pour atteindre le résultat définitif, on doit faire usage de papier de verre extrêmement fin, à la marque 00 et même 000. La feuille de papier est placée sur la table, de façon à porter exactement dans toute son étendue; la pointe du crayon est alors posée sur ce papier de verre, de telle façon que le biseau taillé dans le bois porte dans toute sa longueur et permette d'user sous un angle très aigu la mine de graphite. Plus ce biseau sera long, plus cette pointe deviendra aiguë : une longueur de 0^m,02 est en général suffisante. On frotte alors contre le papier de verre, en ayant soin de faire tourner le crayon entre les doigts pour user régulièrement la pointe de tous côtés. Cette manœuvre demande quelques précautions, elle doit être faite avec beaucoup de légèreté ; sans cela, l'extrémité casse, et tout est à recommencer ; mais, avec un peu de soin, on obtient des pointes de crayon excessivement effilées et qui permettent de tracer des lignes d'une finesse extrême.

Les crayons moins durs HB se taillent de même ; mais il est difficile d'obtenir des pointes aussi fines.

Estompe. — L'estompe doit être dure et très effilée ; la plupart du temps les micrographes les fabriquent eux-mêmes avec des tortillons de papier.

Dessin au pinceau. — Les meilleures couleurs à l'eau et surtout les plus commodes à employer pour le micrographe sont les couleurs en pâte molle renfermées dans des boîtes à compartiments, et que l'on trouve maintenant chez tous les marchands de couleurs. Les teintes suivantes sont seules nécessaires : noir de bougie, bleu de Prusse, vermillon, carmin, terre de Sienne, gomme-gutte, jaune indien.

Le noir sert quelquefois à terminer au pinceau certains dessins représentant des organes à demi transparents : les cils vibratiles, la queue des spermatozoïdes, par exemple.

Enfin on peut faire usage de sépia, et obtenir d'excellents résultats par l'emploi seul de cette couleur ; il est bon d'observer toutefois que l'on ne doit user de cette méthode que pour les dessins un peu grands.

Dessin à la plume. — On doit employer pour ce genre de dessin l'encre de Chine ; les plumes à dessin pouvant se placer dans une hampe spéciale doivent être préférées à toutes les autres, à cause de la finesse extrême de leurs pointes ; les traits de force se font avec une plume ordinaire de grosseur appropriée.

Choix du papier. — Le papier doit posséder des qualités spéciales pour chaque genre de dessin.

Pour les dessins au crayon et à la plume, on choisira du papier Bristol assez fort et à surface parfaitement lisse ; tandis que pour les dessins au pinceau, gouache, aquarelle, sépia, encre de Chine, il faudra user de papier légèrement grenu, dit *papier pour aquarelle*. Ce grain ne doit pas être trop fort, car il mettrait le dessinateur dans l'impossibilité d'obtenir une finesse suffisante dans les détails.

Classement des dessins. — M. Germain de Saint-Pierre (¹) recommande de recueillir les dessins d'observations sur des feuilles simples libres et de même format, ce qui permet de les classer et d'en former des volumes susceptibles de grossir ou d'être subdivisés à volonté. Chacun de ces fascicules de dessins est reçu entre deux feuilles de carton libres, de même format, et le tout est serré au moyen de deux courroies de fil (ruban de fil) terminées par une boucle.

A côté de chaque dessin, il faudra toujours indiquer le grossissement ainsi que le numéro de l'objectif employé. Ces indications sont beaucoup plus utiles que celles qui donneraient le diamètre réel de l'objet représenté.

Une autre recommandation importante est d'employer des grossissements semblables dans chaque série d'observations ; sans cette précaution il serait difficile d'établir une comparaison utile entre les divers éléments anatomiques figurés : elle seule permet de saisir leur importance réciproque, ce que ne pourraient faire des dessins obtenus avec des grossissements différents.

Méthodes à employer. — Dans tout dessin il faut s'habituer à tracer les premiers contours avec toute la délicatesse possible ; on emploie alors le crayon dur HHHH. Les ombres peuvent se faire rapidement à l'estompe, mais ce système n'est applicable que dans les dessins un peu grands, et il faudra user simplement du

(¹) *Nouveau Dictionnaire de botanique*. p 400.

crayon dans le cas d'un dessin de petit format. On n'oubliera pas de placer invariablement l'ombre à droite, ainsi que le veut l'usage.

Avec les couleurs à l'eau on emploie les procédés de l'aquarelle et beaucoup plus rarement ceux de la gouache ; nous n'avons rien de particulier à dire sur l'un et l'autre de ces procédés.

Les dessins à la plume se font d'ordinaire après coup, et constituent une sorte de mise au net d'un croquis au crayon. Ici encore il conviendra de donner quelque effet en accentuant les traits d'un côté du dessin.

Enfin on complète fort souvent un dessin au crayon ou à la plume, en coloriant certains détails et principalement les vaisseaux ; dans ce cas, les artères seront teintées en rouge, les veines en bleu, les conduits excréteurs en jaune ou en vert.

Méthode de la double vue. — Lorsque l'on possède une certaine habitude du dessin, il est inutile de s'aider de la chambre claire : il convient alors de s'habituer à regarder de l'œil gauche dans le microscope, tandis que l'œil droit voit et guide le crayon sur le papier. On arrive, avec un peu de pratique, à croiser les axes optiques des deux yeux, en les faisant converger par un léger effort, et à superposer les images vues par chacun des yeux, de manière à vérifier leur égalité parfaite.

Emploi de la chambre claire. — Nous avons décrit précédemment les différentes espèces de chambres claires ; toutes peuvent donner des résultats excellents, mais les unes et les autres demandent une certaine pratique.

La chambre claire étant adaptée au microscope, ainsi que nous l'avons expliqué ([1]), on dispose à côté du microscope une planchette à dessin couverte d'une feuille de papier blanc (format in-4 ou in-8) : cette planchette peut être simplement posée sur la table, mais le plus souvent l'image ainsi projetée est trop grande ; il convient en général de la relever au niveau de la platine, chose facile à faire en superposant quelques livres d'épaisseur choisie.

([1]) *Voir* page 67 et suiv.

Avec la chambre d'Hoffmann, il est facile de réduire l'image à la dimension voulue au moyen des lentilles additionnelles.

L'œil appliqué au-dessus de la chambre claire reçoit, par une moitié de la pupille, les rayons émanés de l'objet, et par l'autre moitié ceux que le papier et la pointe du crayon lui envoient dans la même direction. On aperçoit donc à la fois et superposées l'image de l'objet et celle du crayon, on n'a plus alors qu'à suivre légèrement les contours de l'objet qu'il s'agit de dessiner.

Il est difficile quelquefois de voir en même temps ces deux images; l'une disparaît par suite d'un manque d'équilibre dans l'intensité lumineuse de chacune d'elles; il faut donc chercher à rétablir l'égalité de lumière. Lorsque le papier est trop vivement éclairé, les rayons qu'il réfléchit dans la rétine effaçant l'image toujours plus sombre donnée par la préparation, le crayon seul apparaît. Dans le cas contraire, le crayon est invisible. Enfin les images peuvent disparaître sur la feuille de papier par suite d'une mauvaise position de l'œil au-dessus de la chambre claire.

Il est facile de porter remède à ces différents accidents.

La position de l'œil est assez facile à trouver; mais elle ne supporte qu'un très léger écart; aussi est-il important de ne plus abandonner ce point jusqu'à la fin du dessin.

Lorsque l'image disparaît par suite d'un excès de lumière, on peut interposer des verres colorés, ou bien placer une feuille de papier blanc sur le miroir réflecteur, ou un écran devant la préparation.

Presque toujours les lignes tracées au moyen de la chambre claire sont plus ou moins tremblées; il convient donc d'appuyer très légèrement sur le crayon, et de repasser ensuite sur ces premiers traits; le dessin est terminé à main levée en examinant directement la préparation sans faire usage de la chambre claire.

III. — DE L'EMPLOI DE LA PHOTOGRAPHIE.

Avantages et inconvénients. — Bien voir est en micrographie la chose capitale, et pendant longtemps l'imperfection des instruments rendait difficile une bonne observation : de là une sorte de défiance qui a longtemps plané sur les recherches de ce genre, et principalement sur les dessins publiés par les micrographes.

Aujourd'hui une mauvaise observation ne peut provenir que d'un manque d'habileté, car les objectifs sont fabriqués avec une telle perfection qu'ils ne peuvent laisser aucune incertitude sur les images qu'ils donnent.

Mais, comme nous l'avons déjà dit, il faut encore que l'observateur sache interpréter les images que lui donne le microscope ; une erreur, une fausse interprétation, est donc possible de ce chef. La chambre claire ne peut porter remède à cet état de choses, et tout dessin fait à l'aide de cet ingénieux appareil n'a en réalité de valeur que par la signature qu'il porte ; il ne peut éliminer le parti pris, l'idée théorique de l'observateur ; en résumé, la certitude que portent avec eux les dessins micrographiques est toute relative et n'a aucun caractère absolu d'authenticité.

La photographie, au contraire, écarte d'un seul trait toutes ces causes d'erreur, en se substituant à la main de l'observateur ; elle appose son cachet d'absolue vérité, et par cela même elle a une importance de premier ordre.

A côté de cette qualité si remarquable, la photographie est à même de fournir au micrographe des moyens d'étude extrêmement utiles : en quelques instants, elle peut produire un dessin quelque compliqué qu'il soit, et qui aurait demandé de longues heures de travail au plus habile dessinateur ; enfin en reproduisant une préparation sur une plaque transparente, elle permet de mettre sous les yeux d'un nombreux auditoire le sujet même d'une démonstration, ce qui serait presque impossible à faire sans cela.

Voilà en quelques mots les ressources considérables que le micrographe peut trouver dans l'emploi de la photographie ; mais à côté de ces incontestables qualités, il est convenable de signaler tout de suite les défauts, les inconvénients de cette méthode, et d'avouer que dans certains cas la photographie est inhabile à remplacer le crayon du dessinateur.

« Le microscope ne montre très exactement que les objets et leurs dispositions qui se trouvent situés dans un plan mathématique parallèle à la coupe transversale des lentilles, et l'observateur est obligé de procéder pour les voir nettement, en mettant successivement au point chacun de ces plans différents. Il résulte de là que les objets qui sont au-dessus ou au-dessous de ce plan, dont par conséquent les contours ne sont pas nettement visibles, sont projetés et représentés ensemble sur un même plan, c'est-à-dire à la surface de la plaque photographique. Là, ils sont superposés de façon que ceux qui n'étaient pas au foyer de l'objectif masquent la reproduction de ceux qui s'y trouvaient (¹). »

Cette objection formulée cependant par un de nos plus habiles micrographes n'a peut-être pas une portée aussi grande qu'on pourrait le croire. En effet, la photographie fait usage d'objectifs à plus long foyer que le microscope d'observation ; car, n'étant plus limitée par la longueur d'un tube qui ne peut dépasser $0^m,25$, elle obtient le degré d'amplification nécessaire en recueillant l'image à une distance suffisante ; mais les objectifs faibles ont cette qualité essentielle, en ce cas, de posséder une *profondeur de foyer* assez grande pour donner des images nettes d'objets situés dans des plans différents.

D'un autre côté, il faut bien avouer que la photographie a le grave inconvénient de tout représenter : les corpuscules étrangers à la préparation sont photographiés en même temps qu'elle, et quelquefois ils masquent des détails importants du sujet principal. Toutes les préparations ne peuvent donc être utilement reproduites par la photographie, elles doivent être d'une réussite complète, tout particulièrement choisies et colorées.

Dans tous les cas, les épreuves microphotographiques seront extrêmement utiles au dessinateur, car il sera facile alors de rétablir dans leur état normal les parties de l'image qui laisseraient à désirer ; de rendre net un contour trop peu accusé, d'éliminer tout ce qui est inutile.

(¹) ROBIN, *op. cit.* p. 509.

Les appareils de photomicrographie sont déjà assez nombreux, et chacune des formes adoptées par les divers auteurs, possède des qualités différentes et quelquefois toutes spéciales. Nous ne pouvons entreprendre de les décrire tous, et nous renverrons le lecteur aux ouvrages spéciaux; nous nous contenterons de résumer rapidement ce qu'il importe le plus de connaître et des appareils et des manipulations ([1]).

Tantôt on fait usage d'un microscope vertical, tantôt d'un microscope horizontal : cette dernière disposition est la plus commode au point de vue photographique et la plus employée; la première cependant est indispensable dans certains cas : préparations dans des liquides, emploi de la lumière polarisée. Enfin une troisième méthode combine ces deux dispositions et rend horizontale, au moyen d'un prisme à réflexion totale, l'image donnée par un microscope vertical.

Éclairage. — Mais avant de décrire ces divers appareils, il convient de traiter la question d'éclairage, car elle est toute différente de ce que nous avons vu jusqu'ici. En effet la lumière diffuse est absolument insuffisante en photographie et il faut avoir recours à la lumière solaire, ou à une source puissante de lumière artificielle.

Lumière du soleil. — Elle serait de beaucoup supérieure à toutes les autres si l'on pouvait toujours être assuré de sa présence; enfin elle a le grand inconvénient d'être mobile. Un simple miroir à double mouvement, tantôt monté sur un pied isolé, tantôt adapté au volet d'une chambre noire, comme dans le microscope solaire (*fig.* 147) et mu à la main, peut suffire pour ramener dans l'axe des appareils les rayons solaires.

Héliostat. — Mais, dans les expériences un peu suivies et qui demandent de la précision, il est de toute nécessité de faire usage

([1]) MOITESSIER, *La Photographie appliquée aux recherches micrographiques.* Baillière, éditeur. — GIRARD, *La Chambre noire et le Microscope : photomicrographie pratique.* Savy, éditeur. — HUBERSON, *Précis de microphotographie.* Gauthier-Villars, éditeur.

d'un *hélioslat*, miroir mu par un mouvement d'horlogerie qui
maintient les rayons lumineux dans une direction constante.

Fig. 147.

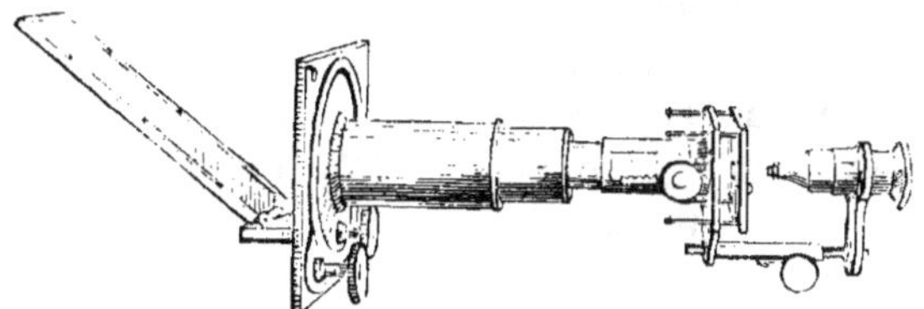

Le modèle le plus commode, en même temps que le moins
coûteux, est celui de Prazmowski (*fig.* 148).

Fig. 148.

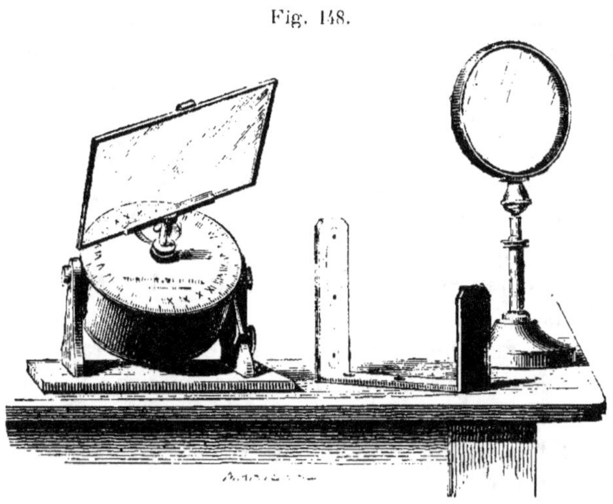

« L'instrument se compose d'un solide mouvement d'horlogerie
faisant tourner, avec une vitesse d'un tour en quarante-huit
heures, un axe sur lequel on peut établir à frottement le miroir
carré qui va être ainsi mis en rotation. Sur la circonférence du
tambour contenant ce mouvement, est disposé un cadran portant
les heures espacées les unes des autres par un intervalle divisé

de 10′ en 10′. Ce tambour est lui-même porté par un support qu'on établit sur une surface horizontale, et qui permet de l'incliner de manière à faire coïncider l'axe du mouvement avec la direction de l'axe du monde dans le lieu où l'on opère.

« Pour orienter l'instrument, après que le mouvement d'horlogerie aura été monté, on le place sur une surface bien horizontale, et, le miroir étant enlevé, on engage à frottement, dans l'axe du mouvement qui la traverse comme une broche, une règle métallique formant diamètre sur le cadran. Cette règle se termine à ses deux extrémités par un appendice perpendiculaire : l'un, plus court, percé d'un petit trou, c'est une pinnule; l'autre, plus long. marqué d'une division représentant l'équation du temps et les déclinaisons du soleil, de dix jours en dix jours, reliées par une ligne continue. Au pied de l'appendice pinnule, la règle est percée d'une fenêtre qui permet d'apercevoir, au travers, les chiffres des heures gravées sur le cadran. Pour mettre l'appareil à l'heure, on fait tourner la règle autour de l'axe, comme l'aiguille d'une montre, jusqu'à ce que le chiffre de l'heure et fraction d'heure à laquelle on opère soit compris dans la fenêtre, et que la division qui la représente sur le cadran coïncide avec un index placé sur le bord de la fenêtre.

« Pour orienter définitivement, on n'a plus alors qu'à faire tourner l'instrument horizontalement sur la table, en l'inclinant plus ou moins sur son support, jusqu'à ce qu'un rayon de soleil, passant par le trou de la pinnule, vienne peindre sur la ligne des déclinaisons placée sur la branche opposée de la règle une petite image du soleil qui tombe exactement sur le point correspondant au jour de l'année.

« Cela fait, l'instrument est orienté; on serre la vis réglant l'inclinaison sur le cercle des latitudes, on enlève la règle, et l'on glisse dans l'axe du mouvement la tige du miroir, qui peut y tourner à frottement sans agir sur le mouvement d'horlogerie, ce qui permet d'amener le rayon réfléchi dans tous les azimuts. On obtient ainsi un rayon horizontal immobile, que l'on peut encore réfléchir sur un autre miroir plan , placé à quelque distance et mobile sur son pied, afin de diriger le rayon partout où il en est besoin. »

Lumière électrique. — A défaut de la lumière du soleil, on peut avoir recours à certaines sources de lumière artificielle. La lumière électrique a une puissance photogénique presque égale à celle du soleil : elle est donc excellente, mais elle nécessite l'emploi d'un régulateur pour maintenir fixe le point lumineux ; les régulateurs de Serrin, de Duboscq sont excellents ; mais lorsque l'on veut restreindre la dépense, la lampe électrique à main de M. Boudreaux (*fig.* 149), que construit M. Ducretet, est très suffisante, car

Fig. 149.

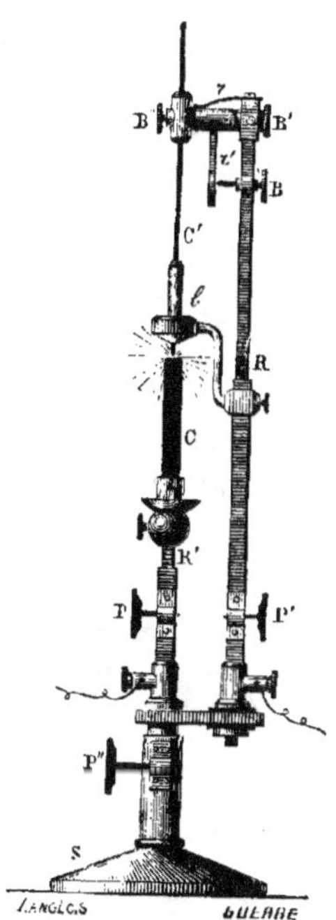

le déplacement du point lumineux pendant la courte durée de la pose est tout à fait insignifiant.

« Le charbon supérieur C′ s'appuie légèrement sur le charbon inférieur plus gros C quand on desserre la vis B″. Le charbon supérieur est guidé par un anneau *b* évasé en dessus et contenant un peu de mercure, qui ne peut s'échapper par les joints, trop étroits, et qui lui apporte l'électricité négative par P′R*b*. Les boutons B, B′ servent à régler la direction du charbon C′; les pignons à crémaillère P, P′ permettent de changer la distance des supports des charbons; et le pignon P″, de déplacer verticalement tout l'appareil, pour mettre le foyer lumineux à la hauteur voulue (¹). »

Lumière oxydrique ou oxycalcique. — L'emploi en est plus facile et peut-être préférable, à cause de sa plus grande fixité; elle nécessite seulement des poses un peu plus longues, mais cela ne peut être regardé comme un inconvénient grave, car le temps de pose est toujours très court avec les procédés actuellement en usage.

La *lumière du magnésium*, quoique très photogénique, est d'un emploi difficile; elle manque de régularité, et les vapeurs qui se dégagent pendant la combustion du ruban de magnésium sont toujours fort incommodes.

Éclairage au pétrole. — Ce mode d'éclairage, convenablement mis en œuvre, donne d'excellents résultats. Le seul inconvénient à lui reprocher est son manque d'intensité dans les cas d'amplifications considérables. Les meilleures lampes sont celles à bec circulaire, du plus fort calibre; mais elles ne donnent tout l'effet dont elles sont susceptibles qu'à la condition d'user de pétrole convenablement rectifié, et sans mélange d'essence : falsification malheureusement très fréquente.

Des appareils. — Avec l'une ou l'autre de ces sources de lumière artificielle, il faut faire usage d'une lanterne à projection, démunie de son objectif : la lampe électrique, oxydrique ou au pétrole étant placée dans l'intérieur de la lanterne, éclaire vive-

---

(¹) Daguin, *Traité élémentaire de Physique.* 4ᵉ édition, t. IV, p. 154.

ment les demi-boules placées sur la face antérieure ; celles-ci régularisent alors le faisceau lumineux et permettent de l'amener dans l'axe de l'appareil ; d'un autre côté, la rainure qui donne passage aux châssis à épreuves permet de placer sur le trajet des rayons lumineux une cuve à parois transparentes remplie d'un liquide bleu destiné à corriger le foyer chimique des objectifs microscopiques.

La source lumineuse étant ainsi réglée permet de produire un éclairage très vif de la préparation qu'il s'agit de reproduire par la photographie.

Appareil horizontal (fig. 150). — Un microscope inclinant est

Fig. 150.

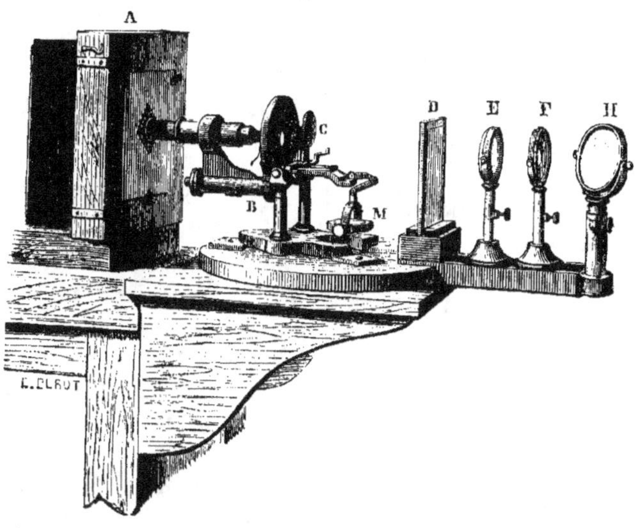

nécessaire lorsque l'on adopte la disposition horizontale. Voici comment M. Moitessier opère dans ce cas :

A, Chambre noire à soufflet, de format demi-plaque et de 1ᵐ de tirage environ.

B, Microscope renversé sur son axe, et dont l'oculaire a été enlevé. L'extrémité du tube entre librement dans une ouverture pratiquée au centre de la planchette de la chambre noire ; un cône en étoffe noire et opaque relie la planchette et le tube en laissant à ce dernier une certaine liberté, et empêche l'entrée de toute lumière ; ce cône n'est pas figuré dans notre dessin.

C, Porte-diaphragme.

M, Miroir réflecteur rejeté en dehors de l'appareil.

D, Cuve à sulfate de cuivre.

E, Lentille destinée à concentrer les rayons lumineux sur la préparation ; cette lentille doit avoir $0^m,06$ ou $0^m,08$ de diamètre, et $0^m,20$ de foyer environ ; elle peut ne pas être achromatique.

F, Diaphragme en carton noirci, destiné à éliminer les rayons les plus extérieurs.

H, Miroir réflecteur à double mouvement. La règle horizontale qui supporte l'appareil éclaireur doit être plus longue que ne l'indique la figure. Le miroir H doit être manié à la main et reçoit directement la lumière du soleil ; mais il est de beaucoup préférable de projeter sur lui un faisceau lumineux réfléchi par un héliostat.

Lorsqu'on emploie une source de lumière artificielle, la lanterne munie de ses lentilles éclairantes et de la cuve à sulfate de cuivre, se mettra au lieu et place de l'appareil éclaireur que nous venons de décrire. Il est alors plus commode de substituer au microscope inclinant celui de construction spéciale que M. Molteni et M. Duboscq appliquent à leurs lanternes à projection (*fig.* 73), dont nous aurons à parler de nouveau. Il suffit alors de placer derrière le tube porte-objectif une chambre noire de longueur suffisante.

Appareil de M. A. Girard. — La disposition adoptée par M. Girard est un peu différente, elle permet de photographier des préparations dans des liquides, ce qui oblige à rendre horizontale la platine du microscope : cet appareil, construit par MM. Molteni et Nachet, fonctionne parfaitement. Voici, d'après l'éminent professeur, les dispositions principales de son instrument :

« L'appareil d'éclairage que j'emploie est extrêmement simple. Je ne l'ai pas fait construire exprès pour mes besoins ; je l'ai pris dans le commerce : c'est un double chalumeau construit dans d'excellentes conditions par M. Molteni, muni de deux tubes latéraux, dont l'un reçoit le gaz oxygène dont on a enfermé une provision suffisante dans un grand sac de caoutchouc bien étanche, sur lequel, au moyen de volets et de poids, on exerce une pression suffisante pour obtenir une émission régulière.

« Les deux gaz s'échappent à l'extrémité du tube à double enveloppe qui termine le chalumeau, et là, une fois enflammés, le gaz de l'éclairage, brûlé complètement par l'excès d'oxygène, fournit une flamme bleue, à peine colorée, à peine visible, mais douée d'un pouvoir calorifique considérable.

« Le dard que ce chalumeau fournit vient frapper alors un petit cylindre de chaux vive, monté sur une tige métallique à laquelle, au moyen de deux vis de rappel, on peut imprimer un déplacement de quelques centimètres, soit en verticale pour remonter ou abaisser le point lumineux produit par l'incandescence de la chaux, soit en horizontale pour faire varier son éloignement de l'appareil d'agrandissement.

« En avant du cylindre de chaux est placée une grosse lentille plan convexe chargée de concentrer sur le miroir de cet appareil la lumière qu'émet la chaux sous l'influence de la haute température que lui communique la combustion du gaz à la sortie du chalumeau.

« L'appareil d'agrandissement est le microscope ordinaire ; sa construction n'offre rien de particulier ; je lui ai conservé la position verticale ; divers opérateurs préfèrent agir autrement et placer horizontalement l'appareil d'agrandissement qu'ils emploient. Je ne crois pas que cette disposition soit bonne ; elle oblige, en effet, à placer dans une position verticale les préparations micrographiques, et ces préparations sont alors sujettes à se déplacer, par leur seule gravité, au milieu du liquide dans lequel elles sont noyées ; elles glissent et s'échappent en dehors du champ d'observation, tandis qu'avec le microscope à tube vertical les préparations, reposant sur la platine horizontale, restent dans un repos parfait et donnent à l'observateur toute sécurité.

TRUTAT. — *Microscope.*

« Pour approprier le microscope au travail photographique, il suffit alors d'en placer le miroir en face de la lentille qui concentre la lumière émise par la chaux incandescente, et à courte distance de cette lentille, puis de l'orienter de telle sorte que le faisceau lumineux qu'il réfléchit vienne frapper normalement la préparation placée au-dessus du trou de la platine.

« Cela fait, on enlève l'oculaire, et, au moyen d'une petite pièce supplémentaire (c'est un tube formé de deux bouts soudés, de diamètres différents), on place le tube du microscope dans l'axe de l'appareil photographique proprement dit.

« Celui-ci se compose d'une chambre noire ordinaire, surélevée au moyen d'un plateau horizontal, munie à son extrémité postérieure d'une glace dépolie que l'on choisit aussi fixe que possible (¹), et portant à l'avant, à la place qu'occupe habituellement l'objectif, un tube de cuivre, bien centré, de $0^m,06$ de diamètre environ.

« Le raccordement entre l'appareil photographique et le microscope pourrait à la rigueur avoir lieu en disposant verticalement, dans l'axe même du microscope, et la chambre noire et le tube métallique qui la termine; mais cette disposition a le grave inconvénient d'éloigner l'observateur placé près de la glace dépolie de l'objet qu'il doit étudier ou reproduire.

« Pour parer à cet inconvénient, j'ai donné à mon appareil une disposition analogue à celle du microscope d'Amici; la ligne focale a été brisée au tiers environ de sa longueur, et, au coude même formé par cette brisure, M. Nachet a disposé un petit miroir plan en verre argenté qui, placé à 45°, renvoie horizontalement et sans déformation, sur la glace dépolie de la chambre noire, l'image agrandie par l'objectif microscopique.

« Grâce à cette disposition, l'appareil, dans toute sa longueur, ne mesure guère plus de $0^m,50$, quoiqu'en réalité il ait $0^m,70$ de longueur focale. L'observateur assis tranquillement en face de la

______

(¹) Nous verrons, un peu plus loin, qu'il est préférable de remplacer le verre dépoli par une feuille de papier blanc.

glace dépolie peut alors faire mouvoir les différents organes dont l'ensemble se compose, modérer ou activer la flamme, déplacer la préparation sur la platine du microscope, faire avancer ou reculer la glace dépolie, de manière à varier les dimensions de l'épreuve, mettre au point enfin, en élevant ou en abaissant l'objectif (¹). »

Système de M. Moitessier. — De son côté, M. Moitessier avait déjà indiqué une disposition analogue; mais, au lieu d'employer une glace inclinée à 45°, il place au-dessus du microscope un prisme à réflexion totale (*fig.* 151); par ce moyen, il y a bien

Fig. 151.

une certaine perte de lumière, mais elle est le plus souvent tout à fait négligeable. Dans l'appareil que nous figurons, la lumière solaire est utilisée pour l'éclairage, et l'on remarquera que l'opé-

(¹) GIRARD, *Bull. de la Soc. Franç. de Phot.*, t. XXI, 1875, p. 125.

rateur n'est pas en arrière du verre dépoli, mais bien en avant. Ici, en effet, la mise au point se fait par *réflexion* sur une feuille de papier très blanc, qui remplace le verre dépoli; la chambre porte sur le côté une ouverture qui permet de voir dans l'intérieur.

Mais toutes ces dispositions sont insuffisantes quelquefois, et il faut de toute nécessité employer un appareil vertical dans toutes ses parties (*fig.* 152); c'est seulement de cette façon qu'il est possible

Fig. 152.

de photographier dans la lumière polarisée les lames minces de roches ou de minéraux.

« Le microscope et l'appareil d'éclairage sont alors assujettis sur une table basse et solide (*fig.* 152); trois règles en bois AA, portant une rainure dans les deux tiers de leur longueur, sont fixées sur cette table et maintiennent dans une position verticale une chambre noire à soufflet de petite dimension; demi-plaque. A la place de la glace dépolie, s'ajuste une rallonge en bois de 0ᵐ,20 de hauteur environ, et munie latéralement d'une porte qui doit, lorsqu'elle est fermée, s'opposer d'une manière complète à l'entrée de toute lumière extérieure. Le châssis et la glace dépolie s'engagent dans une rainure ménagée à l'extrémité de la rallonge.

« Mais l'emploi de la glace dépolie rend la mise au point très difficile, car le grain de ce verre donne lieu à des phénomènes de diffraction extrèmement gênants, et qui souvent empêchent d'apprécier avec précision la netteté des objets délicats.

« Le verre dépoli est donc remplacé avec avantage par une feuille de carton blanc qui en occupe exactement la position, et l'opérateur observe l'image en regardant dans l'intérieur de la boîte (¹). »

Cette méthode de mise au point doit être nécessairement suivie lorsque l'on tient à obtenir une netteté absolue, chose presque impossible avec le verre dépoli. Pour plus d'exactitude, on peut remplacer le carton blanc par une glace sur laquelle on a collé une feuille de papier très blanc. Au centre on trace au compas, et au crayon un cercle de diamètre égal à celui des images que l'on veut obtenir.

Appareil de M. Chevalier. — De son côté, M. Chevalier a construit (*fig.* 153) un appareil à peu près semblable à celui de M. Moitessier, et l'inspection de la figure en fera facilement comprendre la disposition.

Un microscope droit porte à sa partie supérieure un tube de diamètre plus considérable que celui de l'oculaire, et celui-ci vient se relier au volet d'une chambre noire au moyen d'un autre tube qui entre dans le premier. La chambre obscure est attachée à une

---

(¹) MOITESSIER, *op. cit.*, p. 127.

colonne fixe, qui elle-même glisse dans un tube creux de façon à
l'élever ou à l'abaisser à volonté, et faire varier ainsi la longueur de
la chambre noire et par suite les dimensions de l'image. Cette

Fig. 153.

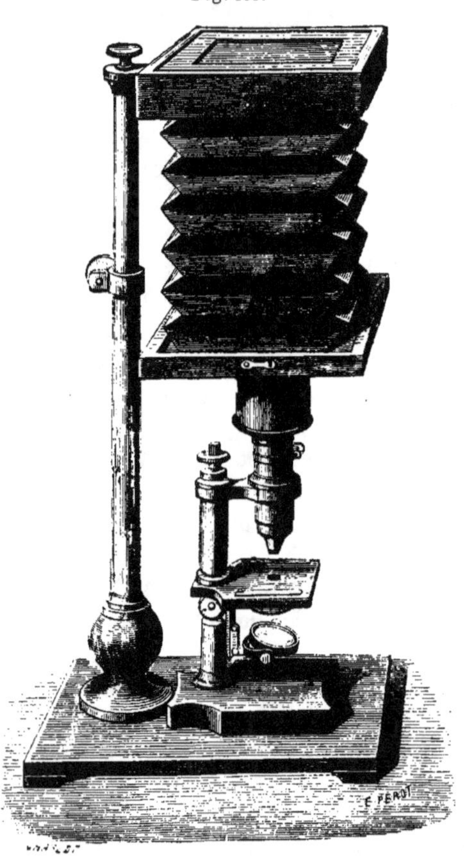

colonne-support est fixée sur un socle qui reçoit également le
microscope. Cet appareil très simple est très commode et peu en-
combrant ; il permet surtout une mise en place rapide du microscope.

Méthode de M. Bertrand. — L'appareil vertical est absolument nécessaire lorsque l'on veut faire usage de la lumière polarisée ; il est possible alors de conserver le parallélisme nécessaire entre les différentes pièces, et de faire tourner convenablement l'analysateur. Dans ce cas, M. Bertrand laisse en place l'oculaire ; il le coiffe d'un nicol, et obtient ainsi des images très nettes, très éclairées, en même temps qu'il diminue de beaucoup la durée de la pose que les couleurs données par la polarisation rendent très longue lorsque l'oculaire est enlevé.

Système de Vogel et du Dr Fayel. — Nous devons à ce propos signaler la combinaison adoptée par M. Vogel et par M. le Dr Fayel ; dans celle-ci, l'oculaire reste en place et l'image qu'il donne est reprise par un objectif photographique placé immédiatement au-dessus de lui. M. Fayel a produit ainsi de superbes épreuves ; mais jusqu'à présent cette méthode est peu employée.

Manœuvre des appareils. — Quel que soit le système employé, la marche des opérations sera toujours la même : celles-ci ne sont ni longues ni difficiles, mais elles demandent beaucoup de soin : il ne faut jamais se contenter d'à peu près, car on n'obtiendrait alors que des épreuves vagues, indécises et sans aucune valeur.

La préparation toute particulièrement faite pour la photographie, comme nous l'indiquerons dans la seconde partie de cet Ouvrage, étant soigneusement nettoyée et fixée sur la platine au moyen des valets, on règle en premier lieu l'éclairage. Cette opération faite, il convient de choisir un objectif de force convenable ; ici, plus encore que dans les observations ordinaires, il convient d'employer des objectifs à long foyer. Non seulement la mise au point est alors rendue plus facile, mais l'objectif ayant plus de profondeur donnera des images plus complètes, et dans lesquelles il sera possible d'obtenir une netteté suffisante des objets placés sur des plans différents.

La grandeur de l'image se règle par la longueur plus ou moins grande donnée à la chambre obscure.

La mise au point s'effectue à l'aide de la vis micrométrique, comme dans les observations ordinaires.

Mais il faut corriger le foyer chimique des objectifs en interposant sur le trajet du faisceau éclairant une cuve remplie d'une solution de sulfate de cuivre ammoniacal ([1]).

La mise au point doit être de nouveau corrigée après la mise en place de la cuvette à sulfate de cuivre.

On masque alors la source éclairante au moyen d'un léger carton noir posé sur le trajet des rayons lumineux. La plaque sensible est mise en place, et l'on fait poser pendant quelques secondes ou quelques minutes suivant l'éclairage et le mode de préparation de la plaque photographique. Nous conseillons fort de laisser de côté les procédés au collodion humide et d'user exclusivement des procédés secs, émulsion au collodion ou à la gélatine.

Nous n'avons pas à traiter ici la question purement photographique, et nous renvoyons pour cela nos lecteurs aux nombreux ouvrages spéciaux.

([1]) Cette solution se prépare en dissolvant 20^{gr} de sulfate de cuivre pur dans 100^{gr} d'eau distillée, et en ajoutant de l'ammoniaque en léger excès, de manière à redissoudre le précipité bleu qui se forme d'abord. On amène ensuite le volume à 300^{cmc} par de l'eau distillée.

CHAPITRE IV.

DE L'EMPLOI DES MICROSCOPES ET DES LANTERNES A PROJECTIONS.

I. — MICROSCOPES A PROJECTIONS.

Les microscopes à projections diffèrent des appareils à observations par leur construction et leur mode d'emploi ; ils ne nécessitent plus les précautions minutieuses dont nous avons parlé ; leur manœuvre devient plus simple, plus facile en raison de ce fait qu'on ne demande jamais aux microscopes à projections des amplifications considérables.

Dispositions générales, écrans. — Avec les uns comme avec les autres il faut pouvoir disposer d'une salle assez grande, surtout s'il est nécessaire de faire voir par transparence les objets grossis par les lentilles. En général, dans les cours scientifiques cette méthode est peu employée, et l'on se contente de projeter les images sur un écran opaque de la plus grande blancheur.

Cet écran est fait tantôt en étoffe (calicot), tantôt en papier. Dans le premier cas, le calicot est cloué sur deux rouleaux en bois assez lourds : l'un se fixe au plafond de la salle par un moyen quelconque, l'autre au contraire sert à tendre l'étoffe par son simple poids.

On peut également faire usage d'un grand cadre en bois, à l'intérieur duquel le calicot est tendu au moyen d'une corde lacée

(*fig.* 154); ce moyen permet d'obtenir une surface beaucoup plus
unie et plus également tendue que dans le premier cas.

Fig. 154.

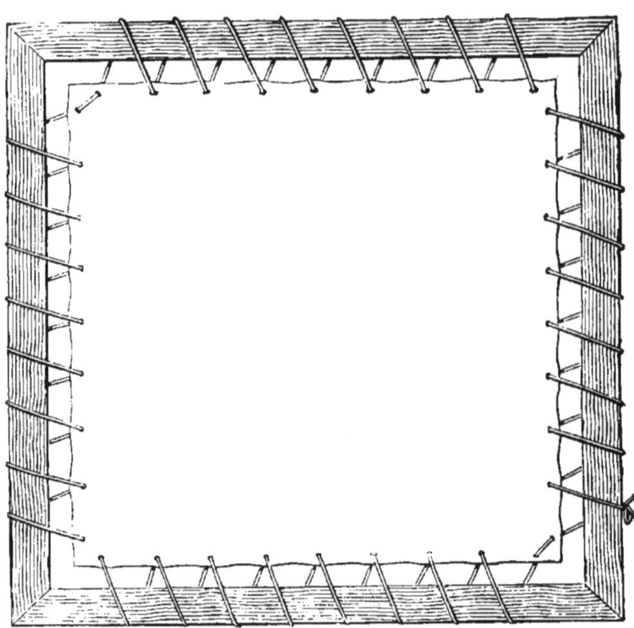

Enfin un écran en papier très blanc, collé sur une toile pour
lui donner plus de solidité est encore meilleur pour les projections
par réflexion, mais il a le défaut d'être d'une grande fragilité.

Lorsque les projections doivent être faites par transparence, il
faut de toute nécessité user d'un écran en étoffe. Pour lui donner
la translucidité nécessaire, il suffit de le mouiller à l'eau au
moyen d'une petite pompe à pomme d'arrosoir.

Il est inutile de dire que dans ce cas l'appareil doit être placé
en face des spectateurs au delà de la toile ; aussi faut-il disposer
d'un local assez vaste, cas fort rare dans les salles de cours ; ce

qui fait que ce moyen est réservé en quelque sorte aux conférences.

Il est souvent difficile de placer l'appareil de projection à la
hauteur exacte du centre de l'écran ; il faut alors lui donner une
inclinaison convenable ; mais l'écran ne doit plus être vertical, il
doit s'incliner aussi, de façon à rester parallèle à l'appareil ; sans
cela, les images seraient déformées.

Pied porte-appareil. — Le meilleur support à employer est le
pied d'atelier des photographes. Une crémaillère permet d'élever
la lanterne à la hauteur convenable, en même temps que la planchette mobile qui le termine permet l'inclinaison de l'instrument.

Microscope solaire. — Lorsqu'on peut user d'un local convenablement orienté, le microscope solaire est le plus simple à
employer.

L'appareil se fixe au valet percé d'une fenêtre au moyen de
quatre boulons. L'écran est ensuite placé en face du microscope
à la distance voulue ; au moyen du miroir articulé, la lumière est
ramenée dans l'axe de l'appareil. Une première lentille L (*fig.* 155)

Fig. 155.

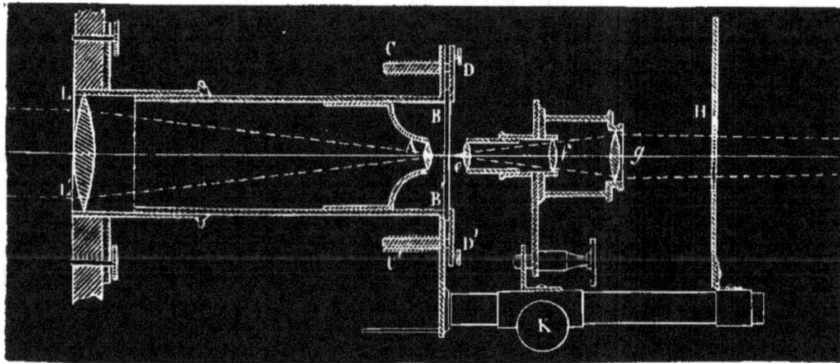

concentre les rayons lumineux sur une lentille plus petite A. La
préparation s'introduit entre les deux plaques de la platine, et les

ressorts à boudin D permettent de la maintenir exactement à la place voulue.

Il faut alors mettre exactement en place le focus A, ce qui se fait en allongeant ou en raccourcissant le tube qui porte tout l'appareil. La mise au point s'obtient au moyen de la crémaillère K et se termine par la vis micrométrique; enfin au moyen du diaphragme H on élimine tous les rayons latéraux qui nuiraient à la netteté de l'image.

La chaleur développée par les lentilles concentratrices est assez intense pour faire éclater les lames de verre des préparations ; on peut éviter cet accident en plaçant sur le trajet du faisceau lumineux une cuve de verre contenant une dissolution d'alun : celle-ci se place derrière la première lentille dans une coulisse qui n'est pas figurée dans notre dessin.

On peut encore éviter cet accident en usant de préparations spéciales, que l'on trouve chez tous les préparateurs de micrographie. Ces porte-objets sont en bois, et l'on a pratiqué vers le milieu un ou plusieurs trous de $0^m,006$ de diamètre environ. Dans chacun d'eux est encastrée une préparation emprisonnée entre deux verres minces d'un diamètre égal à celui du trou. De la sorte la surface entière des verres est contenue dans le cône lumineux, la dilatation se fait également et les verres ne cassent plus.

Mais le microscope solaire est forcément d'un usage bien restreint; la lumière du soleil est trop capricieuse pour que l'on puisse en faire la base d'un travail régulier; trop souvent, au moment où elle serait nécessaire, elle fait complètement défaut. Les microscopes à lumières artificielles n'ont pas ces inconvénients, aussi les emploie-t-on fort souvent maintenant.

Microscope photo-électrique. — La description des différents modèles adoptés par les constructeurs que nous avons déjà donnée (¹) indique suffisamment l'emploi de ces instruments; nous aurons donc peu de choses à ajouter ici.

(¹) *Voir* page 96 et suiv

Le courant électrique sera donné tantôt par une pile de Bunsen (50 éléments) que l'on aura le soin de placer au dehors pour éviter les vapeurs nitreuses qui se dégagent, tantôt par une machine magnéto-électrique, machine de Gramme, actionnée par un moteur à gaz.

L'intensité considérable de la lumière électrique permet d'obtenir de forts grossissements ; mais il ne faut pas oublier que l'augmentation des amplifications doit être obtenue par un éloignement plus grand de l'écran, et non par la force plus considérable des objectifs, car on n'aurait alors que des images sans netteté.

Malheureusement la lumière électrique nécessite un matériel coûteux, machine dynamo-électrique et moteur ; et lorsqu'on demande à la pile la source électrique, le montage des appareils est fort long, et la dépense en zinc et en acide assez forte.

Microscope à gaz. — La lumière de Drummond, ou lumière oxydrique, est facile à obtenir sans danger avec les chalumeaux que l'on fabrique maintenant ; elle possède un pouvoir éclairant considérable, et elle a sur la lumière électrique l'avantage de ne pas *scintiller* ; elle est au contraire d'une grande fixité si l'on sait convenablement régler l'arrivée des deux gaz.

Nous ne pouvons entrer ici dans tous les détails que demanderait une description complète des diverses manipulations que nécessite la lumière de Drummond, et nous renverrons à l'excellent Traité de M. Molteni.

Mais avec l'un ou l'autre de ces microscopes il n'est pas possible de dépasser certains grossissements, et il faut tourner la difficulté en projetant, avec un appareil convenablement construit, des photographies transparentes obtenues tout d'abord au microscope.

II. — LANTERNE A PROJECTION.

On peut employer comme éclairage la lumière électrique, la lumière Drummond et même le pétrole, lorsqu'il n'est pas nécessaire d'obtenir des images dépassant 2^m de côté.

La lanterne est placée sur un pied convenable, pied d'atelier des photographes, l'éclairage réglé et surtout centré, enfin l'écran installé à une distance suffisante, d'après les effets à obtenir.

Emploi de l'appareil simple. — Si l'on emploie un appareil simple, il sera bon d'user d'un châssis porte-épreuves double (*fig.* 156). Les deux ouvertures sont écartées de telle façon que

Fig. 156.

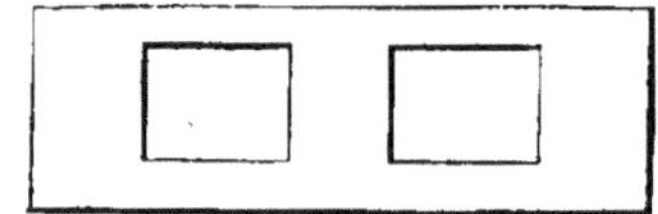

lorsqu'une épreuve est en place devant les lentilles, l'autre dépasse la coulisse de l'appareil, et permet d'enlever l'épreuve sur verre qu'elle contient et de la remplacer par une autre. Il suffit alors pour opérer le changement sur l'écran de pousser le châssis tantôt dans un sens, tantôt dans un autre ; de cette façon, l'écran est toujours occupé, et les images se succèdent sans interruption ; ce système est très suffisant pour les projections scientifiques destinées à une démonstration.

Mais, en usant de ce procédé, il faut apporter la plus grande attention à la mise en place des épreuves ; car la plus légère inadvertance fait transposer l'ordre des images, et peut alors dérouter complètement le professeur. Il faut donc désigner une ouverture par la lettre A, et l'autre par la lettre B, puis reporter ces indications sur chaque vue transparente, sans négliger un numérotage général de toute la série des vues à faire passer successivement dans le lanterne. Toutes ces précautions peuvent paraître minutieuses, mais dans la pratique elles ont une importance réelle.

Appareil double. — Lorsque, au contraire, on fait usage d'un appareil à vues fondantes, il convient de prendre certaines précautions : ainsi il est indispensable de régler exactement l'incli-

naison des deux lanternes. Nous supposons que l'on fait usage
d'un appareil horizontal : le système éclaireur (lumière Drum-

Fig. 157.

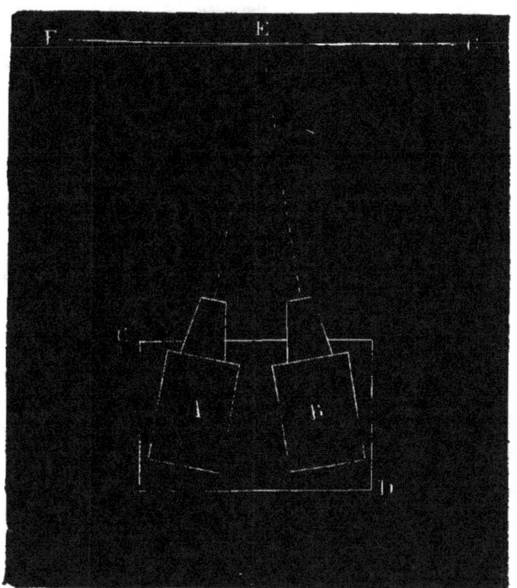

mond principalement) étant convenablement réglé dans chaque
lanterne, il faut chercher à faire converger les deux lanternes. Les deux disques lumineux sont de même grandeur en
plaçant côte à côte les deux appareils ; mais le plus ordinairement
ils ne se superposent pas. L'un dépasse à droite, l'autre déborde
à gauche ; on desserre alors les écrous qui fixent les lanternes
sur la planchette, et on les ramène au point voulu ; la *fig.* 157 fera
aisément comprendre le principe de cette opération.

Soient FG l'écran, CD la planchette supportant les deux lanternes AB. Il suffit de faire converger les deux centres du cône

lumineux projeté par chaque appareil en un point unique E placé
exactement au centre de l'écran.

Fig. 158.

On règle alors la longueur de la tringle des diaphragmes dans
le cas où le *dissolving* est obtenu par ce moyen; mais cette opération devient inutile si les effets d'extinction sont produits par
un robinet distributeur, système bien supérieur au premier et
que M. Molteni applique maintenant à tous ses appareils.

Dans le cas où l'on emploierait un appareil vertical (*fig.* 158), la mise en place et le réglage se feraient par une opération semblable, mais en inclinant plus ou moins la lanterne supérieure sur celle qui est au-dessous : il suffit de faire tourner dans un sens ou dans l'autre le bouton A, qui commande à la fois les deux systèmes optiques et permet de les incliner plus ou moins. Ce perfectionnement est fort utile lorsqu'on s'aperçoit, pendant une démonstration, que la coïncidence des images n'est pas absolument exacte.

Système à projection horizontale. — Dans certaines circonstances, il est indispensable de placer horizontalement la préparation ou la vue à projeter. A cet effet, M. Duboscq a combiné un appareil qui s'emploie concurremment avec une lanterne (*fig.* 124, p. 152) : un double système de miroir et de prisme rend le faisceau lumineux d'abord vertical, puis horizontal; la lanterne munie de sa demi-boule se place en face du miroir incliné, et le plus près possible afin de perdre moins de lumière. L'objet placé

Fig. 159.

le plus ordinairement dans une cuve transparente se fixe sur la platine percée qui se trouve au-dessus du miroir. On peut ainsi projeter l'image d'animaux vivants, nageant dans l'eau, et d'une transparence suffisante pour laisser pénétrer la lumière à travers leurs tissus.

M. Molteni de son côté a combiné un système analogue (*fig.* 159) : tantôt cet appareil est indépendant de la lanterne, comme celui de M. Duboscq; tantôt, au contraire, il se fixe directement sur la tête de la lanterne.

Épreuves à projections. — Les épreuves sur verre destinées à la lanterne s'obtiennent facilement en faisant usage de plaques préparées à l'émulsion ou au gélatino-bromure, au collodion sec et mieux à l'albumine; elles doivent toujours être très transparentes; les noirs ne seront jamais opaques, car elles absorberaient alors beaucoup de lumière.

Ces épreuves s'obtiennent, soit par tirage direct, soit à la chambre obscure. Dans le premier cas, il faut avoir un cliché à la dimension exacte; il suffit alors de le placer dans un châssis à reproduction et de poser sur la face qui porte l'image un verre mince préparé au collodion sec ou à la gélatine. Une exposition de quelques secondes à la lumière diffuse suffira pour obtenir une bonne épreuve.

Dans le second cas, le cliché à reproduire est le plus souvent trop grand; il faut avoir recours à la chambre obscure pour le ramener à la dimension voulue : on opère alors par transparence, à la manière ordinaire des photographes, et il est bon d'user encore dans ce cas des procédés secs.

Appareil double de Duboscq. — L'emploi de la lanterne à projection n'a qu'un seul inconvénient en micrographie, c'est de ne pas donner la couleur de la préparation; aussi fait-on souvent usage de l'appareil de Duboscq (*fig.* 74, p. 97), dans lequel on peut à volonté projeter l'objet lui-même au moyen du microscope, avec toutes ses couleurs, ou la photographie de ce même objet obtenu avec un objectif beaucoup plus faible, mais donnant en définitive une image de même grandeur que dans le premier cas, et alors d'une netteté bien supérieure à celle obtenue par le microscope.

Nous ne pouvons nous empêcher de rappeler que la méthode

des projections a rendu les plus grands services pendant le siège de Paris, en permettant la lecture rapide et facile des dépêches apportées par les pigeons voyageurs. La *fig.* 160 représente l'installation organisée à cet effet par M. Duboscq.

Fig. 160.

La source lumineuse était fournie par un régulateur électrique, et l'amplification suffisante pour permettre à plusieurs écrivains de transcrire à la fois des séries diverses de dépêches.

CHAPITRE V.

DES MICROSCOPES DESTINÉS AUX RECHERCHES MINÉRALOGIQUES ET DE LEUR EMPLOI.

Le microscope n'a été appliqué d'une manière complète à l'étude des minéraux et des roches que depuis peu d'années, et déjà les résultats obtenus à l'aide de cette méthode sont de la plus haute importance.

En effet, c'est seulement depuis que l'on a examiné les roches réduites en lames minces, et sous de forts grossissements, allant jusqu'à 2000 diamètres, que l'on a reconnu leur constitution exacte; toujours les roches se sont montrées formées d'éléments parfaitement distincts, et l'on n'admet plus l'existence de roches adélogènes.

Ce premier résultat était déjà d'une importance capitale, mais il indiquait, en outre, toute une voie nouvelle de recherches et de déterminations; le microscope avait nettement séparé les éléments des roches, mais sans indiquer leur composition ; il fallait donc arriver à les distinguer spécifiquement. C'est alors qu'ont été mises à profit les études déjà faites des formes et des propriétés optiques des minéraux cristallisés ; aussi est-il facile de comprendre combien l'emploi de la lumière polarisée devait rendre de services à la nouvelle méthode.

Aujourd'hui on peut dire que la spécification des roches (prin-

cipalement des roches éruptives) au microscope, est d'une utilité
tout aussi grande pour le géologue que celle des fossiles que
contiennent les couches sédimentaires.

Antérieurement à cette application du microscope à l'étude des
matières cristallisées, les minéralogistes avaient remarqué que les
cristaux très petits avaient toujours des formes plus simples qui
facilitaient singulièrement leur étude. Cette pureté de formes est
encore plus frappante dans les cristaux microscopiques, et elle
aide singulièrement à la mesure des angles et à la détermination
exacte de ces cristaux.

De même, le clivage est très facile à reconnaître dans les cristaux extrêmement petits. D'un autre côté, le microscope a fourni
des indications toutes nouvelles sur la genèse de certaines roches
composées et a permis de démêler l'ordre de cristallisation des
espèces mélangées.

« En résumé, les micrographes sont arrivés à des données précises et nouvelles ; ils ont reconnu, dans presque toutes les roches,
la composition minéralogique de la matière fondamentale de
celles-ci, matière en général tellement compacte qu'on la désignait
volontiers sous le nom de *pâte*, lui attribuant ainsi une homo-
généité qu'elle était loin de posséder. Ils ont constaté la présence,
dans les roches, de minéraux qu'on en croyait absents (spinelles
dans les basaltes, etc., etc.) ; ils ont montré l'extrême diffusion dans
la nature de quelques minéraux considérés comme rares (apatite,
sphène) ; ils ont obtenu des notions plus exactes sur la structure
des roches (fluidalité, sphérolithes), et sur leur genèse ; enfin ils
ont réussi à supprimer de la liste des minéraux un nombre considérable d'espèces supposées distinctes, et qui, en réalité, n'étaient
que des mélanges ([1]). »

---

[1] Fouqué et Lévy, *Minéralogie micrographique ; roches éruptives françaises*,
p. 13.

I. — APPAREILS.

L'étude des roches au microscope demande des instruments spécialement combinés dans ce but; nous devons décrire tout d'abord les différents modèles construits à cet effet.

Microscope pétrologique de Nachet. — Ce modèle (*fig.* 161)

Fig. 161.

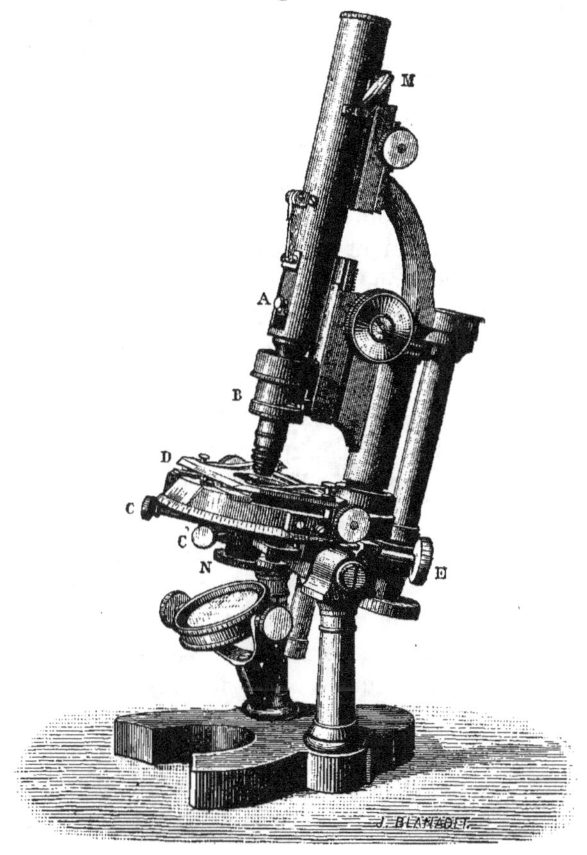

a ceci de particulier, que l'oculaire et l'analyseur sont rendus immo-

biles, tandis que la platine et l'objectif peuvent se mouvoir autour
de l'axe optique de l'instrument. Comme nous le verrons plus
loin, ce mode de construction permet de maintenir exactement au
centre optique du microscope un point déterminé de la préparation fixée sur la platine, le sommet d'un cristal, par exemple; et
de lui faire subir un mouvement de rotation sans qu'il y ait déplacement de ce point, condition essentielle pour obtenir des mesures
angulaires exactes.

Une platine fixe porte à sa partie postérieure un appendice sur
lequel est solidement installée une sorte de potence ; celle-ci
soutient un tube, entrant librement dans le tube porte-objectif.
L'extrémité du tube fixe reçoit un oculaire muni d'un réticule en
croix (fil d'araignée), et à sa partie inférieure, l'analyseur; la longueur de ce tube fixe est calculée de façon à porter l'analyseur
à une très petite distance de l'objectif.

La colonne à mouvement lent est fixée à une platine à tourbillon, de même construction que dans les microscopes ordinaires.

Les objectifs se changent rapidement au moyen d'un adaptateur B (¹), et sans qu'il soit nécessaire de recourir au pas de vis.

La platine est munie de coulisses mobiles dans deux sens perpendiculaires l'un à l'autre; deux boutons molettés ED commandent
ces différents mouvements ; cet appareil permet de ramener d'une
manière précise, au centre de l'instrument, un point quelconque
de la préparation.

Enfin une division circulaire, gravée sur le pourtour de la platine mobile, permet, à l'aide d'un vernier fixé à la platine inférieure, d'effectuer des mesures d'angle.

En A une coulisse mobile permet d'enlever à volonté l'analyseur
et de le remplacer par d'autres combinaisons.

Les autres parties du microscope n'offrent rien de particulier.

Dans ce modèle, le centrage est obtenu mécaniquement par le
constructeur ; cependant, malgré toute la précision apportée à
cette opération, il convient de corriger une légère déviation que

____

(¹) *Voir* page 193.

produisent les nicols. Le tube N, dans lequel se place le polarisateur est mobile autour de son axe, et il peut être centré d'une manière exacte au moyen des deux vis butantes CC'. En outre. M. Nachet est arrivé au résultat désiré, à l'aide d'une double lame de crown en forme de prisme à angle très aigu, placée dans l'axe optique du microscope. Moyennant cette précaution, dès qu'une partie de la préparation est vue au point de croisement des fils de l'oculaire, elle ne peut plus s'en écarter lors du mouvement de la platine rotative.

Tel qu'il est construit par M. Nachet, cet instrument donne des résultats aussi parfaits que possible; aussi est-ce lui qui est employé journellement dans les laboratoires de la Sorbonne, du Collège de France et du Muséum.

Microscope goniométrique de Vérick. — Cet instrument (*fig.* 162) est construit d'après un système différent : ici le centrage de l'appareil est obtenu par le déplacement du tube porte-oculaire ainsi que l'a indiqué le professeur Rosembusch. A cet effet, le tube principal porte deux boutons C et D au moyen desquels il est facile de ramener exactement dans l'axe le point de croisement des fils de l'oculaire. Ce réglage doit être effectué pour chaque objectif, et ordinairement quelques tâtonnements donnent facilement un centrage exact.

La platine rotative est divisée comme dans le modèle Nachet, et la lecture se fait au moyen d'un vernier fixe : deux coulisses à angle droit, également commandées par deux boutons molettés permettent de ramener au centre la préparation.

Les objectifs sont montés sur un extracteur à levier; il suffit pour enlever un objectif d'abaisser le levier G et d'amener à soi l'objectif.

Enfin un valet à étrier retient exactement la préparation à la place voulue.

Ce microscope est d'une très grande solidité, il n'a à redouter aucun décentrage, puisque celui-ci est réglé par l'observateur; M. Vérick a mis ce modèle dans le commerce depuis peu, mais nous croyons qu'il aura un entier succès, à cause du soin extrême apporté par le constructeur à son exécution.

Fig. 162.

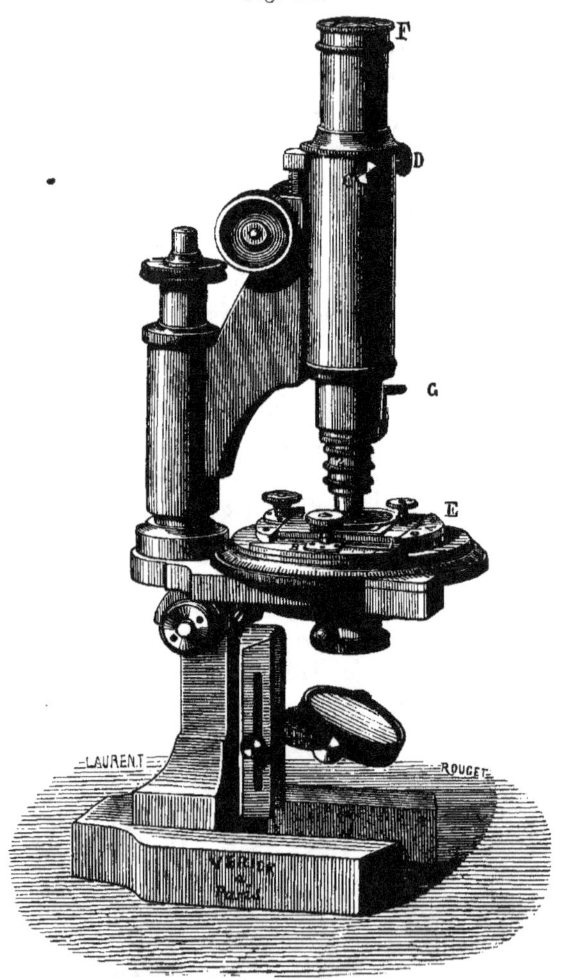

Modèle Bertrand ([1]). — Le microscope qu'a fait construire

([1]) M. Bertrand, dont le nom est bien connu par ses savants travaux en miné-

Fig. 163.

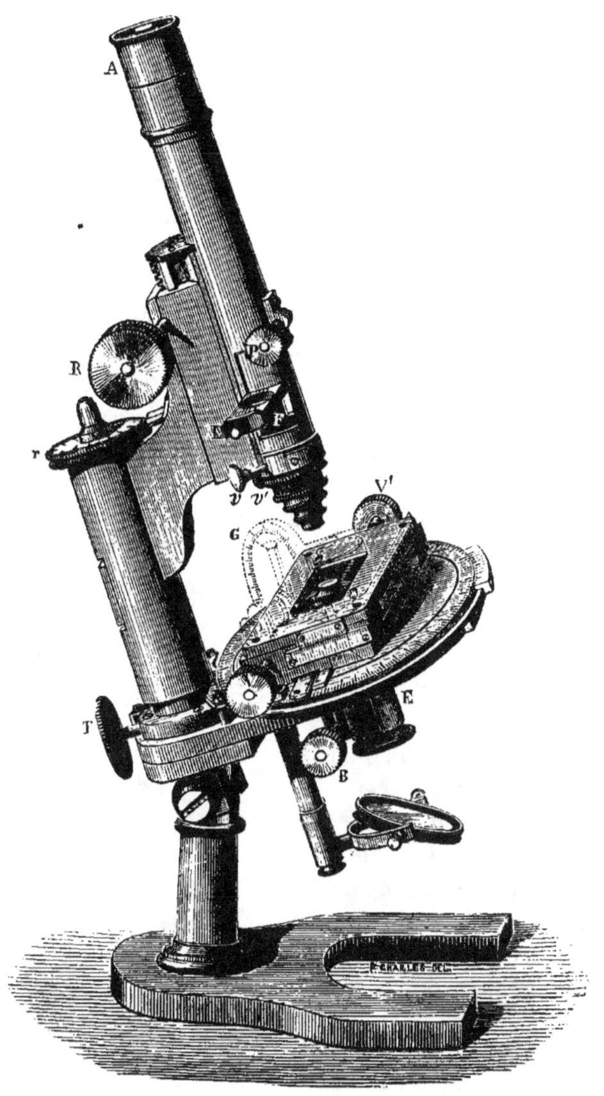

M. Bertrand permet d'effectuer des mesures d'une précision extrême ; il diffère des modèles précédents dans plusieurs de ses parties.

Le bouton moletté qui commande la vis micrométrique r (*fig.* 163) porte un cadran divisé qui permet de mesurer exactement la marche de l'objectif, condition nécessaire pour obtenir certaines mesures d'angle.

Le mouvement rapide se fait par une crémaillère R.

La platine tournante porte des divisions, la platine fixe un vernier ; un bouton T, qui traverse la colonne du microscope, actionne la platine tournante au moyen d'un pignon, et permet ainsi d'obtenir une rotation plus précise peut-être que la manœuvre à la main que nécessite le microscope de Vérick.

La platine supérieure est mobile, suivant deux directions rectangulaires, ce qui permet de ramener dans l'axe de l'appareil le cristal qui s'en serait écarté par suite de la rotation autour de l'axe du goniomètre.

E, éclaireur formé de trois lentilles, mobiles par une crémaillère au moyen du bouton B ; celui-ci pouvant se remplacer par un polariseur, la crémaillère permet alors d'amener le point de convergence des rayons incidents exactement au point où se trouve la lame à examiner ; et l'on peut ainsi observer les phénomènes optiques en lumière convergente dans des lames excessivement petites.

La platine mobile peut enfin recevoir un goniomètre particulier (*fig.* 164 et 165) qui permet de mesurer l'écartement des axes optiques dans l'air ou dans le liquide : ce goniomètre se fixe sur la platine comme il est indiqué sur la figure.

Une pince porte la préparation et peut librement tourner dans une longue douille ; un demi-cercle divisé G permet, au moyen d'un index porté par la tige de la pince, de mesurer l'inclinaison donnée à la préparation.

ralogie, est le directeur du Comptoir minéralogique, rue de Tournon ; son microscope n'est pas absolument dans le commerce, mais il est possible d'obtenir de ce constructeur quelques instruments de commande.

Deux butoirs v, v' permettent de déplacer légèrement l'objectif et de rectifier le centrage. Une fente ménagée au-dessus de l'ob-

Fig. 164.

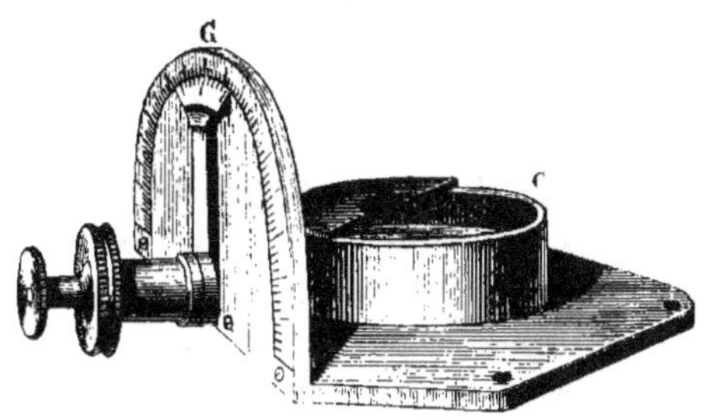

jectif permet de glisser une lame de mica quart d'onde ou une lame prismatique de quartz pour observer le caractère positif ou négatif des cristaux à un ou à deux axes optiques. En ce point peut

Fig. 165.

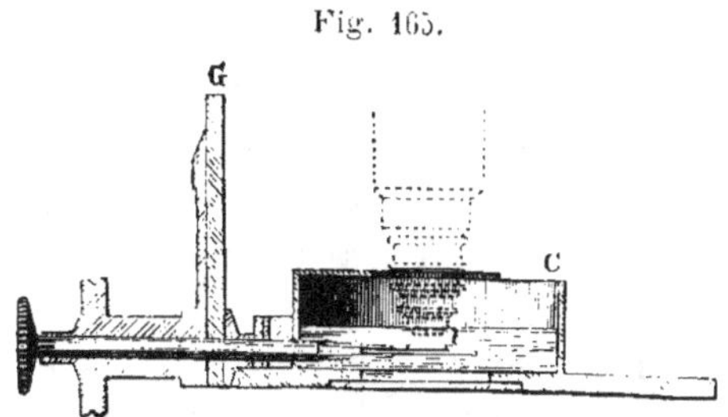

également se placer une pièce portant une lentille achromatique et pouvant glisser de façon à observer les préparations en lumière parallèle ou en lumière convergente. Cette pièce peut s'élever ou s'abaisser au moyen d'une crémaillère mise en mouvement par le pignon P.

L'analyseur peut se placer au-dessus de l'oculaire ou au-dessus de l'objectif.

Outre un oculaire à réticule, M. Bertrand fait adjoindre à son microscope un objectif spécialement construit pour la photographie; grâce à certaines corrections dans les lentilles, M. Bertrand obtient d'excellentes épreuves photographiques, sans qu'il soit nécessaire de faire usage d'un objectif photographique, comme l'indique le docteur Fayell.

Il est à regretter que cet excellent instrument ne soit pas dans le commerce d'une manière complète; mais, comme nous l'avons déjà indiqué en note, il est possible d'obtenir quelques instruments de M. Bertrand.

Des objectifs nécessaires dans les recherches minéralogiques. — Dans les descriptions qui précèdent, il n'a pas été question des objectifs; effectivement, ceux-ci n'ont pas besoin de qualités spéciales, et tout ce que nous avons dit sur cette question est entièrement applicable en cette circonstance ([1]).

Un seul point est important à connaître : quelle doit être la force des objectifs?

Les grossissements les plus employés varient de 60 à 200 diamètres. Les faibles amplifications servent tout d'abord à étudier l'aspect général de la préparation; le champ est alors d'une étendue suffisante pour donner une idée exacte de la manière d'être, de la combinaison des éléments d'une roche, et cela par une observation directe et non par une opération de l'esprit qui recomposerait en un seul tout les diverses parties étudiées successivement.

Plus rarement on a recours à des grossissements de 400 et de 600 diamètres; au delà on peut dire d'une manière générale que l'on n'augmente en rien l'observation; l'image pourra bien être agrandie, mais elle ne dira rien de plus. Il existe cependant quelques cas spéciaux où il est nécessaire d'user de grossissements de 1500 et 2000 diamètres, mais ils sont fort rares.

Des oculaires à réticule. — Dans toutes les mesures d'angle, il est de toute nécessité de faire usage d'un oculaire muni de deux fils d'araignée en croix, le centre de ce réticule coïncidant exactement avec le centre optique du microscope.

([1]) *Voir* page 32 et suiv.

Mise en place des fils du réticule. — L'extrême délicatesse des fils d'araignée employés pour former le réticule de l'oculaire rend cette partie de l'instrument très fragile ; aussi arrive-t-il assez souvent qu'une secousse un peu forte amène leur rupture, et l'observateur se trouve alors dans l'impossibilité d'effectuer la moindre mesure. Il est donc important de connaître la méthode à employer pour parer à cet accident, et éviter ainsi le temps perdu qu'occasionnerait l'envoi de l'oculaire chez le constructeur. Cette opération très longue et réellement difficile pour celui qui ne connaîtrait pas le *modus operandi* devient, au contraire, assez facile, si l'on suit la marche que nous allons décrire et que nous devons à l'obligeance de M. Fabre, de l'Observatoire de Toulouse.

Tous les fils d'araignée ne sont pas également bons, et les seuls vraiment convenables sont ceux que l'on peut enlever du cocon de l'araignée ; ceux-ci sont infiniment plus résistants que ceux des toiles ; enfin ils sont plus faciles à saisir. La première de toutes les conditions est donc de se procurer de ces cocons d'araignée, et voici à ce sujet quelques indications : la grosse araignée noire (*Tegenaria domestica*) file un gros cocon de soie blanche entourée d'une sorte d'enveloppe de soie brune ; celui-là est lesté avec des débris de toute sorte et *attaché au-dessous de la toile*.

Les *Lycosies* portent leur cocon *attaché au-dessous du corps*.

En général, c'est à la première de ces deux espèces que l'on a recours, et nous n'avons pas à indiquer où l'on doit rechercher les toiles d'araignée.

Les cocons une fois récoltés, il est bon de les débarrasser des œufs qu'ils contiennent, opération qui se fait en ouvrant le sac de soie ; les œufs agglutinés se trouvent au milieu. Cette précaution n'a d'autre but que d'éviter l'ennui de trouver une *armée* de petites araignées dans les boîtes où seraient conservés les cocons.

Les instruments nécessaires pour la mise en place des fils d'un réticule sont :

Une pince à bouts très fins (brucelles) ;

Un scalpel;

Deux petites boules de cire *lestées*.

Ces boules se font avec de la cire ordinaire, à laquelle on incorpore de petits fragments de plomb, et ceux-ci doivent être en quantité différente suivant la *force* des fils que l'on doit employer. D'une manière générale, tous les fils d'un même cocon possèdent la même force; aussi les boules, une fois réglées sur un fil extrait d'un cocon déterminé, peuvent servir pour toutes les opérations faites avec lui. Voici en quoi consiste le réglage de ces boules : On fait tout d'abord deux petites masses de cire de la grosseur d'un pois, et l'on incorpore à chacune d'elles une quantité à peu près égale de lamelles de plomb obtenues en raclant une balle ; en malaxant entre les doigts la cire et le plomb, on arrive à faire une masse dans laquelle les particules sont uniformément réparties. Ces deux boules ainsi lestées doivent maintenant être réglées ; à cet effet, on enlève avec les pinces un fil du cocon, et l'on attache à son extrémité une boule ; cette opération se fait très facilement en pratiquant une fente dans la cire au moyen du scalpel ou de l'ongle : il suffit, pour attacher le fil, de rapprocher les deux lèvres de la fente, et le fil est emprisonné dans la cire; si la boule est trop lourde, le fil se rompt sous son poids; il faut alors, par des essais successifs, arriver à obtenir une masse de cire suffisante pour tendre le fil, et cependant assez légère pour ne pas amener sa rupture.

Il est très facile d'enlever de la boule de cire de très petites quantités, en malaxant entre les doigts et enlevant au scalpel la cire en trop. Les deux masses lestées doivent être réglées séparément d'abord, puis en même temps. A cet effet, les deux bouts du fil sont pincés par les deux boules, et le tout est placé sur l'extrémité d'un tube ouvert, les deux boules pendant librement de chaque côté.

L'opération, ainsi préparée, n'offrira plus aucune difficulté; le fil étant enlevé du cocon et pincé à chaque extrémité par une boule est porté sur le tube de l'oculaire; au moyen d'une aiguille emmanchée, on l'amène, *en le soulevant*, exactement à la place qu'il doit occuper ; puis, au moyen d'un fil de cuivre chauffé à la lampe, la cire qui garnit l'encoche est légèrement fondue ; le fil est alors fixé ; il ne reste plus qu'à couper, au moyen du scalpel, les deux bouts qui dépassent le tube porte-réticule.

Cette opération, longue à décrire, s'effectue très rapidement, à la condition de suivre minutieusement la marche que nous venons d'indiquer ; il est surtout important de bien régler tout d'abord le lest des deux boules de cire ; car il est nécessaire d'obtenir une tension assez forte du fil, sans l'exagérer au point de le rompre.

Appareils de polarisation. — Presque toutes les recherches lithologiques se font à l'aide de la lumière polarisée ; aussi convient-il de donner une attention toute particulière aux différentes parties de l'appareil de polarisation.

Le polarisateur sera bien exactement centré au-dessous de la platine, et il est fort utile de pouvoir élever et abaisser tout le système (nicol et lentille condensatrice), afin de le ramener exactement au point voulu, suivant l'épaisseur de la lame porte-objet.

L'analyseur se place tantôt au-dessus de l'objectif, tantôt au-dessus de l'oculaire ; la première méthode a l'avantage de rétrécir moins le champ de l'appareil que la seconde.

Enfin le système de prisme de M. Prazmowski a, d'une manière générale, l'immense avantage d'agrandir considérablement le champ de l'image ; il serait donc préférable d'employer ce système plutôt que celui des nicols ordinaires.

Il est bon de dire que, lorsque l'analyseur est placé au-dessus de l'oculaire, l'extinction produite par les nicols croisés est certainement plus complète que dans le cas contraire ; cet effet se comprend aisément, par ce fait que, lorsque l'analyseur se trouve très près de l'objectif, des rayons ordinaires arrivent à l'oculaire en même temps que le rayon extraordinaire et empêchent, par leur présence, une extinction totale.

Goniomètres. — Les goniomètres servent à mesurer les angles des cristaux microscopiques ou les positions angulaires d'extinction en lumière polarisée. Tantôt les divisions du cercle gradué sont portées par l'oculaire, tantôt par la platine rotative ; dans les deux cas, un vernier fixe permet une lecture précise.

L'oculaire doit être muni d'un réticule en fil d'araignée, croisé à angle droit ; l'intersection des fils se faisant dans l'axe optique de l'instrument.

Lorsque l'oculaire porte le cercle divisé, il suffit de le faire tourner sur son axe, en observant la position des deux côtés de l'angle à mesurer par rapport à l'un des fils du réticule ; mais cette méthode doit être complètement mise de côté, elle manque toujours de précision.

Dans tous les microscopes construits en France, la platine tournante porte un cercle divisé ; la seule difficulté que présente ce système est la nécessité d'un centrage absolument exact de toutes les pièces du microscope. En décrivant les divers modèles de MM. Nachet, Vérick et Bertrand, nous avons vu que ce centrage était corrigé tantôt par l'adjonction d'un prisme aigu de crown, tantôt par le gauchissage de l'oculaire ou de l'objectif.

II. — DE L'EMPLOI DU MICROSCOPE DANS LES RECHERCHES LITHOLOGIQUES.

L'emploi du microscope dans les recherches lithologiques demande les mêmes soins, les mêmes précautions que dans les observations ordinaires ; nous n'avons pas à revenir ici sur ce que nous avons déjà dit à ce sujet ([1]).

Cependant les études de ce genre demandent quelques indications spéciales ; ainsi convient-il de prémunir le commençant contre les fausses interprétations que pourraient lui causer les corps étrangers mêlés aux préparations et les illusions d'optique qui se produisent dans l'examen des lames minces ; enfin il sera

([1]) *Voir page* 190 *et suiv.*

nécessaire de dire un mot du dessin et de la photographie des coupes microscopiques.

Corps étrangers. — Les lames minces de roches ou de minéraux contiennent quelquefois des particules d'émeri logées dans des trous de la préparation; en général il est facile de les reconnaître : elles sont en partie opaques et sur un plan différent de celui des autres éléments. Des bulles d'air peuvent être emprisonnées dans le baume de Canada (¹); celles-ci peuvent être aplaties et donner de nombreuses branches recourbées en tous sens, et qui peuvent à première vue être prises pour des parties constituantes de la préparation; il suffira d'être prévenu de leur existence pour ne pas être longtemps trompé sur leur nature.

Illusions d'optique. — Mais il se produit souvent des illusions d'optique provenant d'interférences, de déviation des rayons lumineux qui traversent la préparation ; dans ce cas, on voit apparaître des bandes lumineuses alternant avec des bandes obscures. En général, ces effets sont dus à un excès de lumière; il suffira donc de diminuer l'éclairage en faisant usage de diaphragmes plus petits.

Voici, d'après le professeur Zirckel, quelques-uns des cas qui peuvent se produire :

1° Les rayons réfléchis par le miroir et qui traversent le baume entourant l'objet interfèrent avec ceux qui traversent l'objet lui-même. Les deux substances possédant un pouvoir réfringent différent, les deux rayons ont, en les traversant, une marche différente. Dans ce cas, les lignes d'interférence apparaissent *en dehors* de la limite des objets, et sont d'autant plus fortes que la différence d'indice de réfraction est plus grande.

2° Les rayons qui ont traversé le milieu entourant l'objet (baume de Canada) peuvent interférer avec ceux qui sont réfléchis par les surfaces planes ou courbes de l'objet, cas qui se produit lorsque des métaux, des fragments roulés, des corps cylindriques sont englobés dans le baume de Canada ou dans une substance miné-

(¹) *Voir*, page 214, les caractères de ces bulles.

rale étrangère. Cet effet est quelquefois très marqué et dépend surtout du pouvoir réfléchissant et de la forme des surfaces. Il se produit également le long des fissures qui traversent un minéral amorphe ou cristallin; mais, dans ce cas, il est facile, en général, de distinguer nettement les franges irisées que donnent les phénomènes d'interférence.

3° Les rayons qui traversent l'objet ou qui sont réfractés par lui peuvent arriver à interférer avec ceux qui subissent une réflexion à l'intérieur d'une saillie. Les lignes d'interférence se produisent alors du côté interne de la ligne qui délimite l'objet; cet effet se produit assez ordinairement dans le vide d'un espace polyédrique.

Ordinairement, un simple changement dans l'éclairage, dans la force de l'amplification apporte de telles modifications dans l'apparence, l'étendue, le nombre et la coloration des lignes d'interférence, que l'observateur reconnaîtra facilement si elles appartiennent à l'objet ou à l'image microscopique.

Reliefs et enfoncements. — Il est indispensable, en lithologie microscopique, de distinguer les saillies des enfoncements; de reconnaître, par exemple, si une aiguille cristalline est pleine ou vide. Une remarque bien simple de Welcker permet de reconnaître nettement l'une ou l'autre de ces deux conditions opposées.

Si un objet montre son plus vif éclat lorsqu'on élève le tube du microscope, c'est que l'objectif a son foyer sur le sommet d'une éminence; si cet éclat se produit en baissant le tube, on est sur un enfoncement. En faisant usage de la lumière oblique, il y aura déplacement de l'image; dans le cas d'un espace vide (agissant alors comme une lentille concave), le point lumineux apparaît lors de l'abaissement du tube sur le côté opposé au miroir; l'ombre, au contraire, sur le côté tourné vers lui. Pour les corps solides, espace plein (agissant comme une lentille convexe), le point lumineux se montre en élevant le tube, et, sur le côté tourné vers le miroir, l'ombre sur le côté opposé. Dans les corps cylindriques, une ligne lumineuse remplace le point de plus vif éclat.

De la représentation des images microscopiques. — La représentation la plus fidèle qui reproduirait le champ visuel tel qu'il se présente à l'observateur, sans rien ajouter ou sans rien retrancher, ne peut en aucune façon être regardée comme la meilleure et la plus vraie. Il faut en effet arriver à représenter pour les autres ce qui est le résultat total de l'observation, et comme celle-ci n'est complète que par la réunion de plusieurs impressions successives, il ne sera pas suffisant, dans la plupart des cas, de représenter seulement ce qui se voit nettement et à une distance focale déterminée; il faut donc, par une mise au point successive, donner à chaque élément toute sa valeur et le dessiner seulement alors. Le dessin microscopique doit reproduire, autant que possible, l'apparence habituelle des corps et ne pas laisser passer inaperçus les rapports d'ombre et de lumière qui y correspondent.

Enfin les observations en lumière polarisée produisent des colorations qu'il est absolument nécessaire de reproduire; les procédés de l'aquarelle sont alors les meilleurs à employer. Nous citerons comme exemple absolument complet les magnifiques planches de l'ouvrage de MM. Fouqué et Lévy sur les roches éruptives françaises.

La photographie est souvent employée en lithologie microscopique, et cependant, nous devons l'avouer, elle est trop souvent insuffisante. Les colorations données par la polarisation ne font que rendre les opérations photographiques plus difficiles, et sur l'épreuve définitive, ces couleurs se traduisent souvent par des teintes d'une intensité absolument inverse de ce que l'on pourrait supposer. Cependant les photographies de coupes de roches peuvent donner, dans certains cas, d'excellents résultats, et nous citerons, à l'appui de notre dire, les photographies, intercalées dans l'atlas de l'ouvrage de MM. Fouqué et Lévy que nous avons déjà cité. Des mesures d'une extrême précision peuvent être prises sur ces photographies; enfin elles seront toujours extrêmement utiles pour l'obtention de dessins faits à la main; elles donneront alors de véritables esquisses, d'une exactitude absolue, et qu'il suffira de compléter par l'observation directe de la préparation.

Il est bon d'ajouter que les photographies faites en lumière polarisée doivent toujours être obtenues avec un éclairage artificiel, car la pose est longue, et, malgré les bons résultats obtenus avec la lumière solaire et l'héliostat, il est plus simple de recourir à une source lumineuse fixe. La lumière de Drummond est bonne, mais un peu jaune, ce qui trouble quelquefois les colorations données par la polarisation; mais la lumière électrique est de beaucoup préférable.

Tout récemment, un de nos plus habiles micrographes, M. Van Heurck, a donné dans le *Bulletin de la Société belge de microscopie* un excellent travail à ce sujet, et nous allons indiquer les principaux résultats obtenus par le savant directeur du Jardin des plantes d'Anvers :

« Nous avions, depuis longtemps, pensé à la lumière électrique pour l'éclairage du microscope, mais nous ne songions qu'à obtenir la lumière monochromatique. Les expériences que nous avons faites dans ces derniers temps sont venues nous montrer que la lumière électrique, par incandescence, réalise l'éclairage par excellence que peut demander le micrographe, surtout au point de vue photographique.

« Deux moyens s'offrent aujourd'hui pour la production de l'électricité : les machines dynamo-électriques et les piles.

« Les machines dynamo-électriques produisent l'électricité à bon compte; malheureusement elles sont coûteuses et exigent un moteur à vapeur ou à gaz bien plus coûteux encore, ce qui fait que l'ensemble des installations s'élève à une somme assez ronde. Un micrographe n'y aura donc jamais recours pour des observations à faire à des intervalles souvent irréguliers, quand une petite pile, bien installée, lui permettra d'obtenir l'éclairage désiré, avec un peu plus de frais, mais presque sans peine.

« Le nombre des piles électriques existant aujourd'hui est fort considérable, mais aucune d'elles n'a été dépassée jusqu'ici, surtout pour la production de la lumière, par la pile de Bunsen. Mais les vapeurs d'acide hypoazotique qu'elle émet, les inconvénients qu'elle présente par les difficultés de son montage, sont cause qu'elle ne peut guère être utilisée qu'en plein air ou dans un laboratoire où l'on ne tient pas compte des inconvénients dont nous venons de parler. On ne peut donc conseiller aux micrographes la pile de Bunsen, telle qu'elle a été arrangée par le chimiste allemand ; toutefois, on a apporté à cette pile une modification heureuse, qui non seulement supprime à peu près tous les inconvénients dont nous avons parlé plus haut, mais, en outre, permet la production de la lumière à un prix bien moindre que par la pile de Bunsen ordinaire.

« La pile dont nous parlons ici est celle qui a été organisée par H. Tommasi, et qui est fabriquée par la *Société universelle d'électricité Tommasi*, à Paris.

« Cette pile est montée d'une façon très simple, sur une sorte de tréteau en bois, et se compose de 50 éléments, dont chacun comprend :

« Un vase extérieur en grès ;

« Un vase poreux contenant lui-même un autre récipient en verre, dans le bas duquel est pratiquée une ouverture de manière à faciliter l'écoulement du liquide neuf appelé à remplacer le liquide, qui est devenu inutile par suite de l'action désoxygénante et qui s'échappe peu à peu par les pores du vase.

« La bouteille en verre et par conséquent le vase poreux sont remplis d'un mélange formé de deux parties d'eau saturée de nitrate de soude et de trois parties d'eau acidulée à 45° avec de l'acide sulfurique.

« En outre, un charbon conducteur est plongé dans le vase poreux.

« Au fur et à mesure que le liquide épuisé s'écoule par les pores du vase poreux, il est remplacé, comme nous l'avons dit tout à l'heure, par le liquide non encore utilisé, contenu dans la bouteille en verre.

« Quant au vase extérieur, il renferme un support en fil de cuivre ayant à sa partie supérieure une pince platinée destinée à saisir le charbon conducteur de l'élément voisin.

« Autour du vase poreux et dans le vase extérieur, on dispose quatre rondelles en zinc, de $0^m,01$ d'épaisseur, qui s'appuient sur le support dont nous venons de parler. Le vase extérieur est rempli jusqu'au bord d'eau acidulée à 4 pour 100 d'acide sulfurique, qu'on y introduit de la manière que nous allons décrire.

« Les vases extérieurs communiquent entre eux par série de cinq, au moyen de tubes en verre, munis de manchons en caoutchouc et placés à la partie inférieure de chaque vase.

« Grâce à ce procédé, l'emplissage de la pile s'obtient en un clin d'œil, à l'aide de dix robinets montés sur deux rampes en plomb, mises en communication avec une caisse centrale, qu'on a eu soin de remplir préalablement d'eau acidulée.

« Il suffit, par conséquent, pour charger la batterie, d'ouvrir les dix robinets dont chacun dessert une série de 5 éléments. La pile se trouve ainsi prête à fonctionner instantanément.

« La pile Tommasi, préparée et chargée comme il vient d'être expliqué, peut fonctionner pendant dix heures environ. Après chaque période de dix heures, on opère la vidange de la pile au moyen de tubes en caoutchouc, fixés sur le vase extérieur du dernier élément de chaque série et qui aboutissent dans un collecteur destiné à l'évacuation des eaux.

« Les zincs restent alors à sec et ne s'usent pas pendant le repos de la pile.

« Quant au renouvellement du mélange et du zinc, il suffit, une fois tous les deux jours, de remplir à nouveau le flacon de verre et de remettre une rondelle en zinc dans chaque vase quand cela est nécessaire.

« La pile ne se démonte jamais. On n'a besoin pour l'entretenir dans un état parfait de propreté que de remplir d'eau, une fois par mois, la caisse centrale, d'ouvrir tous les robinets, d'abaisser les tubes en caoutchouc dans le collecteur et de laisser couler l'eau jusqu'à épuisement.

« Cette précaution mensuelle est suffisante pour nettoyer complètement la pile et la débarrasser des résidus qui pourraient s'y trouver.

« On le voit, le maniement de cette pile est des plus faciles, et

— détail important à noter — son emploi est des plus économiques, eu égard aux résultats obtenus.

« Notons cependant que, quand il ne s'agit que de l'éclairage du microscope, on est loin d'avoir besoin d'une installation pareille ; avec 10 éléments, on a plus qu'il n'en faut, comme nous le dirons bientôt, pour illuminer les nouvelles lampes pour microscope de M. Swan.

« L'électricité produite par la pile ou par les machines ne doit pas être employée au moment où on l'obtient. On peut l'emmagasiner même pendant plusieurs jours dans des piles secondaires ou *accumulateurs*, comme on les nomme actuellement. Ces appareils, imaginés par M. Gaston Planté, ont été perfectionnés par de nombreux inventeurs. L'un des systèmes les plus usités est celui de M. Faure : il consiste essentiellement en deux lames de plomb, enduites d'une épaisse couche de minium, séparées, enveloppées de flanelle, enroulées sur elles-mêmes et plongées dans un cylindre de verre, bien fermé et contenant de l'eau acidulée à 10 pour 100 d'acide sulfurique.

« Les accumulateurs permettent d'utiliser toute la force de la pile primaire, en emmagasinant l'électricité produite aussi bien pendant les moments où l'on emploie la pile qu'après, en épuisant les liquides que l'on jette sans cela. Nous avons accouplé à notre pile une série de pareils accumulateurs, qui restent constamment dans le courant ; en cessant le travail, le soir, nous accouplons les accumulateurs en quantité avec la pile, et ils restent dans cet état jusqu'au lendemain soir.

« Le micrographe peut utiliser tous les genres de lampes. Mais ce sont les lampes à incandescence qui sont utilisées habituellement.

« On en distingue de deux sortes : les lampes à incandescence à air libre et celles à incandescence dans le vide ou dans les gaz raréfiés.

« Les lampes à incandescence à air libre, dont il existe actuellement de nombreux modèles, ont été inventées par M. l'ingénieur E. Reynier, de Paris.

« Ces lampes consistent essentiellement en un charbon de faible diamètre (0^m, 001 , 0^m, 002 et 0^m, 003) qui vient buter contre un contact en charbon ou en cuivre très volumineux. Ce butage est produit, soit par un poids, soit par la poussée d'une colonne de mercure où plonge le crayon. L'incandescence du crayon de charbon est limitée par un contact latéral à un ou un demi-centimètre. La lumière produite ainsi est vive et douce à la fois, et l'on obtient la valeur de plusieurs becs carcels avec un petit nombre d'éléments ou d'accumulateurs. Cette lumière bleuâtre est très propre aux expériences de photomicrographie, mais nous la trouvons trop vive pour les travaux habituels.

« Les principales lampes à incandescence dans le vide sont celles d'Édison et de Swan. Celles de Maxim sont à incandescence dans un hydrocarbure raréfié.

« Nous avons essayé celles de Maxim, mais ce sont les lampes de Swan que nous employons journellement. Ce sont celles qui conviennent le mieux au micrographe, tant parce que leurs filaments incandescents sont réunis sur un petit espace que parce qu'on peut les faire marcher avec une force beaucoup plus faible que les lampes Maxim.

« Nous avons reçu, il y a quelques semaines, du savant électricien de New-Castle, des petites lampes spéciales, éminemment propres aux recherches de micrographie, et ce sont celles que nous employons maintenant exclusivement. Ces petites lampes sont à peu près sphériques et ont environ 0^m,03 de diamètre. Elles peuvent donner une vive lumière et n'exigent qu'une faible force.

« Il suffit, pour obtenir une belle lumière blanche, d'employer 6 à 8 éléments Tommasi ou 4 accumulateurs Faure-Reynier.

« Le micrographe pourra donc pourvoir à toutes ses recherches moyennant 10 éléments Tommasi et 4 accumulateurs. Ces accumulateurs se chargeront facilement à l'aide de 10 éléments Tommasi, ces premiers n'ayant qu'une force électromotrice de 8, 5 volts, tandis que les 10 éléments Tommasi ont 18 volts ; et comme ces 4 accumulateurs, d'après notre expérience, peuvent alimenter la petite lampe pendant plus de douze heures, on pourra avoir la lumière électrique en permanence à sa disposition en faisant fonctionner la pile une ou deux fois par semaine.

« Voyons maintenant quels sont les avantages que le micrographe retirera de l'emploi de la lumière électrique. Ces avantages sont de deux sortes :

« L'éclairage électrique par incandescence surpasse tout autre éclairage. Il a la douceur des bonnes lampes à pétrole et montre les détails délicats presque aussi bien que la lumière monochromatique. Les stries délicates de l'*Amphipleura*, le 19ᵉ groupe du test de Nobert, se voient avec une netteté parfaite.

« M. le professeur Abbé, à qui nous avons fait part du résultat de nos recherches, en a trouvé l'explication théorique. Il l'attribue à deux causes :

« 1° La plus grande blancheur de la lumière. Par suite, la lumière renferme plus de rayons bleus et violets. Or, comme il a été démontré par les mensurations faites par M. le professeur Abbé, dans les divers éclairages monochromatiques, que le pouvoir séparateur d'un objectif d'une ouverture donnée croît dans le même rapport que la longueur d'onde de la lumière employée diminue, il en résulte que la lumière électrique doit montrer plus facilement les détails délicats que la lumière jaunâtre du gaz ou des lampes.

« 2° L'intensité spécifique de la lumière électrique étant beaucoup plus considérable que celle des autres lumières artificielles, on obtient un éclairage suffisant avec un pinceau lumineux beaucoup plus étroit que celui qu'il faudrait employer pour obtenir la même intensité lumineuse avec l'éclairage par le gaz ou par la lumière diffuse du jour.

« On peut donc employer des rayons beaucoup plus obliques.

« Pour employer la lumière électrique, nous posons la lampe dans une petite caisse, dont le couvercle est percé d'une ouverture. Le microscope est posé sur la caisse, le miroir ayant été préalablement écarté de l'axe ou totalement enlevé. La lumière de la lampe est alors concentrée par une lentille plan-convexe et dirigée dans le condenseur du microscope. C'est par le maniement de ce dernier que nous modifions l'éclairage. »

Mais le procédé de M. Van Heurck est surtout applicable en photomicrographie, et plus particulièrement à l'obtention de clichés faits en lumièrc polarisée; le nombre des éléments indiqués pour les observations est très suffisant pour obtenir assez rapidement des clichés, surtout si l'on fait usage de plaques au gélatino-bromure.

Mesure des angles plans. — Lorsqu'on examine au microscope une lame mince de roche, on voit que les divers cristaux qu'elle contient sont coupés sous des angles très divers; et ce n'est que dans des cas fort rares que les sections ont été faites parallèlement à certaines faces déterminées du cristal. Or, c'est précisément dans ces conditions spéciales que l'on arrive à déterminer une espèce minérale, soit par la mesure directe de ces angles, soit par l'observation des angles d'extinction entre les nicols croisés.

Souvent les bords des cristaux sont altérés et ne présentent plus de lignes uniformes. Il est donc nécessaire de trouver un caractère général, offrant en lui-même une fixité absolue et se reliant directement, par sa nature même, avec les éléments du cristal intact. M. Thoulet a démontré que le clivage répondait à toutes ces conditions, et dans un travail remarquable il a démontré, par des exemples nombreux, le rapport qui existait entre ces divers éléments, et fait voir qu'au moyen des traces de clivage visibles sur une section quelconque, il était possible de déterminer la position de cette face artificielle par rapport aux éléments du cristal type.

Il sera donc souvent possible de trouver dans les lignes de clivage une base sûre pour effectuer les mesures angulaires, qui seules permettent la détermination exacte des éléments microscopiques.

Pour mesurer ces angles plans, il est nécessaire d'employer un oculaire portant deux fils croisés; on place la préparation sur la platine mobile; on amène par tâtonnements le sommet de l'angle à mesurer au centre du réticule, et l'un des côtés en coïncidence

avec l'un des fils. On note le chiffre de la division du cercle
gradué où s'arrête le zéro du vernier : on fait tourner alors la
platine mobile de manière à amener en coïncidence avec le même
fil l'autre côté de l'angle ; on note la division où s'arrête le
zéro du vernier ; la différence des deux lectures donne l'angle
cherché.

« Leeson a construit un goniomètre fondé sur les propriétés
biréfringentes du spath d'Islande. On sait qu'en examinant une
droite à travers un rhomboèdre de spath, on en aperçoit deux
images fournies, l'une par le rayon ordinaire, et l'autre par le
rayon extraordinaire. Supposons un rhomboèdre de spath adapté à
l'oculaire d'un microscope, pouvant tourner sur lui-même et muni
d'un index courant sur un limbe fixe divisé en degrés ; un cristal
vu à travers ce spath donnera deux images. Faisons tourner le
spath de façon que les deux images d'un même côté de l'angle
à mesurer coïncident ; notons la division du limbe ; tournons le
spath jusqu'à ce que les deux images de l'autre côté de l'angle
coïncident à leur tour. Notons encore la division du limbe ;
retranchons ces deux mesures l'une de l'autre, nous aurons la
valeur de l'angle cherché ([1]). »

Mesure des angles dièdres. — La mesure des angles solides
des cristaux microscopiques est un peu plus difficile que celle des
angles plans ; cependant avec un peu d'attention, on peut encore
mesurer des cristaux de quelques centièmes de millimètre.

Nous décrirons trois méthodes ; les deux premières sont dues
à M. E. Bertrand, la troisième à M. Thoulet.

Méthodes de M. Bertrand. — « Je place dans l'oculaire d'un
microscope un cylindre en flint-glass dont l'indice de réfraction
est supérieur à l'indice du baume de Canada. Ce cylindre, dont les
deux bases sont parallèles, est divisé en deux moitiés par un plan
perpendiculaire aux bases, les deux faces rectangulaires sont
polies et collées au baume de Canada, de façon à reconstituer le
cylindre. Ce cylindre est placé dans l'oculaire de telle façon que

([1]) Fouqué et Lévy, *op. cit.*, p. 28.

sa base supérieure soit au foyer de la lentille supérieure de l'oculaire, les deux bases étant perpendiculaires à l'axe optique du microscope et le plan médian du cylindre passant par l'axe optique et par le zéro de la division de la platine tournante.

« Dans de telles conditions, si le microscope reçoit de la lumière dans une direction parallèle au plan médian du cylindre, on verra un champ éclairé, traversé par une ligne formant réticule; mais, si le microscope reçoit de la lumière obliquement au plan du cylindre, on verra le réticule se dédoubler, et, si l'on incline l'œil à droite ou à gauche, on verra le réticule bordé d'un côté par une bande noire plus ou moins large, et de l'autre côté par une bande éclairée, ce phénomène étant produit par la réflexion totale que les rayons lumineux éprouvent en traversant le cylindre obliquement et en rencontrant la lame de baume dont l'indice de réfraction est inférieur à celui du flint employé.

« Par conséquent, si la trace de la face réfléchissante du cristal est perpendiculaire à la ligne zéro du microscope, on verra un réticule également éclairé à droite et à gauche; mais si l'on fait tourner le cristal avec la platine du microscope, le réticule va être immédiatement bordé d'un côté par une bande noire, et de l'autre par une bande éclairée. En plaçant le cube ([1]), muni du cristal à mesurer, sur la platine du microscope, successivement sur ses différentes faces, il est donc facile de mesurer les angles que les traces des faces du cristal font avec les arêtes du cube, et l'on voit que, si petit que soit un cristal, le phénomène décrit plus haut se produira, pourvu que le cristal puisse réfléchir la lumière sur une étendue assez grande pour éclairer le centre du réticule. Il suffit que la face du cristal apparaisse, vue au microscope, avec une dimension d'environ $0^{m},002$.

« Or un cristal de $\frac{1}{30}$ de millimètre pourra se mesurer avec un grossissement de 60 diamètres seulement; un cristal de $\frac{1}{100}$ de millimètre demanderait un grossissement de 200 fois ([2]). »

([1]) Préalablement à toute opération, il faut coller le minéral à observer sur un cube de verre.

([2]) *Comptes rendus de l'Académie des Sciences*, 17 déc. 1877.

La deuxième méthode de M. Bertrand donne une précision beaucoup plus grande, et elle est d'un emploi plus facile.

« On colle le petit cristal à mesurer sur une des faces d'un petit cube de verre; on amène une des arêtes du cube à coïncider avec un des fils du réticule, le porte-objet rotatif du microscope étant au zéro de son vernier. Devant le microscope se trouve un écran à fente étroite située dans le plan vertical passant par le zéro et par l'axe du microscope, et permettant à la lumière de tomber sur le cristal sous des incidences variables de 0° à 70°; un miroir horizontal placé au pied du petit cube double l'amplitude possible de ces incidences.

« Au moyen des vis à mouvements rectangulaires de la platine, on amène le petit cristal au centre du microscope, puis on tourne le porte-objet jusqu'à ce que l'image de la fente lumineuse se réfléchisse sur une des faces de l'angle dièdre à mesurer; il est évident qu'à ce moment la trace de la face réfléchissante est sur un plan horizontal et perpendiculaire au plan contenant les rayons lumineux, c'est-à-dire parallèle à l'un des fils du réticule; l'angle que l'on a tourné est donc l'angle que fait cette trace horizontale avec l'arête du cube.

« Pour rendre l'appareil plus sensible, on introduit dans l'oculaire un prisme en flint contenant à son centre une lamelle mince verticale de crown, collée au baume de Canada. L'indice de réfraction du flint étant supérieur, et celui du crown inférieur à l'indice du baume de Canada, la lamelle de crown comprise dans le plan vertical passant par le centre du microscope et le zéro du vernier, ne s'éclaire que lorsqu'il y a coïncidence exacte des rayons réfléchis par le cristal et du plan d'incidence.

« Soient a, b, c; α, β, γ les angles des traces horizontales de chacun des plans du dièdre à mesurer avec trois arêtes du cube concourant au même sommet. En considérant la sphère de rayon égal à l'unité ayant son centre à ce sommet, on a

$$\tan a = \cot b \, \cot c,$$
$$\tan \alpha = \cot \beta \, \cot \gamma;$$

de telle sorte qu'il suffit de connaître deux des angles a, b, c; α, β, γ, et de répéter les mesures directes en posant le cube seulement sur deux de ces faces.

« L'angle dièdre cherché, x aura pour valeur

$$\sin\tfrac{1}{2}x = \frac{\cos\tfrac{1}{2}(\varphi + \psi)}{\cos\omega},$$

et les angles auxiliaires φ, ψ, ω seront donnés par les équations

$$\tan\varphi = \frac{\tan a}{\cos b} \quad \tan\psi = \frac{\tan\alpha}{\cos\beta}.$$

$$\tan\omega = \frac{\sin\tfrac{1}{2}(b + \beta)}{\cos\tfrac{1}{2}(\varphi + \psi)} \sqrt{\sin\varphi \sin\psi} \quad (^{1}) \;»$$

Nous ajouterons toutefois que dans la pratique il est à peu près impossible d'obtenir un cube de verre *parfait;* et qu'il convient dès lors d'ajouter, comme complément indispensable au calcul que nous venons de citer, la détermination préalable de l'angle formé par les deux faces du cube sur lesquelles on opère. Il y aura là un élément de *correction* à introduire dans le calcul, correction qui n'est nullement négligeable surtout lorsqu'on opère sur des cristaux très petits.

Méthode de M. Thoulet. — La méthode proposée par M. Thoulet n'est autre que celle indiquée tout d'abord par M. Z. Wertheim, mais rendue beaucoup plus précise.

« On commence par adapter à la vis servant à régler le mouvement lent du microscope un disque divisé en un nombre quelconque de parties égales, 500 par exemple, et l'on mesure à quel déplacement vertical correspond une fraction de tour déterminée par le passage en face d'un repère fixe de l'une des divisions du disque. A cet effet, on commence par mesurer directement, pour un certain nombre, le plus grand possible, de tours complets de la tête de vis, le déplacement vertical de la tige du microscope sur la colonne qui la supporte; et l'on prend ensuite comme diviseur de ce nombre de millimètres le produit du nombre

(¹) *Comptes rendus de l'Académie des Sciences,* 17 déc. 1877.

de tours de la tête du disque par le nombre de divisions porté par cette tête. Ce travail se fait une fois pour toutes et sert dans les opérations subséquentes.

« On dépose les cristaux sur une lame de verre, sans s'astreindre à leur donner telle ou telle position particulière ni s'inquiéter de l'inclinaison prise par l'arête à mesurer, car il suffit que cette arête soit visible.

« Le cristal choisi et déposé au centre du champ, on en met successivement au point, après les avoir observés avec le grossissement convenable, quatre points, deux d'entre eux étant placés sur l'arête à mesurer, et les deux autres étant situés respectivement, d'une façon d'ailleurs absolument quelconque, sur l'une et l'autre face du dièdre à mesurer.

« On note le nombre de divisions du disque qui, pour chaque mise au point, ont passé devant l'index immobile fixé au corps du microscope, et l'on réduit ces nombres en millimètres et fractions de millimètre. Sans toucher alors à la préparation, on met en place une chambre claire, et l'on projette l'image du cristal sur une feuille de papier où l'on marque avec la plus grande rigueur, par une piqûre d'épingle, les quatre points choisis. On retire la préparation et on la remplace par un micromètre objectif dont on projette les divisions sur la même feuille de papier demeurée immobile; on note le grossissement obtenu, c'est-à-dire l'échelle du dessin. Enfin, au double décimètre, on mesure et l'on réduit encore en millimètres toutes les distances qui séparent les quatre points les uns des autres. On possède maintenant toutes les données nécessaires à la solution du problème.

« En effet, les quatre points constituent les quatre sommets d'un tétraèdre dont une arête est précisément celle de l'angle solide cherché. Or on connaît, par la mesure directe du dessin à la chambre claire, la projection du tétraèdre sur le plan horizontal et, par les cotes respectives des quatre sommets, la projection de ce même tétraèdre sur le plan vertical. On pourrait donc, si on le jugeait convenable, traiter la question par la Géométrie descriptive et arriver au résultat cherché au moyen d'une construc-

tion graphique. Il est cependant préférable de procéder par le
calcul.

« Pour cela, on cherche l'hypoténuse des trois triangles rectangles
donnant les vraies grandeurs des côtés du tétraèdre. Il y a avantage, pour cette partie du problème, à opérer graphiquement et
à mesurer directement sur une feuille de papier l'hypoténuse du
triangle rectangle dont les côtés de l'angle droit sont la différence des cotes verticales et la projection horizontale. On cal-
cule alors l'angle au sommet de chacun des trois triangles se
réunissant au sommet du tétraèdre, et dont l'opération précédente
a fourni la valeur des trois côtés. Chacun de ces angles constitue
un côté d'un triangle sphérique dont on peut obtenir un ou plusieurs angles correspondant précisément à l'angle dièdre ou aux
angles dièdres cherchés. Il est évident qu'en prenant sur un même
cristal et d'une même visée plusieurs points, si ces points sont
les sommets de ce cristal, on obtiendra par une seule et même
opération les angles solides de plusieurs facettes cristallisées.

« La difficulté de ce procédé est de saisir nettement le moment
de la mise au point ; mais il suffit d'un peu de pratique pour
mener à bien cette opération. On aura soin d'éclairer le plus
possible les deux faces de l'angle ; on y parviendra en tournant
la préparation avec les doigts ou avec la plaque tournante du
microscope jusqu'à ce qu'on aperçoive l'arête en face de soi, ce
qui indique, par suite du renversement des images produit par
l'instrument, que l'arête fait, en réalité, face à la lumière.

« On emploie les forts grossissements pour obtenir plus d'exactitude dans les mises au point ; mais alors il devient mal aisé de
se rendre compte de la disposition générale du cristal au milieu
de cette succession de plans se remplaçant rapidement les uns
les autres sous le regard. C'est pourquoi on commencera par
employer de faibles grossissements, afin de bien connaître le
cristal, tandis que les forts objectifs seront réservés pour les
mesures. Un microscope binoculaire rendra, dans ce cas, d'excellents services.

« Un dernier genre d'erreur consiste à mettre au point une arête ou un point vu par transparence à travers le cristal; on obtient alors une valeur inexacte de l'angle, puisque dans ce cas, la distance focale, qui, par vue directe, n'est influencée que par la distance de l'instrument au cristal, c'est-à-dire par ce que nous avons déjà appelé *cote du cristal*, deviendrait, dans une vision par transparence, fonction de l'indice de réfraction de la substance. Ce déplacement de la distance focale a donné lieu au procédé de détermination des indices de réfraction des corps transparents en lames minces, connu sous le nom du *duc de Chaulnes*. On évitera cette erreur en évaluant la hauteur relative des diverses faces ou arêtes par une étude soigneuse à de faibles grossissements ou au microscope binoculaire, et même par un tracé graphique approximatif de la coupe du cristal [1]. »

De l'emploi des appareils de polarisation. — Dans la plupart des observations en lumière polarisée, il est nécessaire d'obtenir un *croisement* exact des nicols; et il semble tout d'abord très simple d'obtenir ainsi une extinction totale. Il est souvent assez difficile de juger du moment où cette extinction est complète ; aussi faut-il employer certains moyens de vérification.

On peut interposer entre les nicols une lame de spath taillée perpendiculairement à son axe; cette lame doit être assez épaisse pour présenter une série d'anneaux traversés par une croix noire lorsque les nicols sont croisés : cette croix s'efface lorsque les sections principales des nicols font un angle différent de 90°.

Méthode de M. Bertrand. — Cette méthode est encore plus sensible; elle consiste à faire usage d'une lame de quartz d'égale épaisseur dans toute son étendue; composée de quatre quadrants de quartz taillés perpendiculairement à l'axe et accolés ensemble. Deux cadrants opposés sont formés de quartz *lévogyre*, les deux autres de quartz *dextrogyre*. Les cadrants se colorent d'une teinte uniforme lorsque les nicols sont croisés (polarisation rota-

---

[1] M. THOULET, *Contributions à l'étude des propriétés chimiques et physiques des minéraux microscopiques*, p. 18.

toire), et prennent des nuances différentes dès que l'angle des sections principales des nicols diffère de 90°. Par l'emploi de cette lame, il est facile d'obtenir un degré de précision complète ; si l'on produit deux petits mouvements à droite et à gauche, de manière à obtenir successivement, dans un sens ou dans l'autre, une légère inégalité de teinte dans les cadrants, et si l'on prend ensuite la moyenne des deux positions ainsi reconnues, cette moyenne représente, avec une très grande approximation, la véritable position d'extinction. Le procédé de M. Bertrand permet toujours d'apercevoir les fils du réticule de l'oculaire.

Il sera utile, nous paraît-il, de rappeler ici quelques-uns des phénomènes principaux que les minéraux présentent lorsqu'ils sont étudiés à la lumière polarisée.

Lorsqu'un rayon lumineux traverse un corps à réfraction simple, ou un cristal à double réfraction dans la direction où la réfraction est simple, il n'y a pas de polarisation ; ces corps sont appelés *isotropes*.

La double réfraction de la lumière est intimement liée à la polarisation. Les rayons qui traversent un cristal dans une direction où doit se produire une double réfraction se trouvent polarisés.

Les nicols étant placés à angle droit, il y a extinction de lumière : une lame de verre interposée entre les deux nicols ne produira aucun effet, parce que le verre est monoréfringent. Il en sera de même si l'on fait usage d'une lame d'obsidienne, d'opale ou d'autres corps amorphes ; ou bien encore si la lame transparente, prise dans une direction quelconque, appartient à un minéral cristallisant dans le système régulier (grenat, noséane, chaux fluatée), car ceux-ci ne possèdent que la réfraction simple. Si l'on fait tourner l'analyseur de 90°, l'objet interposé suit les changements de lumière qui se produisent dans le champ du microscope, et qui passent de l'obscur au clair sans montrer de coloration spéciale.

Quelquefois cependant les cristaux du système régulier peuvent donner des traces de polarisation. Cet effet se produit lorsque ces cristaux ne se trouvent pas en équilibre cristallographique; celui-ci peut provenir d'un changement moléculaire entier ou partiel en un agrégat de petits cristaux biréfringents. Ou bien alors les cristaux intacts sont composés de lamelles juxtaposées qui ne sont pas en contact immédiat et produisent alors la polarisation lamellaire.

Dans le cas, au contraire, où la lame mince appartient à tout autre système cristallographique, elle produit des effets caractéristiques sur la lumière polarisée, et qui permettent au micrographe des spécifications nettes et précises.

De l'emploi de la lumière polarisée parallèle. — La lumière polarisée parallèle permet de déterminer le système cristallin d'un minéral microscopique et l'espèce à laquelle il appartient.

Nous ne pouvons entrer ici dans tous les détails qui permettent de fixer la détermination du système cristallin d'une lame mince d'un minéral, et nous renverrons au *Traité des roches éruptives* de MM. Fouqué et Lévy [1].

Au point de vue pratique, il nous suffira de rappeler que dans les systèmes cristallins symétriques il existe des relations de position entre les axes d'élasticité qui servent d'axes principaux à l'ellipsoïde et les axes cristallographiques. D'un autre côté, « pour trouver les axes de l'ellipse déterminée dans l'ellipsoïde par la section en lame mince d'un cristal biréfringent, il suffit d'*observer cette section à la lumière parallèle* entre deux nicols croisés, et de faire tourner la lamelle autour de l'axe du microscope jusqu'à ce que le cristal paraisse éteint. Les directions des sections principales des nicols sont alors en coïncidence avec les deux axes de l'ellipse de section ».

Mais ici toute la difficulté consiste à déterminer en première ligne les faces ou les zones parallèles du cristal sur lesquelles il convient de baser toutes les mesures d'extinction. Malheureusement, dans la plupart des cas, ainsi que le fait remarquer

[1] Fouqué et Lévy, *op. cit.*, p. 93.

M. Thoulet, « les divers cristaux contenus dans une lame mince sont atteints par les deux surfaces de la lamelle sous des angles les plus variés ; pour quelques-uns d'entre eux seulement, le hasard a permis que les sections se fissent parallèlement, ou à peu près, à certaines faces remarquables du cristal supposé complet et isolé. Or, c'est justement à ces cas spéciaux qu'on se rapporte dans la pratique pour déterminer l'espèce minéralogique du cristal et de ses analogues, au moyen de l'angle fait avec un côté par la direction d'extinction entre les nicols croisés.

« Une autre cause vient encore troubler la netteté, déjà si rare, des contours des cristaux, noyés dans l'épaisseur de la lame mince. Les cristaux, par suite de circonstances spéciales, tantôt inhérentes à leur mode de formation, tantôt accidentelles et consécutives à la formation du minéral, ont leurs bords plus ou moins déchiquetés, dentelés et corrodés. Il était donc à désirer que, une section étant donnée, on pût se rendre un compte au moins approximatif de l'orientation de cette section par rapport aux faces typiques de l'espèce cristalline (¹). »

Le clivage permet heureusement de résoudre presque toujours ce problème important, et il suffit de calculer l'angle d'extinction en le rapportant à la trace d'un plan de clivage facile. Le clivage, en effet, offre un caractère de fixité absolue, et se reliant directement avec les éléments cristallographiques du cristal.

Nous renverrons au travail de MM. Fouqué et Lévy pour la détermination du système cristallin d'une section ainsi observée, et plus particulièrement à celui de M. Thoulet, lorsque les observations porteront seulement sur les traces de clivage.

Nous devrons encore prémunir l'observateur contre certains cas particuliers qui pourraient l'induire en erreur s'il n'était prévenu.

Dans tous les calculs basés sur les relations qui existent entre les plaques minces et la position de leurs extinctions, on suppose toujours que l'on voit avec précision la section du minéral *per-*

(¹) Thoulet, *op. cit.*, p. 29.

pendiculaire aux rayons lumineux, c'est-à-dire parallèle aux faces de la plaque mince.

Il peut arriver, au contraire, que le minéral entouré d'une substance entièrement transparente laisse apercevoir à la fois sa section supérieure et ses parties plus profondes : de là des déformations graves ; l'extinction ne se fait plus alors symétriquement, et il est indispensable de rechercher les contours vrais par une vue d'ensemble. Dans ce cas, l'emploi du microscope binoculaire, muni des appareils de polarisation, peut donner le moyen de donner aux moindres microlithes un relief qui fait ressortir leurs formes véritables.

Il peut encore arriver que plusieurs cristaux se superposent, et alors on ne peut parvenir à obtenir une extinction complète.

Quand les cristaux sont simplement superposés et ne se pénètrent pas, on peut calculer que l'un des deux cristaux est arrivé à sa position d'extinction quand l'autre présente la même teinte et la même intensité lumineuse dans toute son étendue.

Les roches éruptives contiennent souvent des sphérolithes : ceux-ci sont amorphes ou cristallisés, et quelquefois en partie amorphes (colloïdes), en partie cristallisés.

Les sphérolithes colloïdes sont sans action sur la lumière polarisée ; ils s'éteindront entièrement dans toutes les directions. Certains globules de cette catégorie agissent sur la lumière polarisée à la manière du verre comprimé : entre les nicols croisés, on apercevra une croix noire à contours indécis, dont les branches seront situées dans les plans principaux des nicols. Si ceux-ci sont parallèles, la croix noire sera remplacée par une croix blanche ; à 45°, il se produira une croix grise.

Si l'on fait tourner la plaque mince entre les nicols croisés, la croix noire ne changera pas de place et se projettera successivement sur toutes les parties du sphérolithe.

Dans quelques cas, les branches de la croix ne sont plus droites et régulières, mais incurvées dans divers sens. D'autrefois les zone extérieures des globules polarisent plus vivement que celles de l'intérieur; alors la croix noire présente au centre une large zone obscure.

Certains sphérolithes en partie colloïdes, en partie cristallisés, contiennent de petits cristaux, à contours insaisissables même sous les plus forts grossissements; ceux-ci viennent modifier l'action des parties colloïdes comprimées sur la lumière polarisée, et souvent cette action secondaire devient dominante : alors les contours des ombres sont plus nettement accusés, et les parties claires se colorent légèrement.

Dans les sphérolithes cristallisés, les petits cristaux individualisés forment toute la masse du globule. Ceux-ci peuvent tendre à s'orienter dans un même sens, souvent déterminé par quelques débris anciens d'un minéral similaire voisin. Le plus souvent la substance cristalline qui compose le sphérolithe se dispose en arborisations à centres multiples. Enfin ces mêmes éléments peuvent se disposer en cristaux coniques juxtaposés.

Polychroïsme. — Les substances minérales réduites en lames minces acquièrent quelquefois une transparence telle, que la couleur propre du minéral disparaît; mais dans certains cas la couleur que prennent les lames minces diffère totalement de celle du minéral pris en masse; tel est le cas du fer chromé. Ces relations de coloration sont les seules qui se produisent dans les corps amorphes : le verre, l'opale, etc., et dans les masses cristallines appartenant au système régulier; en effet ni les unes ni les autres n'agissent sur la lumière polarisée.

Mais au contraire toutes les substances cristallines appartenant aux autres systèmes produisent des effets de coloration tout particuliers lorsqu'on les examine en lumière polarisée; il se produit alors des zones de couleurs différentes : polychroïsme. Ces variations de couleur sont très différentes d'une substance à l'autre, même pour des espèces très voisines; elles constituent ainsi d'excellents moyens de spécification.

« La hornblende est presque toujours fortement polychroïque, l'augite l'est à peine; par suite, quand un fragment de l'un de ces

deux minéraux se présente dans une coupe de roche, le diagnostic
en peut être fait, lors même que le fragment en question est
dépourvu de contours cristallins et ne présente aucun caractère
net de structure (¹). »

Il est bon de prémunir l'observateur de ce fait que, dans beaucoup
de substances, les effets de polychroïsme ne se produisent que dans
des lamelles d'une certaine épaisseur : épidote, andalousite; enfin
la plupart des espèces polychroïques sont de couleur foncée.

1º On peut produire ces effets de coloration en faisant tourner soit
le polarisateur, soit la lamelle, après avoir supprimé l'analyseur.
« La meilleure manière de réaliser l'expérience consiste à employer
comme polarisateur un nicol placé de telle façon que la direction
de la petite diagonale de la base coïncide avec le plan d'incidence
des rayons lumineux sur le miroir du microscope. On laisse le
polarisateur fixe, et l'on fait tourner la plaque rotative, en ayant
soin que le cristal examiné se trouve au centre de rotation.

2º On peut encore faire tourner l'analyseur, en enlevant préalablement le polarisateur et en maintenant la préparation fixe; la mobilité très grande de l'oculaire analyseur que l'on emploie dans ce
cas et l'immobilité du minéral en observation rendent le dichroïsme facile à constater; mais ce procédé implique une cause
d'erreur grave; car le miroir réflecteur polarise la lumière inci-
dente, surtout quand le Soleil s'abaisse à l'horizon, et alors les
phénomènes d'interférence se superposent à ceux du polychroïsme.

3º Si au contraire on enlève l'analyseur et qu'on fasse tourner
le polarisateur en laissant la préparation immobile, ce qui est très
pratique, il se produit des variations d'intensité dans le faisceau
de lumière blanche émergeant du polarisateur, par suite de la polarisation partielle due au miroir dans une direction constante, et
du mouvement imprimé au plan de la section principale du polarisateur (²). »

De la lumière polarisée convergente. — Lorsqu'on examine

(¹) Fouqué et Lévy, *op. cit.*, p. 99.
(²) Fouqué et Lévy, *op. cit.*, p. 98.

au moyen de la lumière polarisée convergente des lamelles d'une substance biréfringente, on voit se produire des figures d'interférence toutes particulières, dont la forme varie suivant la direction de la section et la nature du cristal.

« Dans les cristaux à un axe, les lamelles, taillées perpendiculairement à l'axe optique unique, fournissent une série d'anneaux concentriques traversés par une croix noire lorsque les nicols sont croisés (*fig.* 166), par une croix blanche lorsqu'ils sont parallèles (*fig.* 167).

Fig. 166.   Fig. 167.

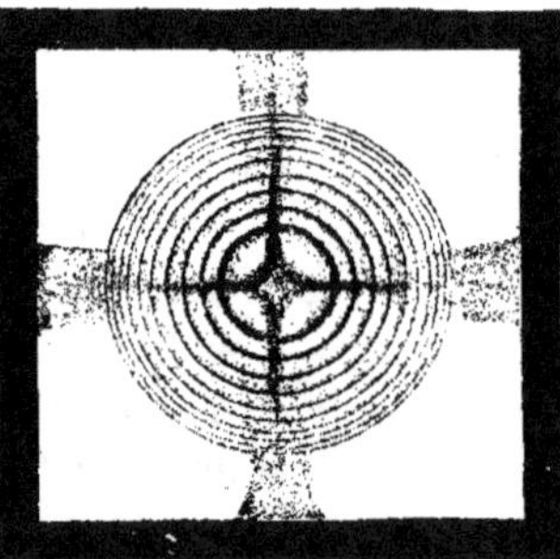

Dans les cristaux à deux axes, la croix est remplacée par une courbe à une seule branche.

Enfin lorsque la lamelle est perpendiculaire à la bissectrice, il se produit des lemniscates concentriques dont les deux foyers sont déterminés par l'écartement des axes optiques. En outre, lorsque les nicols sont croisés et que le plan des axes optiques coïncide avec les sections principales, il existe une croix noire passant par ces plans principaux (*fig.* 168). Elle se transforme en deux branches d'hyperbole, lorsqu'on tourne la préparation par rapport aux nicols [*fig.* 169 (¹)].

Les dispositions adoptées par M. Bertrand dans son grand microscope permettent de mettre facilement en évidence ces

---

(¹) Fouqué et Lévy, *op. cit.*, p. 101.

divers phénomènes. Il est important d'augmenter la convergence des rayons en ajoutant au-dessus de l'objectif une lentille achromatique; on ramène ainsi au foyer de l'oculaire un plus grand nombre de rayons à grande divergence, émanant de l'objectif. Il faut presque toujours recourir aux objectifs à immersion, et le plus souvent on ne peut observer que le centre de la figure d'interférence.

« Dans les minéraux à un axe optique, taillés à peu près perpendiculairement à cet axe, on aperçoit une croix noire faiblement

Fig. 168.Fig. 169.

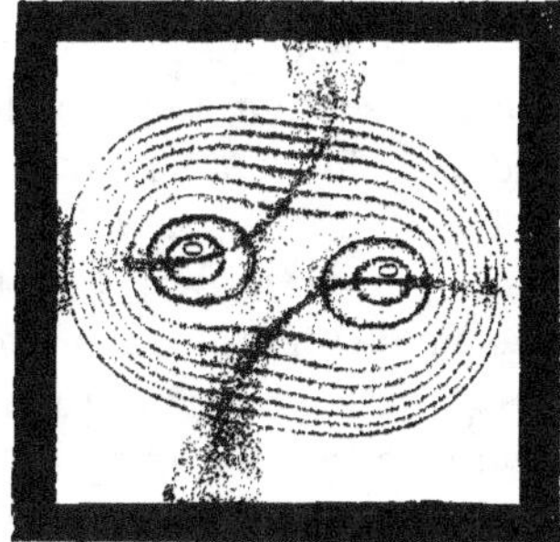

estompée, qui reste fixe dans les plans principaux des nicols croisés lorsqu'on fait tourner la préparation; cette croix se disloque, quand on introduit entre l'œil et la préparation une lame de mica quart d'onde.

« Avec les cristaux à deux axes, en faisant tourner la préparation, on saisit le passage d'ombres balayantes, à droite et à gauche, qui remplacent la croix noire des substances à un axe (¹). »

Quelquefois cependant cette méthode ne donne pas des résultats suffisamment nets, et il est bon dans ce cas de faire usage de la lame de quartz compensateur de Biot.

« La plaque à examiner ayant son plan d'axe à 45° du plan de

(¹) Fouqué et Lévy, op. cit., p. 105.

vibrations des nicols et les hyperboles nettement dessinées, si l'on avance lentement entre cette plaque et l'analyseur une plaque de quartz dont une des faces est parallèle à l'axe optique, tandis que l'autre fait avec elle son angle de 5º; et si l'on prend la précaution de rendre un axe principal tantôt perpendiculaire, tantôt parallèle au plan d'axe de la plaque à examiner (ligne de réunion des deux hyperboles), on verra dans l'un des cas les anneaux centraux marcher de la périphérie du champ visuel vers le centre, par conséquent s'agrandir, tandis que les lemniscates extérieurs marcheront du centre vers la circonférence. Si ce fait se produit lorsque l'axe principal de la plaque marche parallèlement au plan optique, cette plaque doit avoir le signe opposé à celui du quartz : donc être négative, tandis que la bissectrice doit être positive, comme dans le quartz lui-même.

« Si l'on place la plaque de cristal perpendiculairement au plan de l'axe optique, le rapport est changé.

« Les mêmes effets peuvent se produire avec une lame de quartz, à faces parallèles, en l'introduisant entre l'analyseur et le système supérieur de lentilles que l'on a suffisamment écarté. On met alors la plaque de quartz dans la direction tantôt d'une des sections principales de la plaque à examiner, tantôt dans l'autre. On obtient alors l'agrandissement des anneaux quand l'axe du quartz et celui de la plus grande élasticité de la plaque à examiner ont la même direction (¹). »

Enfin il devient nécessaire dans certains cas de mesurer l'angle que font entre eux les axes optiques des minéraux à deux axes : l'appareil que nous avons déjà décrit sous le nom de *goniomètre à cuve* (*fig.* 170), et qui accompagne le microscope de M. Bertrand, permet d'effectuer facilement cette mesure.

La lamelle est placée entre les deux branches de la pince que tient la tige mobile du goniomètre, et l'on amène successivement les pôles des deux systèmes de courbe à l'intersection des deux fils du réticule de l'oculaire; en inclinant la lamelle dans

____

(¹) Fouqué et Lévy, *op. cit.*, p. 103.

deux sens opposés, une simple lecture sur le limbe donnera la
valeur de l'angle cherché.

Lorsque cet angle des axes optiques est supérieur à 135°, la
mesure de leur inclinaison ne peut avoir lieu dans l'air ; il faut
alors plonger la lamelle dans un milieu plus réfringent : tel que
l'huile ou le sulfure de carbone, de manière à redresser la face de
la sortie des rayons émergents. La cuve à l'huile de M. Bertrand
(*fig.* 170) est excellente dans ce cas.

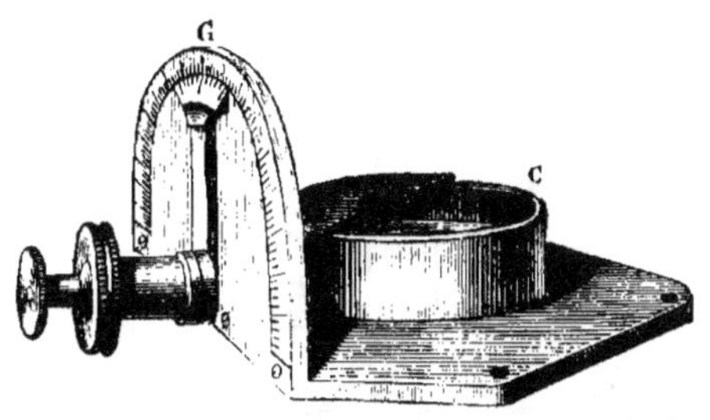

Fig. 170.

**Étude des phénomènes de polarisation avec le microscope
polarisant de M. Nodot.** — Une étude préparatoire des phénomènes de polarisation est absolument indispensable pour tout
observateur qui se propose de diriger ses recherches du côté de
la lithologie microscopique.

Il doit, avant toute chose, bien connaître les phénomènes optiques que donnent les différents cristaux lorsqu'ils sont étudiés
dans la lumière polarisée.

Il faut se procurer tout d'abord des lames minces d'espèces
déterminées, et les étudier minutieusement afin de bien reconnaître les caractères de chacune d'elles.

Nul instrument n'est alors plus commode que le microscope
polarisant de Nodot, construit par M. Ducretet, et que nous avons
décrit page 153.

Nous ne reviendrons pas sur les détails d'emploi que nous avons
déjà donnés ; mais nous indiquerons sommairement, d'après la

notice publiée par M. Ducretet, les principales observations que cet instrument permet de faire.

Le microscope de M. Nodot sert à observer directement les effets de la lumière polarisée dans les cristaux et à projeter ces phénomènes sur un écran.

L'appareil est placé devant une fenêtre bien éclairée, et on l'oriente de façon à éviter que l'image des objets extérieurs (barreaux de fenêtre, maison voisine) viennent se réfléchir sur la glace mobile G′ (*fig.* 171).

Fig. 171.

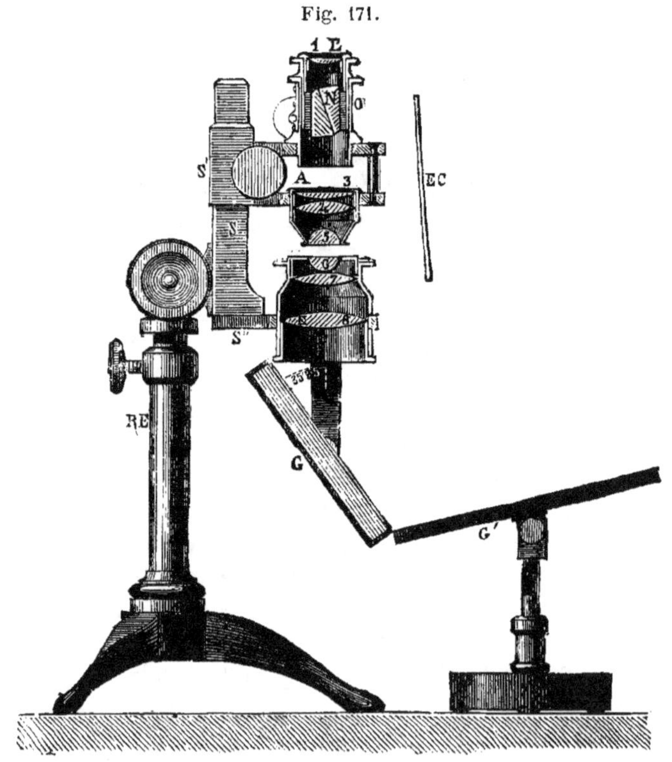

La pile de glace étant fixée sous l'angle de polarisation (30° 25′).

on place le nicol N à 90°, et l'on obtient un éclairage maximum et uniforme du champ de vision par la glace mobile G'.

Préalablement les deux lentilles demi-boules 5 et 6 ont été rapprochées à une distance de 5ᵐ à 6ᵐ environ, distance convenable lorsque le champ est sans tache noire. Le nicol est ensuite amené à l'extinction en le tournant de 90°, soit au zéro.

L'extinction complète se vérifie d'après l'une des méthodes indiquées à la page 291.

Lumière convergente. -- Le cristal à observer est placé entre les deux demi-boules 5 et 6.

1re SÉRIE. — CRISTAUX UNI-AXES PERPENDICULAIRES.

A. Anneaux du spath.

B. Anneaux de la glace naturelle. — (Celle-ci doit être placée dans une cuve en glace.)

C. Cristaux anormaux. — Spath hémitrope.

D. Anneaux d'Airy. — On les obtient en plaçant d'un côté du cristal un mica quart d'onde dans l'azimut 45°. Cette disposition permet de déterminer le *signe* des cristaux uni-axes.

E. Signe des cristaux uni-axes. — Le mica quart d'onde se place (45°) dans l'intervalle libre ménagé en A, au-dessus de la lentille n° 3. Les anneaux d'Airy sont formés de quatre segments complémentaires. Les deux plus petits ressemblent à deux taches placées de chaque côté du centre. Quand la ligne des taches et l'axe du mica sont croisés, le cristal est *positif*; quand ces directions se superposent, le cristal est négatif.

F. Anneaux sans croix. — On les obtient en mettant de chaque côté du cristal deux micas quart d'onde, parallèles ou croisés, dans l'azimut 45°. Ces anneaux sont à centre noir si les micas sont croisés et le nicol à l'extinction. Ils deviennent complémentaires si l'on tourne de 90° soit le nicol, soit l'un des micas.

2e SÉRIE. — CRISTAUX A POUVOIR ROTATOIRE.

A. Anneaux du quartz.

B. Spirales d'Airy. — Le nicol étant toujours à l'extinction, on place en A un mica quart d'onde dans l'azimut 45°. Les anneaux du quartz se déforment, le premier se transforme en deux spirales qui s'enroulent à partir du centre dans le sens de la rotation du quartz.

C. Quartz anormaux.

D. Les phénomènes produits par le quartz peuvent s'obtenir avec d'autres cristaux, tels que le cinabre, les hyposulfates de potasse, de plomb et de strontiane, le sulfate de strychnine, le périodate de soude.

3ᵉ Série. — Cristaux obliques.

Les cristaux obliques isolés ne donnent pas de franges dans la lumière blanche. Ils doivent être observés dans la lumière homogène. Il faut donc se placer dans l'obscurité et éclairer la glace mobile au moyen d'une large flamme d'une lampe monochromatique. La flamme d'une forte lampe à alcool salé, ou d'un large bec plat à' gaz léchant du sel fondu ou de l'amiante entretenu de sel, convient fort bien. Une lentille très convergente, d'environ 0ᵐ,10 de diamètre, ayant son foyer sur la flamme, envoie la lumière sur le miroir.

A. Franges de Ohm. — On les obtient par une orientation convenable de deux quartz à 45°, de même épaisseur et superposés, de manière que les sections principales soient parallèles sans que les axes le soient. Ces franges sont des ellipses centrées, lignes droites, hyperboles centrées conjuguées, suivant l'inclinaison de l'axe.

B. On peut observer de belles franges dans la lumière blanche, quand les cristaux obliques superposés ont leurs sections principales croisées ou qu'ils sont de même épaisseur, soient :

C. Quartz parallèles croisés.

D. Spath parallèles croisés.

E. Gypse de clivage croisé. — Les franges sont des hyperboles.

F. Hyperboles mobiles de Savart. — On les obtient avec deux

quartz parallèles prismatiques, glissant l'un sur l'autre, ou plus simplement avec deux quartz parallèles prismatiques collés ensemble et que l'on fait glisser dans le faisceau lumineux.

G. Quartz obliques croisés (polariscope de Savart).

4ᵉ SÉRIE. — CRISTAUX BIAXES PERPENDICULAIRES.

A. Les cristaux qu'on a le plus d'intérêt à observer sont : l'arragonite, la cérusite, le nitre, les micas, le borax, la barytine, le gypse, la topaze, le sucre, le diopside, le sphène, etc.

B. Cristaux à axes de diverses couleurs croisés. — Les mélanges des deux sels de Seignette donnent des cristaux dans lesquels le plan des axes rouges est perpendiculaire à celui des axes bleus. Il en est de même de certains cristaux naturels : brookite, glaubérite.

C. Signe des cristaux biaxes. — La ligne des pôles étant dans l'azimut 45°, on place dans l'intervalle A un quartz perpendiculaire qu'on tourne autour d'une ligne parallèle ou perpendiculaire à la ligne des pôles. L'une de ces rotations produira l'effet suivant : les anneaux qui entourent les pôles s'allongeront, ils finiront par venir se rencontrer au centre du champ pour former une courbe en 8 ; puis cette courbe se brisera, et ses deux branches s'écarteront perpendiculairement à la ligne des pôles. Dans ce cas, si l'axe de rotation du quartz est perpendiculaire à la ligne des pôles, de telle sorte que ces deux lignes, en se superposant, forment le signe +, ce cristal est positif. Si, au contraire, les deux lignes sont parallèles, de sorte qu'en se superposant elles forment le signe —, il est négatif.

D. Cristaux maclés. — Ce phénomène est assez commun dans les cristaux bi-axes, surtout dans l'arragonite. Le système des lemniscates, au lieu d'être simple, peut alors être double ou même triple.

E. Cristaux croisés. — Les cristaux biaxes perpendiculaires croisés montrent quatre systèmes d'anneaux sur les bords du champ et vers le centre des courbes semblables à des hyperboles conjuguées : arragonite, mica, topaze, sphène.

5e Série. — Déplacement des axes par la chaleur.

Le déplacement des axes s'observe dans plusieurs cristaux. Ils s'écartent dans la glaubérite, le feldspath, et ils se rapprochent dans le gypse, la kalusite. Le phénomène est très remarquable avec le gypse. Ces cristaux sont montés sur une lame de cuivre un peu longue, dont on chauffe l'extrémité en dehors du microscope, tout en observant le cristal. Pour le gypse, il faut retirer la source de chaleur (lampe à l'alcool) lorsque les axes sont rapprochés au contact; sans cette précaution, le gypse se transformerait en plâtre; la chaleur continuant néanmoins à se propager dans le cristal, les axes passent dans un plan perpendiculaire au premier, puis ils reviennent à leur position primitive, le gypse se refroidissant.

On peut mesurer très exactement l'écartement des axes produit par la chaleur au moyen d'un appareil spécial que nous avons décrit page 155.

6e Série. — Cristaux combinés.

Les franges que donnent ces cristaux sont parfois singulières. Il faut principalement citer les combinaisons de Norremberg, mica et gypse, qui donnent des franges compliquées, et celles de mica bi-axes, qui, successivement superposés et croisés, produisent l'effet d'un cristal à un axe; exemple : 24 micas de $\frac{1}{3}$ d'onde alternativement croisés.

Lumière parallèle. — L'instrument étant disposé ainsi qu'il est indiqué page 296, la lame à observer est placée dans l'intervalle Λ.

Polarisation rotatoire. — On place en Λ un porte-diaphragme avec une ouverture convenable, et dans lequel se place une plaque à deux rotations, — plaque de M. Bertrand à deux rotations doubles, — prisme à pénombre, — chlorate de soude, — plaque à deux rotations, avec chlorate de soude.

Polarisation chromatique. — Lames minces cristallisées, — quartz parallèle, disque concave : il donne des anneaux; en le combinant avec un quartz parallèle mince, on voit les anneaux changer de couleur, et, si l'épaisseur est convenable, il se forme un fond noir quand les sections principales sont croisées. — Compensateur Babinet, formé de deux quartz prismatiques égaux, renversés et croisés. Il donne toujours des bandes parallèles, avec une raie noire au milieu. — Figures de lames de gypse, étoiles, fleurs, papillons, lettres, etc.

Double réfraction irrégulière. — Verres trempés, — chauffés, —comprimés,—ployés. Larmes bataviques placées dans une cuve fermée, à faces parallèles, contenant de l'acide phénique.

Projections. — Lorsqu'il devient nécessaire de projeter les phénomènes de polarisation, afin de les montrer à un nombreux auditoire, le microscope est modifié dans sa combinaison, et nous avons déjà décrit, page 156, le montage de l'appareil.

On peut aussi faire usage de l'instrument construit par M. Duboscq (*voir* page 151).

L'appareil étant convenablement installé et réglé de telle sorte que le disque soit exempt de toute tache noire, on peut faire les expériences suivantes :

Double réfraction. — On enlève le nicol N et on le remplace par un prisme biréfringent fixé dans une monture spéciale. Mettre dans l'intervalle A le porte-diaphragme avec une ouverture de $0^m,005$ à $0^m,006$. On verra alors sur l'écran *deux* disques ou images de l'ouverture interposée, le phénomène ne devient complet qu'avec une mise au point très exacte. En tournant sur elle-même la monture du prisme biréfringent, l'image ordinaire tourne sur elle-même, tandis que l'image extraordinaire tourne autour de la première; dans certaines positions angulaires, l'une ou l'autre s'éteint ou bien elles restent égales.

Polarisation chromatique. — Interposer en A, dans le porte-diaphragme et près de celui qui s'y trouve, une lame mince cristallisée (quartz, mica, gypse); on verra alors les deux disques projetés sur l'écran prendre différentes teintes complémentaires, dont la superposition reproduit du blanc. En tournant soit l'analyseur biréfringent, soit la lame, on voit les images devenir incolores, puis passer chacune à la couleur complémentaire.

Expérience d'Huygens. — Superposer au premier prisme biréfringent un deuxième prisme exactement semblable au premier; quatre images de l'ouverture du diaphragme se produiront sur l'écran, et, par la rotation d'ensemble de ces deux prismes, ces quatre images auront des phases lumineuses ou éteintes. En ne tournant qu'un seul prisme, les quatre images se réduiront à deux, puis à une seule, si les deux prismes sont bien exactement semblables.

Dichroïsme. — Enlever le deuxième analyseur biréfringent; ne laisser que le premier. Enlever la pile de glaces en dévissant la bague qui la retient sur l'instrument. Éclairer directement en mettant la source lumineuse M dans l'axe même de l'instrument. La double image projetée et bien mise au point prendra différentes couleurs en interposant un cristal dichroïque près du diaphragme placé en A. Faire tourner ce cristal dichroïque à pennine, chlorure de palladium et de potassium, épidote, etc.

Détermination des éléments minéraux au moyen du microscope. — Le but de toutes les recherches microscopiques appliquées à la pétrologie est la spécification des éléments dont se composent les roches; et, comme nous l'avons vu déjà, le microscope seul permet de reconnaître cette composition intime. Jusqu'à présent, peu de travaux sur cette question ont été publiés en France; et nous ne connaissons que le grand travail de MM. Fouqué et Lévy, sur les roches françaises, dans lequel la méthode microscopique soit appliquée d'une manière certaine.

En Angleterre et en Allemagne, il existe déjà plusieurs traités, et c'est à eux qu'il faut avoir recours. Cependant, afin de faciliter les recherches et pour donner une idée de la précision que comporte cette méthode d'observation, nous avons cru utile de donner pour ainsi dire la clef de cette méthode de détermination ; et nous avons réduit en tableaux dichotomiques une série de tableaux synoptiques publiés par le docteur Doctler de l'Université de Vienne. A l'aide de ces tableaux, il sera possible d'effectuer la détermination des éléments minéraux qui se rencontrent le plus habituellement dans les roches ; mais, cette première détermination obtenue, il sera nécessaire de la confirmer, en ayant recours aux grands traités de Minéralogie.

Nous avons été singulièrement aidé dans ce travail par M. Bégouen ; et sa connaissance approfondie de la langue allemande nous a permis de traduire bien exactement les diagnoses du professeur allemand, condition indispensable pour arriver à dresser les tableaux dichotomiques qui terminent ce volume.

APPENDICE.

TABLEAUX DICHOTOMIQUES

POUR LA DÉTERMINATION MICROSCOPIQUE DES ÉLÉMENTS MINÉRALOGIQUES
DES ROCHES.

I.

II.

III.

IV.

V.

Structure conchoïdale, jaune brun, rouge brun — hexagonal carré.
Mélanite.

Presque opaque, vert foncé, carré, arrondi.............. *Pléonaste.*
Peu translucide, brun foncé, carré, arrondi................. *Picotite.*
Rouge pâle, rouge de sang — des fentes irrégulières............. 6
Bleuâtre, rougeâtre, verdâtre, incolore......................... 8

VI.

Inclusions minérales fréquentes — souvent entouré d'une zone d'hornblende 7
Souvent entouré d'une zone de chrysothyle................. *Pyrope.*

VII.

VIII.

IX.

X.

XI.

XII.

XIII.

XIV.

Jaune, brun, vert — hexagonal, irrégulier en lames minces portant des stries fines ou parallèles.. *Biotite.*

XXIII.

Jaune vineux — carré — couleurs d'interférence très vives. *Mélilite.*
Rouge cochenille ou rouge jaune — hexagonal.......... *Fer oligiste.*

XXIV.

XXV.

XXVI.

Hexagone allongé, en aiguilles, irrégulier — souvent un peu trouble, par beaucoup d'inclusions — des macles..... .... *Orthoclase.*
Mêmes formes — limpide — beaucoup d'inclusions disposées en zones.
                        Sanidine.
Rhomboïdal — en agrégat fibreux — peu d'inclusions.. *Andalousite.*
Rectangulaire, arrondi — absorption notable — ordinairement trouble, décomposé — riche en inclusions..................... *Cordiérite.*
Rhomboïdal, en longues aiguilles, arrondi — deux systèmes de fentes obliques les unes aux autres — peu d'inclusions......... *Disthène.*

XXVII.

XXVIII.

XIX.

Vert, jaunâtre — allongé, irrégulier — inclusions rares — quelques fentes parallèles .... *Épidote.*
Jaune brun — hexagonal, rhombique, irrégulier — beaucoup de macles — fentes parallèles profondes — des inclusions.......... *Hornblende.*

XXX.

Vives couleurs d'interférence — jaune pâle, verdâtre, en baguettes finement rayées .... *Muscovite.*

Polychroïsme faible — jaune brun — stries parallèles — forme des macles riches en inclusions...................................... *Staurotide*.
Absorption très faible... 31

XXXI.

Vert, vert pâle — allongé, irrégulièrement — inclusions rares *Actinolite*.
Vert, fibreux — souvent un noyau d'augite................. *Ouralite*.
Jaune, rouge, rouge brun — rhomboïdal, très allongé, produit souvent des macles — inclusions rares........................... *Titanite*.
Bleu — rhomboïdal, très allongé (la couleur bleue ne se montre que dans quelques points).. *Disthène*.
Éclat chatoyant sur les surfaces de clivage..................... 32

XXXII.

Rouge, brun rouge — allongé, irrégulier.............. *Hypersthène*.
Rouge, vert.. *Andalousite*.

XXXIII.

Jaune pâle — en aiguilles allongées — stries fines........ *Enstatite*.
Vert pâle, jaune pâle — irrégulier — stries — chatoyement. *Bastite*.
Vert, vert pâle, jaune pâle — hexagonal, octogonal, arrondi, irrégulier — surface des coupes ondulée — fentes irrégulières — souvent des produits de décomposition, beaucoup d'inclusions......... *Olivine*.
Vert pâle — en petites écailles, rayonné ou fibreux .... *Talc*.
Jaune vineux, jaune pâle, vert pâle — octogonal, hexagonal, rhombique — produit souvent des macles — beaucoup d'inclusions.... *Augite*.
Vert pâle, jaune pâle — en aiguilles allongées — stries parallèles fines — riche en inclusions — macles rares.................. *Diallage*.
Vert pâle, incolore — des stries parallèles (se comporte souvent comme l'augite) .... *Omphacite*.

XXXIV.

Minéraux présentant des coupes cristallines..................... 35
    »   en feuillets ou en écailles............................ 38
    »   en grains.. 39

XXXV.

Hexagonaux....................... 36
Carrés... 37

XXXVI.

Facilement soluble dans l'acide chlorhydrique.......... *Fer oligiste*.
Difficilement soluble   »   »   .... *Fer titané*.

XXXVII.

Difficilement soluble dans l'acide chlorhydrique......... *Marcassite.*
En petits cristaux alignés en files .... *Chromite.*
Facilement soluble dans l'acide chlorhydrique — éclat métallique noir
    bleuâtre à la lumière réfléchie......................... *Magnétite.*

XXXVIII.

Arrondi — insoluble dans les acides — le plus souvent répandu dans les
    minéraux, auxquels il communique une couleur brune ou bleuâtre.
Graphite.

XXXIX.

Mêmes caractères et mêmes espèces que les n°⁵ 36, 37 et.......... 38

XL.

Polychroïques 41
Non polychroïques... 42

XLI.

Vert transparent, rayonné (produit de décomposition)....... *Delessite.*
Gris verdâtre, polychroïsme faible, en écailles fibreuses..... *Séricite.*

XLII.

Verdâtre, brun, jaunâtre — structure maillée — couleurs d'interférence
    assez vives... *Serpentine.*
Blanc — en partie isotrope ou anisotrope — agrégat de lamelles mal
    caractérisées au point de vue microscopique............ *Kaolin.*

FIN DE LA PREMIÈRE PARTIE.

TABLE ALPHABÉTIQUE.

FIN DE LA TABLE ALPHABÉTIQUE.

Paris.   Imp. Gauthier Villars, 55, quai des Grands-Augustins.